面向21世纪机电及电气类专业高职高专规划教材

SolidWorks2005
机械设计基础教程

主编　蓝汝铭

副主编　王坚　贺健琪

参编　杨春燕　李晓玲　张超　刘生平

西安电子科技大学出版社

内 容 简 介

SolidWorks 作为三维设计的主流软件之一，正在得到快速推广。

鉴于 SolidWorks 软件界面友好、简单易学、功能满足需求等特点，越来越多的学校已将其列入到课堂教学内容中。本书从当前教学课时不足、练习时间少的实际出发，以适度、够用作为出发点，尽量接近机械设计实际需求，力求通过本书的学习，能够达到利用 SolidWorks 软件进行机械设计的目标。

本书适合高职高专机械类或近机类专业作为机械设计工具软件应用教学教材，同时也适合作为以提高学生读图能力为目的的课程教学教材。本书还适合其他机械工程技术人员作为三维设计软件的入门级教材。

图书在版编目（CIP）数据

SolidWorks2005 机械设计基础教程 / 蓝汝铭主编.

—西安：西安电子科技大学出版社，2006.8 (2013.2 重印)

面向 21 世纪机电及电气类专业高职高专规划教材

ISBN 978-7-5606-1713-8

Ⅰ. S…　Ⅱ. 蓝…　Ⅲ. 机械设计：计算机辅助设计—应用软件，SolidWorks2005—高等学校：技术学校—教材　Ⅳ. TH122

中国版本图书馆 CIP 数据核字（2006）第 079271 号

责任编辑　云立实

出版发行　西安电子科技大学出版社（西安市太白南路 2 号）

电　　话　(029)88242885　88201467　　邮　　编　710071

网　　址　www.xduph.com　　电子邮箱　xdupfxb001@163.com

经　　销　新华书店

印刷单位　陕西华沭印刷科技有限责任公司

版　　次　2006 年 8 月第 1 版　2013 年 2 月第 4 次印刷

开　　本　787 毫米×1092 毫米　1/16　印张 14.25

字　　数　330 千字

印　　数　8001～10 000 册

定　　价　22.00 元

ISBN 978 – 7 – 5606 – 1713 – 8 / TH・0059

XDUP 2005001-4

面向21世纪

机电及电气类专业高职高专规划教材

编审专家委员会名单

前　言

机械设计的手段正在经历着从传统的手工绘图到计算机辅助绘图再到计算机辅助设计的变革。随着计算机处理图形图像性能的不断提高以及 Windows 操作系统的长足发展，三维 CAD 软件在逐步由工作站环境向计算机化、Windows 平台方向发展。尤其是最近几年，三维 CAD 软件在计算机平台和 Windows 环境下得到了很大的进步，各种真三维设计软件正在得到飞速发展，SolidWorks 便是其中之一。

SolidWorks 作为基于 Windows 平台原创的三维机械设计软件，通过其自身的强大功能为设计人员提供了易用、高效的计算机辅助设计工具。SolidWorks 完全融入了 Windows 软件使用方便和操作简单的特点，其强大的设计功能可以满足一般机械产品的设计需要。

根据各个学校三维设计软件教学的发展需要，我们编写了这本符合高职高专学校教学特点的 SolidWorks 软件应用机械设计教材。希望通过本书的学习，学生能够掌握 SolidWorks 的使用方法并在机械设计等课程中使用此软件，表现出学生的机械设计能力。同时还希望通过对 SolidWorks 软件的学习和应用，提高学生一般的机械图样读图能力。

从各高职高专学校普遍课时偏少的实际出发，本着介绍的知识够用，尽量减少篇幅的宗旨，本书只介绍了 SolidWorks 中各种常用命令的应用范围、使用方法和特点。通过对本书介绍的各种命令使用方法的掌握，应该能完成一般机械零部件的设计和装配任务。

参加本书编写的有：西安航空技术高等专科学校蓝汝铭、王坚、贺健琪、杨春燕、李晓玲，西安航空职业技术学院张超，宝鸡职业技术学院刘生平等。蓝汝铭任主编，王坚、贺健琪任副主编。

由于编者的编写水平和应用经历有限，书中定有疏漏不到之处，恳请广大读者批评指正。

编　者
2006.4.15

目　录

第1章　SolidWorks 基本概念

采用三维设计软件是机械设计行业当前的潮流。各种集设计、模拟、加工、校验等功能于一体的三维设计软件各自在机械设计行业中占据着不同的领域。其中 SolidWorks 虽然推出的时间比较晚，但发展速度比较快，属于功能比较强大的中端设计软件。

1.1　SolidWorks 基本概念

SolidWorks 是一个在 Windows 操作系统下开发的 CAD 软件，与 Windows 系统完全兼容，任何一个学习过 Windows 使用方法，又有一定机械设计或机械制图经验的人，都可以非常轻松地学习掌握 SolidWorks 的使用方法。

SolidWorks 图形菜单设计简单明快，非常形象化，一看即知。系统的所有参数设置全部集中在一个选项中，容易查找和设置。动态引导具有智能化，一般情况下无须用户去修改。特征树独具特色，实体及光源均可在特征树中找到，操作特征非常方便。装配约束所有的概念非常简单且容易理解。实体的建模和装配完全符合自然的三维世界。对实体的放大、缩小和旋转等操作全部是透明命令，可以在任何命令过程中使用，实体的选取非常容易、方便。

SolidWorks 是一个以特征为基础，统一数据库的参数化设计软件。对模型的修改，将影响到所有利用这个模型的文件，包括零件文件、工程图文件和加入了这个零件的装配体文件。

SolidWorks 数据转换接口丰富，转换成功率高。SolidWorks 支持的标准有：IGES、DXF、DWG、SAT(ACSI)、STEP、STL、ASC 或二进制的 VDAFS(VDA，汽车工业专用)、VRML、Parasolid 等，且与 CATIA、Pro/Engineer、UG、MDT、Inventor 等设有专用接口。SolidWorks 与 I-DEAS、ANSYS、Pro/Engineer、AutoCAD 等之间的数据转换均非常成功、流畅。

SolidWorks 允许建立一个零件而有几个不同的配置，这对于通用件或形状相似零件的设计，可大大节约时间。

特征管理器是 SolidWorks 的独特技术，在不占用绘图区空间的情况下，实现对零件的操纵、拖曳等操作。

SolidWorks 提供自上而下的装配体设计技术，它可使设计者在设计零件、毛坯件时于零件间捕捉设计关系，在装配体内设计新零件和编辑已有零件。

SolidWorks 可以为模具零件在 X、Y、Z 方向给定不同的收缩而得到模具型腔或型芯。

利用 SolidWorks，设计者可以制作出各种复杂的曲面，如由两个或多个模具曲面混合成复杂的分型面。设计者也可以裁减曲面、延长曲面、倒圆角及缝合曲面等。

1.2 SolidWorks 的基本操作

1.2.1 SolidWorks 系统的启动

用户可以采用下面方法中的一种启动 SolidWorks：

- 双击桌面上的 SolidWorks 图标。
- 顺序选择“开始”→“程序”→“SolidWorks2005” →“SolidWorks2005”。

SolidWorks 启动后，并没有文件打开或建立。界面中出现有 SolidWorks 资源窗口，如图 1-1(a)。在此窗口中，可选择“新建文档”、“打开文档”或“在线指导教程”等进行相关操作。

在 SolidWorks 资源窗口旁边有折叠资源窗口箭头，点击此箭头(如图 1-1(b))，可将 SolidWorks 资源窗口折叠起来，扩展 SolidWorks 工作窗口的工作区。同时折叠资源窗口箭头变为展开资源窗口箭头(如图 1-1 (c))，点击此箭头可再次打开 SolidWorks 资源窗口进行新的选择操作。

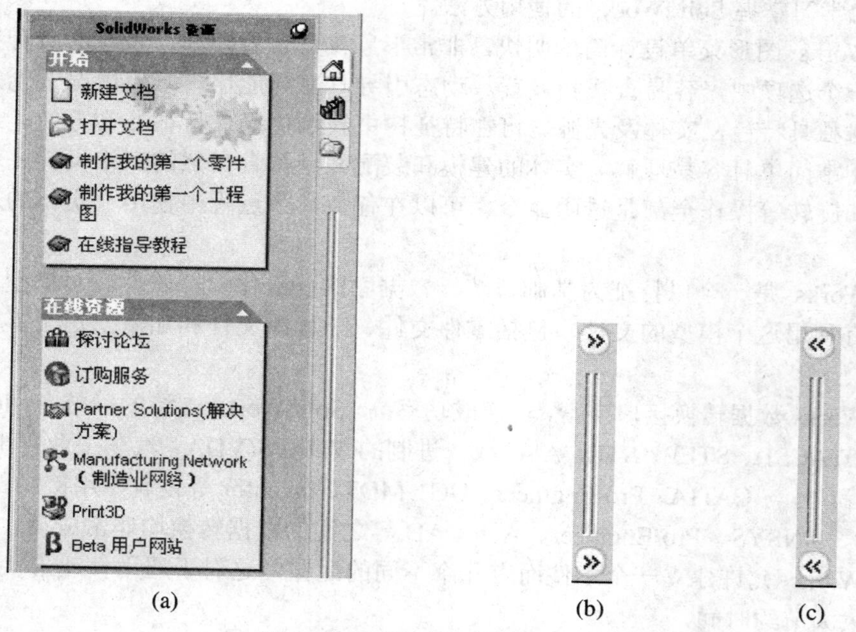

图 1-1 SolidWorks 资源窗口

1.2.2 SolidWorks 文件的建立

选择“建立新文件”命令将打开一个新建 SolidWorks 文件窗口(如图 1-2)，用户可从中选择建立新文件的类型。SolidWorks 文件的类型有三种：零件；装配体；工程图。根据新建的 SolidWorks 文件类型不同，将会显示不同的工作界面。

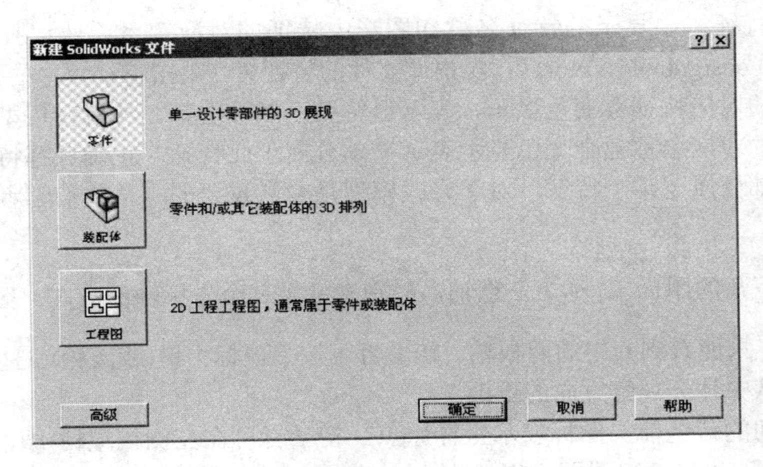

图 1-2　新建 SolidWorks 文件

1.2.3　SolidWorks 界面介绍

SolidWorks 零件文件工作窗口的界面如图 1-3。窗口中间部分为主工作区，用户可在其中绘制图形、建立立体模型等；左侧为特征管理窗口，其中显示的特征树记录了用户建立模型的过程。根据建立的 SolidWorks 文件类型的不同，左侧的特征树内容也不一样，由于篇幅的原因，这里不一一详细介绍，用户只要打开各种不同的 SolidWorks 文件比较一下，就可以明显地感觉到其中的差别。通过后面的学习，用户将会感到此特征树在建立模型和修改模型、建立视图和修改视图、装配零件等各种操作中的作用。

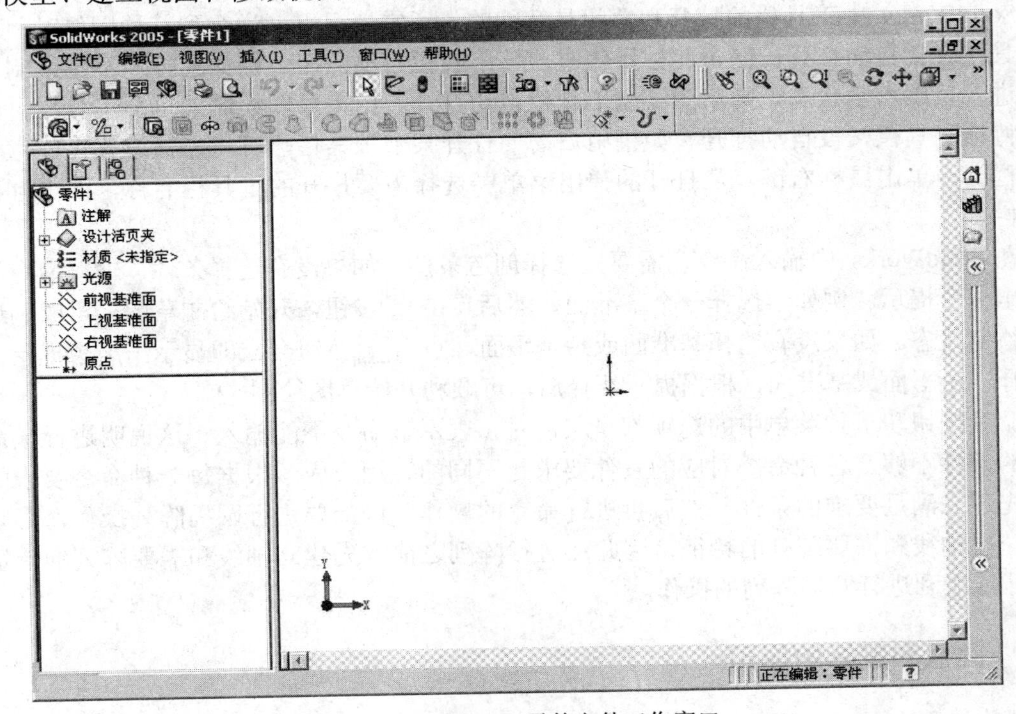

图 1-3　SolidWorks 零件文件工作窗口

为了体会特征树中显示的特征名称和图形中特征的对应关系，建议打开“安装目录\samples\tutorial\designtables\tutor1”，观察该文件的特征树。单击特征树中的某个特征名称，可看到模型中的对应特征会变色显示，表示该特征已经被选择。或者在模型中点击某个部分，特征树中的对应名称也会变色显示表示该部分属于此特征。正确选择特征或模型中的一部分查看该部分属于某个特征，对于修改模型是非常重要的，希望初学者能在较短时间内掌握此方法。

工作区左下角的图标称为三重轴，分别表示了三个坐标轴的方向。图 1-3 中由于观察方向的关系，只能看到其中的两根轴。初学者可按下鼠标中键(或滚轮)，拖动光标观察三重轴的变化，从中体会观察方向的更改。

工作区中间的蓝色箭头图标表示坐标原点。初学者可在左侧模型树中用鼠标右击“原点”，选择“隐藏”，观察工作区中原点的显示变化，再次右击“原点”，选择“显示”，原点重新显示出来。从这个操作过程中，可以体会模型树中的各项目名称对工作区中项目的控制。

1.2.4 SolidWorks 命令输入

同大多数 Windows 软件的使用方法一样，在 SolidWorks 中，利用工具栏和下拉菜单的方法输入命令。点击工具栏中的某个按钮或下拉菜单中的选项，即可输入相应的命令。在命令执行过程，需要根据屏幕上左下角提示区中的提示或当时显示在属性管理器中的选项，给出相应操作，完成命令的执行过程。

SolidWorks 中工具栏的打开和关闭是智能的，通常情况下，进行到某种操作时，对应的工具栏就会自动打开，结束此种操作时，该工具栏自动关闭。例如选择“草图绘制”命令，进入草图绘制状态，则草图绘制工具栏自动打开。结束草图绘制，草图工具栏自动关闭，特征工具栏又被自动打开。如果用户需要打开某个工具栏，可将光标放置在任意一个工具栏上，单击鼠标右键，从打开的弹出菜单中选择需要打开的工具栏名称，即可打开该工具栏。

在 SolidWorks 中输入命令，需要先选择创造条件，如果没有选择条件，输入命令，会显示出一个提示。例如，选择一个基准面，然后点击按钮，开始绘制草图，可顺利进入草图绘制状态。如果没有选择基准面或某个平面，点击按钮会立即显示出一个提示，要求选择一个平面或基准面，根据提示选择后，可顺利开始草图绘制。

命令按钮和下拉菜单中的选项都呈灰色时，表示该命令不能输入。这说明进行该命令操作的条件不够。各种命令对应的条件要求是不同的，用户应该根据每一种命令要求的条件，先建立满足要求的条件，然后再进行命令的操作。例如要进行圆周阵列操作，必须要先有一根轴线和需要阵列的特征，因此在进行阵列之前，先建立轴线和需要阵列的特征，然后才能顺利进行圆周阵列的操作。

1.2.5 键盘和鼠标的使用

操作过程中灵活使用键盘和鼠标的按键或滚轮，可有效提高工作效率。

为了较好地体会键盘和鼠标的作用，应该先打开一个 SolidWorks 文件。建议打开“安装目录\samples\tutorial\designtables\tutor1”，如图 1-4。根据下面的提示体验键盘和鼠标中各个键的作用。

图 1-4　模型 tutor1

- 滚动鼠标滚轮：图形缩放。
- 中键(滚轮)拖动：图形翻滚。
- 方向键：图形按当前的水平轴或垂直轴翻滚。
- z 键或 Ctrl+z 键：图形缩放。
- Ctrl+ 1、2、3、4、5、6、7、8 等数字键可将观察方向改变为前视、后视、左视、右视、上视、下视、等轴测或正视于。其中正视于操作需要先选择一个平面，输入操作时，可垂直于此平面进行观察。
- 标准观察方向按钮：对应于前视、后视、左视、右视、上视、下视、等轴测、上下二等角轴测、左右二等角轴测和正视于。其中正视于操作要求与上面相同。在屏幕上，这些按钮全部在前视按钮下隐藏，其旁边有一个三角形，点击此三角形，可展开所有的观察方向的按钮，从其中选择观察方向。
- 与模型显示状态有关的按钮：显示线框；显示隐藏线；消除隐藏线；上色显示；带边线上色显示；使用上色显示时显示阴影；透视显示；剖视显示；草稿品质显示；斑马条纹；曲率；realview 图形。

选择上述按钮可以立即在图形区域中观察到显示方式的变化。使用者只要在某个按钮上点击一下，即可看到显示效果的变化。其中剖视显示需要选择一个与模型相交的平面。例如选择上视基准面或右视基准面，可将模型按照剖视的方式显示。模型显示虽然只有一半，实际模型仍然是一个整体。此显示方式只是为了方便观察形体的内部结构。再次点击剖视显示按钮，可关闭剖视显示方式，恢复显示完整的模型。斑马条纹和曲率用于观察模型表面是否光滑连续等。realview 图形可显示出逼真的材质。必须要有符合要求的显示卡，才能显示出 realview 图形。建议初学者利用图 1-4 所示的模型，验证一下各个按钮的作用，这对以后的熟练操作有较好的帮助。

- 与显示方向和显示大小有关的按钮：视图定向；显示回退；动态显示缩放；放大选取范围；显示窗口图形；图形翻转；整屏显示图形；平移视图。

其中视图定向按钮处于标准观察方向按钮栏中，选择此按钮，可打开视图定向窗口，如图 1-5。可在其中选择观察方向。窗口中的按钮表示图钉，按下此按钮，选择观察方向后，方向窗口继续保持在屏幕上，否则选择一个观察方向后，窗口关闭。

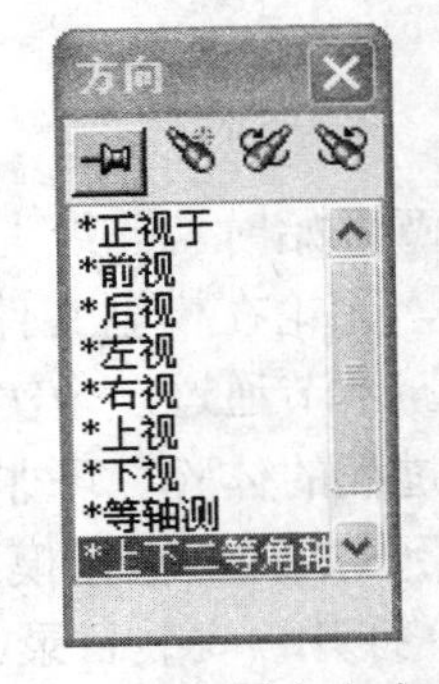

图 1-5　视图定向窗口

- 鼠标左键的选择作用：将光标移动到模型上，点击，被点击的部分改变颜色显示，表示被选中。

点击前，模型上有部分图线改变颜色，同时光标上跟随显示出当前可选择的是面、线或点，此时点击，被选择的部分就是这个预显示的项目。初学者可利用图 1-4 所示的模型，验证一下鼠标左键的选择作用。

• 鼠标右键的选择作用：将光标移动到模型上右击，在弹出菜单中点击选择“其他”，可弹出选择其他窗口(如图 1-6)。窗口中显示若干个模型中的项目，将光标在窗口中移动，移到某个项目上时，对应的项目在模型上变色显示，此时点击即可选择该项目。这些项目包括可见的，也包括不可见的，可以想象在右击的部位观察透明的零件，所有在该位置上能看见的项目都可以被选择。用此方法，可以轻松选择那些不可见的项目，特别是模型内部的面、线或点。熟悉此方法，可有效提高选择的效率。初学者可利用图 1-4 所示的模型，验证一下鼠标右键的选择作用。

图 1-6 选择其他窗口

1.2.6 SolidWorks 文件的保存

SolidWorks 文件的保存方法和选择保存路径的方法与其他 Windows 软件的保存方式相同。文件的类型默认为建立文件时选择的零件、装配体或工程图。作为统一数据库的系统，最好保存文件时，将同一个装配体中的零件、装配体和工程图全部存放在一个文件夹下。否则经过文件转移、改名等操作，会引起有些文件打不开或打开后无内容等情况发生。为了避免这些情况发生，建议在零件生成工程图或插入装配体之后，不要改名或转移。如果需要提交文件，可将整个文件夹全部提交，这样保证得到文件的人能够顺利打开全部文件。

SolidWorks 文件可以以其他的数据格式标准进行保存。SolidWorks 支持的标准有：IGES、DXF、DWG、SAT(ACSI)、STEP、STL、ASC 或二进制的 VDAFS(VDA，汽车工业专用)、VRML、Parasolid 等。SolidWorks 可以采用其他软件的格式保存，方便与其他软件进行数据交换。SolidWorks 可以支持的软件格式有 CATIA、Pro/Engineer、UG、MDT、Inventor、I-DEAS、ANSYS、AutoCAD 等。以这些格式保存的文件可以在对应的软件中打开，保证数据在其他软件中顺利使用。

SolidWorks 也可以将当前窗口中的图像作为图像文件进行保存。保存时，只保存窗口内的内容，光标和工具栏部分不被保存。选择“文件”、“另存为”，在另存为对话框中选择保存类型为 .jpg，即可将当前在窗口中看到的图像作为图片保存。

1.3 统一数据库的作用

本章开始时，已经说明 SolidWorks 是一个统一数据库的设计软件，它的基本概念是一个模型，无论在模型文件中使用，还是在工程图文件或装配文件中使用，采用的都是同一个数据。本节通过一个实际的操作过程举例说明统一数据库在 SolidWorks 中的作用。通过此操作过程的体验，可非常清楚地分辨出统一数据库软件与其他软件的不同。

【例 1.3.1】 根据模型建立工程图文件。

(1) 打开“安装目录\samples\tutorial\designtables\tutor1”，如图 1-4。为了方便检验，可将文件另存为“验证”，路径放置在桌面。

(2) 选择建立新文件。建立一个工程图文件。在弹出的工程图格式/大小对话框中选择“自定义图纸大小”，“确认”，进入图纸文件窗口。

(3) 选择下拉菜单“插入”、“工程图”、“标准三视图”，显示标准三视图属性管理器，如图 1-7。

(4) 点击管理器中的✔，图纸中出现标准三视图，如图 1-8。

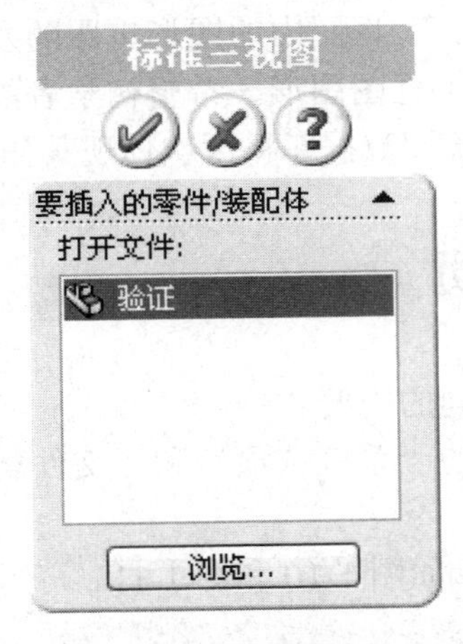

图 1-7　标准三视图属性管理器

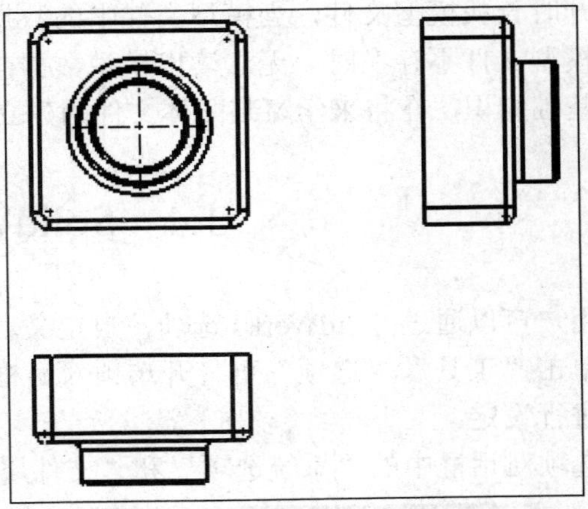

图 1-8　插入的标准三视图

(5) 将工程图文件也保存在桌面上。

(6) 点击窗口下拉菜单，选择验证窗口。

(7) 在模型树中右击 Cut-Extrude1，选择“删除”。

(8) 在模型树中右击 Fillet1，选择“删除”。

(9) 再次点击窗口下拉菜单，回到工程图窗口。

三视图中的孔和圆角都消失了(如图 1-9)，表示工程图文件已经从模型中重新提取了数据。

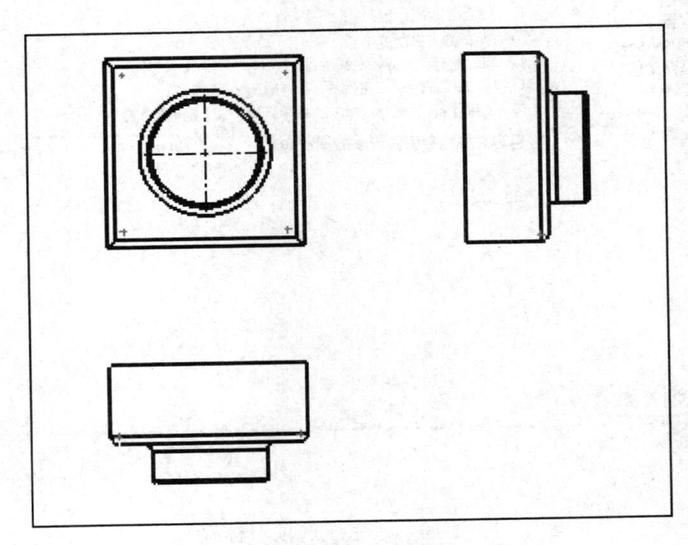

图 1-9　三视图中的孔和圆角消失

(10) 关闭模型文件和工程图文件。

(11) 将模型文件“验证”删除或重命名。

(12) 再次打开工程图文件，系统提示找不到文件，是否要自己查找。选择“否”，打开工程图文件，图纸中的视图只有三个虚线框，没有图形。

从此例中，可以看出统一数据库的作用。工程图文件没有自己的模型数据，需要在每次打开时查找模型文件，当模型文件中的数据发生变化时，工程图中的图形也跟随发生变化。模型文件不存在时，无法读出模型数据，则无法生成工程图图形。希望初学者能理解这些基础知识，在将来学习装配体文件的建立和更新时，统一数据库将再次体现其作用。

1.4 SolidWorks 选项

用户可以通过 SolidWorks 选项，自定义功能以满足不同的需要。

单击“工具”、“选项”可打开选项对话框，选择其中的“系统选项”和“文件属性”标签进行设定。

选项对话框中的“系统选项”和“文件属性”标签显示如图 1-10 和图 1-11。

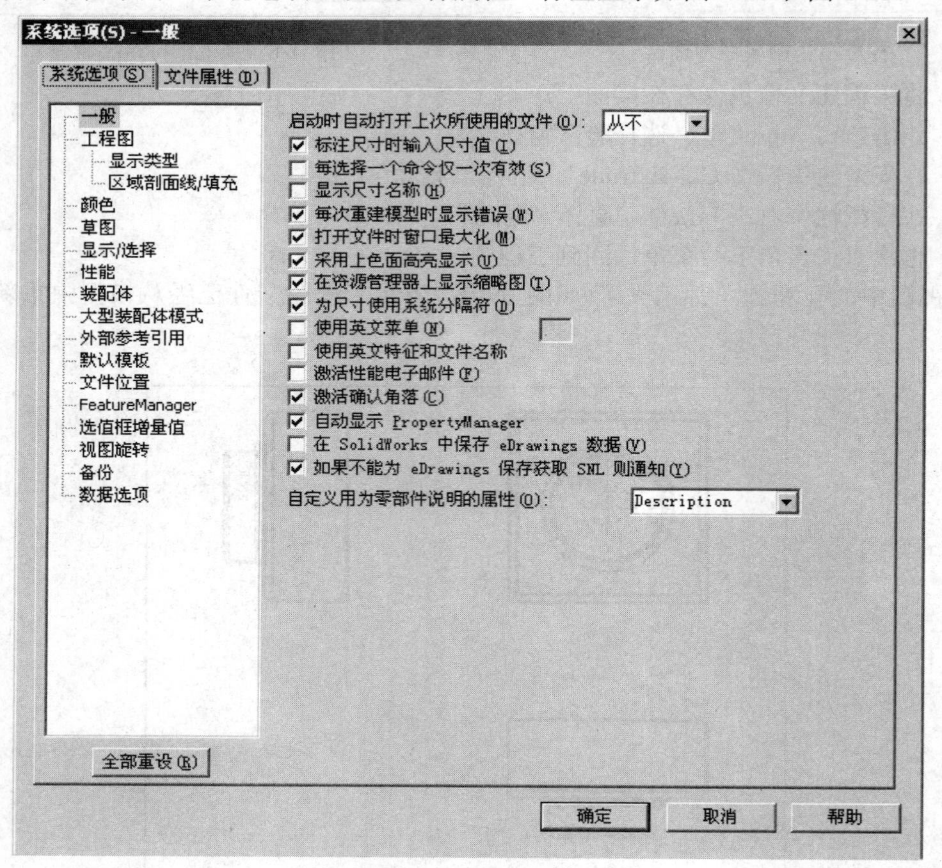

图 1-10 “系统选项”标签

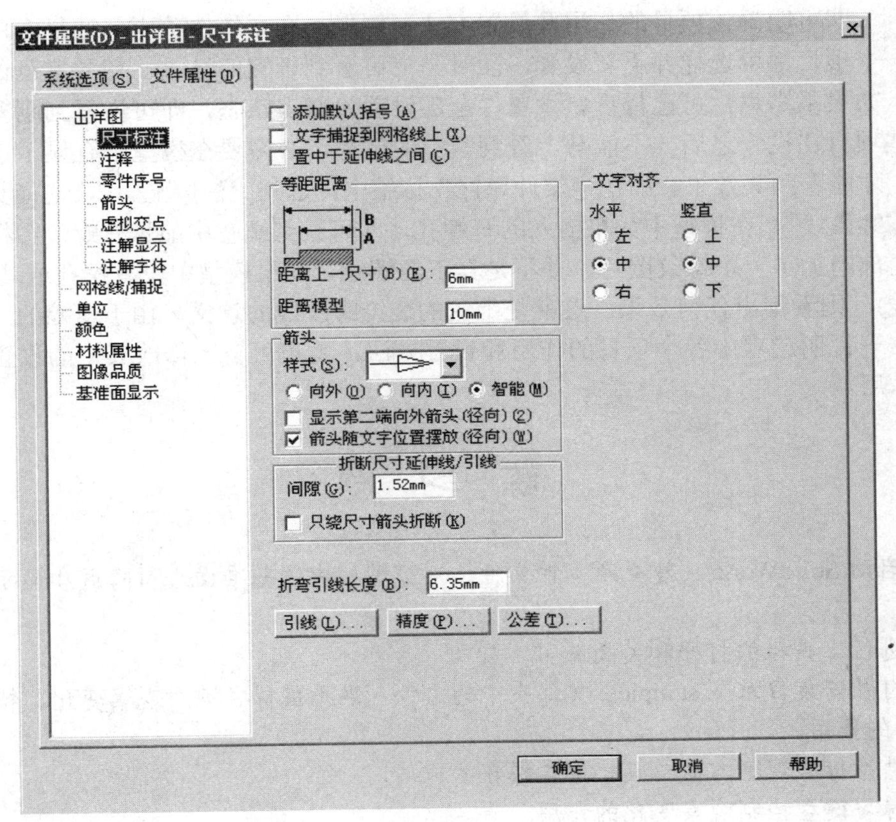

图 1-11 “文件属性”标签

SolidWorks 选项对话框结构强调了系统选项和文件属性之间的不同。

系统选项被保存在注册表中，它不是某个文件的一部分，而是属于整个 SolidWorks 系统。因此，系统选项的更改会影响当前和将来的所有文件。

文件属性仅应用于当前的文件，“文件属性”标签仅在文件打开时可用。新文件从用于生成文件的模板的文件属性中获得文件设置(如单位、图像品质等等)。设定文件模板时应使用“文件属性”标签。

选项对话框中的两个标签，各自都包含了许多项目，每个项目又包括许多选项。用户可根据需要更改这些选项的值，使制作出的文件符合国家标准或自己的要求。

每个标签上列出的选项以树型格式显示在对话框左侧。单击其中一个项目时，该项目的选项出现在对话框右侧。标题栏显示标签标题以及选项页的标题。

可以使用下列方法之一访问选项对话框：

- 单击“工具”、“选项”。选项对话框出现，“系统选项”标签处于激活状态。
- 用右键在 FeatureManager 设计树区域中单击，并选择“文件属性”。(在 FeatureManager 设计树或图形区域中，不能有任何选定的项目才能选择“文件属性”。)选项对话框出现，“文件属性”标签处于激活状态。
- 单击草图绘制工具栏上的网格线/捕捉。选项对话框出现，“文件属性”标签的网格线/捕捉页为激活状态。

SolidWorks 选项对话框的各项目名称和说明图形都十分明确和形象，用户只需要选择到该项目，即可明确该项目的作用及设置方法。例如，在系统选项中，选择颜色项目，其中的每一个项目都可选择并重新设置，同时马上可看到设置的结果。初学者可试探性的设置一下，如果不满意，可选择重新设置，全部设置为默认状态，即可恢复到刚安装时的形态。有些项目在设置之后，不能马上看到其中的效果，必须要在模型中有显示该项目的条件之后，才能看到其效果。如在“文件属性”标签中，选择“注解显示”，选择其中的“上色的装饰螺纹线”，在模型中如果插入的有螺孔，即可看到螺孔中显示有螺纹图样。这只是在螺孔内部附加了一个螺纹图片，并不是真正的螺纹。如果模型中没有螺孔或其他螺纹(装饰螺纹线)，则看不出任何效果。这就是上色的装饰螺纹线的意义。由于篇幅的原因，这里就不再一一说明选项中各个项目的作用和设置方法，用户可自己修改其中的设置，体验各项目的作用。

练　习　题

1. 启动 SolidWorks，建立新零件文件。对模型树中的基准面进行隐藏和显示操作，观察效果。

2. 进行工具栏的打开和关闭练习。

3. 打开安装目录下 samples 文件夹中的文件，熟悉鼠标各键对观察变化、特征选择和曲面选择的作用。

4. 熟悉标准观察方向工具栏中各按钮的作用。

5. 练习键盘控制观察变化的作用。

6. 熟悉上色、线框、消除隐藏线和显示隐藏线等显示方式变化的方法。

7. 建立符合自己要求的文件夹，熟悉保存文件路径的选择和文件起名的方法。

第2章 草图绘制

在 SolidWorks 中，大多数特征制作都是从绘制草图开始的，因此掌握草图绘制方法就显得非常重要。

2D 草图的绘制方法一般是：选择一个基准平面或某个零件上的平面，点击草图绘制按钮 或在下拉菜单中选择“插入”、“草图绘制”，进入草图绘制状态。选择草图绘制的某个命令，比如直线、圆、矩形等，在绘图区中点击，输入绘图必须的点，完成该命令对应的图线绘制。

绘制 3D 草图不需要选择绘图平面，直接在下拉菜单中选择“插入”、“3D 草图”即可进行 3D 草图的绘制。绘制 3D 草图时，许多绘图命令不能使用，比如 3D 草图中就不能绘制圆、圆弧、矩形等图形。

SolidWorks 草图是由尺寸驱动的图形，因此绘制图形时，只需要根据提示绘制出大概的图形即可，然后采用标注尺寸的方法，通过修改尺寸值，完成草图精确绘制。

控制 SolidWorks 草图的另一种方法是添加几何关系。比如让一条直线水平或竖直、两个图形相等、两个图形对称、两圆同心、两图线相切等。几何关系的存在，可以减少许多尺寸标注。

绘制出的草图根据其定义情况不同，可能处于以下五种状态中的任何一种。草图的状态显示于 SolidWorks 窗口底端的状态栏上，不同状态的草图将以不同的颜色显示。

- 完全定义。以黑色显示。草图中所有的直线和曲线及其位置，均由尺寸或几何关系或两者说明。
- 过定义。以红色显示。有些尺寸或几何关系、或两者处于冲突中或多余。
- 欠定义。以蓝色显示。草图中的一些尺寸和/或几何关系未定义，可以随意改变。处于这种状态的图形，可以拖动端点、直线或曲线，直到草图实体改变形状。
- 没有找到解。以褐色显示。草图未解出。显示导致草图不能解出的几何体、几何关系和尺寸，比如曾给两个图形添加过相等的几何关系，后来又删除了其中的一个图形，这样，使得相等的几何关系无法存在。
- 发现无效的解。草图虽解出但会导致无效的几何体，如零长度线段、零半径圆弧或自相交叉的样条曲线。

在 SolidWorks 软件中，使用草图生成特征，不需要完全标注或定义草图。然而，在考虑零件完成之前，最好完全定义草图。

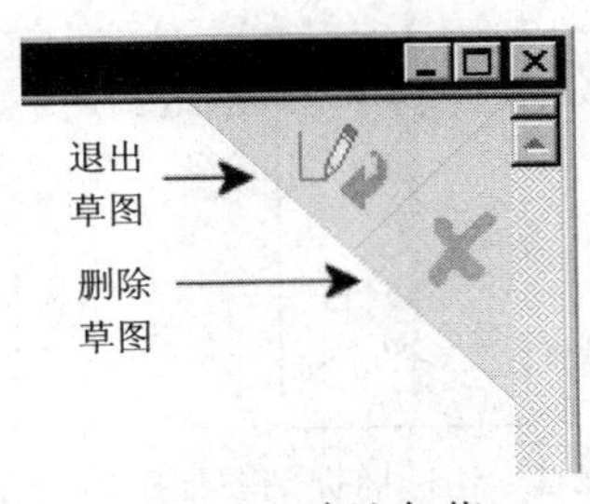

图 2-1 确认角落

草图绘制完毕后，可点击绘图区右上角确认角落(如图 2-1)中的退出草图图标，保存并退出草图。如果要放弃草图绘制，可点击确认角落中的删除草图图标，放弃本次绘制的草图并退出草图绘制状态。

还可以采用另外两个方法退出草图绘制状态：再次点击 [icon] 按钮；点击鼠标右键，在弹出的菜单中选择“退出草图”。

2.1 草图绘制工具和约束

2.1.1 草图绘制光标、点捕捉工具

在草图绘制过程中，SolidWorks 会给出非常友好的提示。选择不同的绘图命令，光标将显示出不同的形状，如图 2-2 所示。这些光标形状非常形象，用户可以通过这些光标的形象，非常清楚地明确当前正在执行的操作。图 2-2 中显示的分别为绘制矩形、圆、样条曲线、点，进行图线裁剪、图线延伸、标注尺寸等操作时的光标。这些光标的变化是自动的，由于篇幅的关系，这里就不一一介绍，用户只需在操作过程中略微注意一下即可理解。

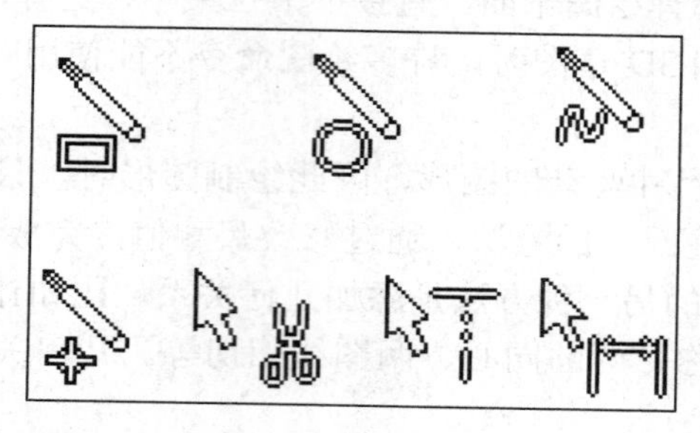

图 2-2　各种草图绘制光标

绘制图形时，系统将实时显示出当前绘制图形的特性。比如：绘制直线时，显示当前直线的长度，是否处于竖直、水平或处于某个特定的角度等；绘制矩形时，预显示当前矩形的横向、竖向尺寸；绘制圆时，显示圆的半径等。当光标处于某个特殊位置时，图形将变化显示出光标处于某个特殊位置点上。比如：光标变为 [icon] 图形时，表示光标当前处于某个图形实体上(如图 2-3 所示，表示绘制直线时，光标当前处于一条直线上)；光标变为 [icon] 图形时，表示光标当前处于某个图形中点上(如图 2-4 所示，表示当前光标捕捉到直线的中点)。图 2-5 表示当前光标处于两个图形的交点位置。图 2-6 表示当前光标处于与直线端点竖直位置。图 2-7 表示光标当前处于过中点与直线垂直的位置。

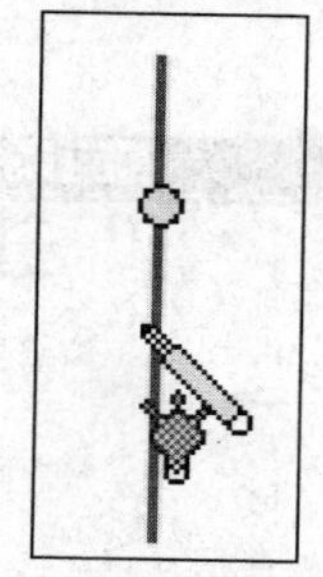

图 2-3　光标捕捉到图形实体

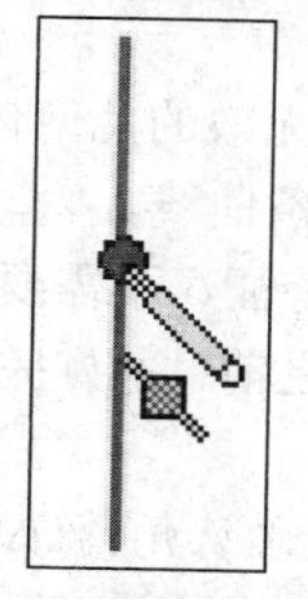

图 2-4　光标捕捉到直线中点

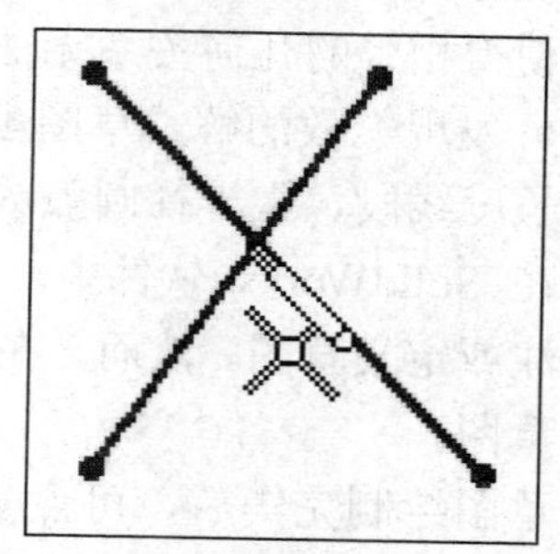

图 2-5　捕捉到交点

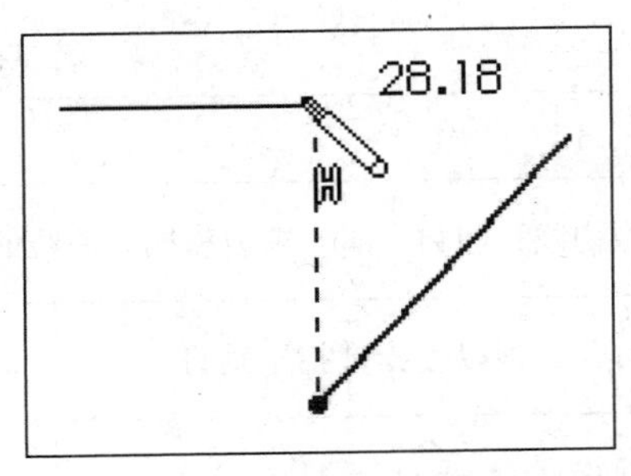

图 2-6　推理到竖直位置

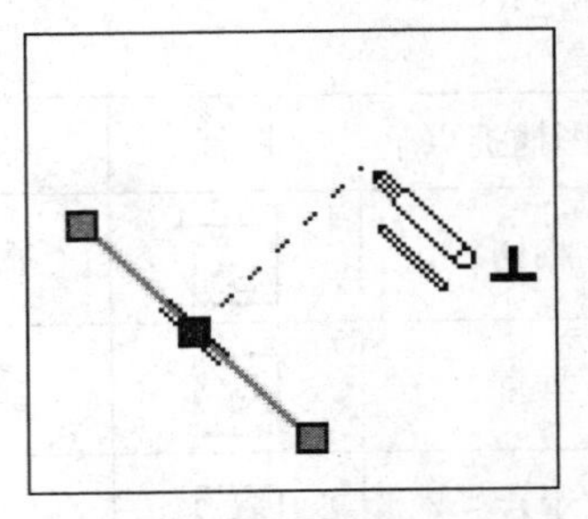

图 2-7　推理到过中点与直线垂直的位置

2.1.2　草图捕捉

在绘制草图过程中，系统可能会捕捉到任何一个可以捕捉到的点，过多的点捕捉反而使绘图速度减慢。用户可以选择一个特定的捕捉，选择特定的捕捉将会过滤掉其他草图捕捉，使捕捉专注于特定功能。这种方法称为快速捕捉。要使用快速捕捉，可以使用下面三种方法中的一种：

- 选择下拉菜单，单击“工具”、“几何关系”、“快速捕捉”中的某个捕捉项目。
- 双击快速捕捉工具栏上的某个按钮，保留同一草图实体多个实例的捕捉功能，直到选择了其他快速捕捉。单击按钮，只能使用快速捕捉一次。
- 在草图中单击右键，在弹出菜单中选择快速捕捉中的某个选项。

绘图过程中可能快速捕捉工具栏没有显示，要显示快速捕捉工具栏可以：

- 选择下拉菜单，单击“视图”、“工具栏”、“快速捕捉”。
- 将光标放置在某个工具栏上，单击右键，在弹出菜单中选择“快速捕捉”。

表 2-1 说明了各种草图捕捉点的名称、图标和作用。

表 2-1　草图点捕捉的名称、图标及作用

草图捕捉点	图标	作　用
端点和草图点		捕捉到以下草图实体的末端：直线、多边形、矩形、平行四边形、圆角、圆弧、抛物线、部分椭圆、样条曲线、点、倒角和中心线
中心点		捕捉到以下草图实体的中心：圆、圆弧、圆角、抛物线和部分椭圆
中点		捕捉到直线、多边形、矩形、平行四边形、圆角、圆弧、抛物线、部分椭圆、样条曲线、点、倒角和中心线的中点
象限点		捕捉到圆、圆弧、圆角、抛物线、椭圆和部分椭圆的象限点
交叉点		捕捉到相交或交叉实体的交叉点
最近点		支持所有实体。单击最近点，激活所有捕捉。指针不需要紧邻其他草图实体，即可显示推理点或捕捉到该点。 选择最近点，仅当指针位于捕捉点附近时才会激活捕捉

续表

草图捕捉点	图标	作　用
相切		捕捉到圆、圆弧、圆角、抛物线、椭圆、部分椭圆和样条曲线的切线
垂直		当绘制到另一直线的直线时，捕捉以使指针指示垂直
平行		捕捉到直线、圆弧和样条曲线
水平/竖直线		竖直捕捉直线到现有水平草图直线，以及水平捕捉到现有竖直草图直线
与点水平/竖直		竖直或水平捕捉直线到现有草图点
长度		捕捉直线到网格线设定的增量，无需显示网格线
网格		捕捉草图实体到网格的水平和竖直分隔线。默认情况下，这是唯一未激活的草图捕捉
角度		捕捉到角度。欲设定角度，请单击“工具”、“选项”、“系统选项”、“草图”，选择“几何关系/捕捉”，然后设定捕捉角度的数值

2.1.3　几何关系的显示与关闭

SolidWorks 草图除了用尺寸确定大小之外，还有一个重要的确定草图的方法，被称为几何关系。几何关系可以控制单个图形或两个图形之间的关系。比如：对于一条直线，可以确定其是否水平或竖直；对于两条直线，可以确定其处于平行或垂直状态等。给两个图形添加几何关系之后，改变其中一个图形，另一个图形也将发生变化。例如，选择两个圆，添加相等关系，给其中一个圆标注尺寸，通过修改尺寸值改变圆的大小，另一个圆也将跟随变化。由于几何关系的存在，许多相同的图形只需要给其中一个标注尺寸即可，这样控制草图非常方便。

草图的几何关系可以在绘制过程中自动添加，也可以在图形绘制出之后人工添加。自动添加的几何关系在绘制过程中系统将以图标的形式提示用户，操作者只要在绘图过程中略微注意一下，在提示出现时点击，确认输入即可。

绘制出的草图将用不同的图标表示单个图形或图形与图形之间的几何关系。

表 2-2 显示了各种图标表示的几何关系含义。

表 2-2　各种图标表示的几何关系含义

图标	几何关系含义	图标	几何关系含义	图标	几何关系含义
	表示竖直		表示水平		表示有相同下标的图形相等
	表示两直线之间相互垂直		表示有相同下标的图形对称		表示点处于直线的中点

图 2-8 显示了绘制出的草图显示的单个图形或图形之间的几何关系。如果认为这些图标影响图形的清晰，可选择下拉菜单“视图”、“草图几何关系”将这些图标关闭。也可以再次选择这个选项将图标显示出来。

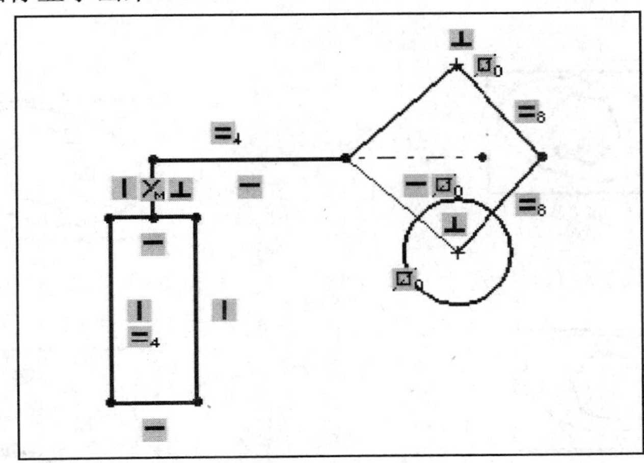

图 2-8 图形几何关系图标

2.1.4 草图绘制模式

在 2D 草图绘制中有两种模式：单击-拖动模式和单击-单击模式。SolidWorks 根据用户的操作自动进行判断：如果单击第一个点并拖动，则进入单击-拖动模式；如果单击第一个点并释放指针，则识别为单击-单击模式。

绘制 3D 草图时只能使用单击-拖动模式。

当直线和圆弧工具处于单击-单击模式时，单击会生成连续的线段(链)。若要终止草图链，可执行如下操作之一：

- 双击以终止实体链并保持工具为激活状态。
- 单击右键并选择结束链。这与双击的作用相同。
- 按 Esc 键以终止链并释放工具。
- 将指针移到视图窗口外以停止拖动，然后选择另一工具。

2.1.5 图形选择

绘制图形时，有许多操作需要选择图形。比如要删除图形、移动图形等。被选择的图形呈绿色显示。

要选择图形，可以单击绘图工具栏中的按钮，或右击鼠标，在弹出菜单中选择“选择”，进入图形选择状态。在图形选择状态下可以采用以下任意一种方法选择图形：

- 单击。将光标放置在图形上点击，被选择的图形即呈绿色显示。
- 框选择。在绘图区内按下鼠标左键，拖动鼠标到另一个位置，自动会有一个方框跟踪出来，到适当位置，放开左键，SolidWorks 根据先后两个点的左右位置决定是以完全窗口还是以交叉窗口进行选择。采用完全窗口进行选择，只有完全被包围在窗口内的图形被选择。采用交叉窗口进行选择，则完全在窗口内的图形以及与窗口相交的图形全部被选择。

如图 2-9 所示，选择图形光标从左到右拖动，系统自动认为采用完全窗口选择，结果只有完全在窗口内的图形被选择，如图 2-10 所示。如图 2-11 所示，选择图形光标从右到左拖动，系统自动认为采用交叉窗口选择，结果在窗口内的图形以及与窗口相交的图形全部被选择，如图 2-12 所示。

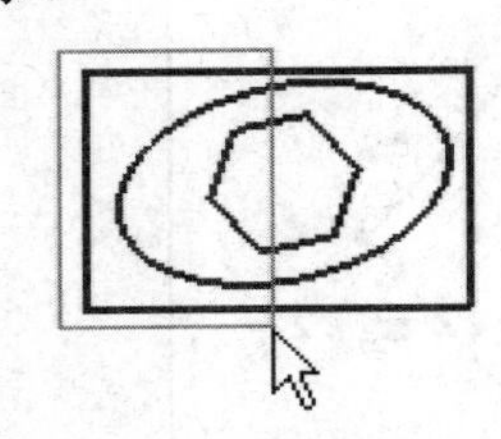

图 2-9　完全窗口选择

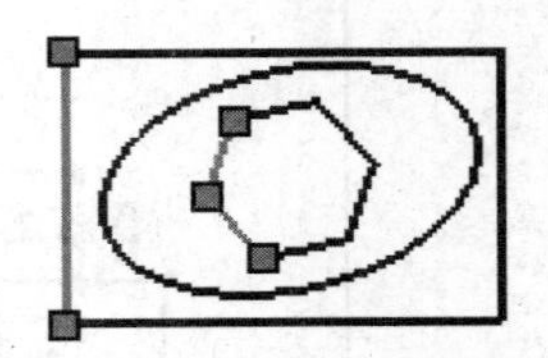

图 2-10　完全窗口选择的结果

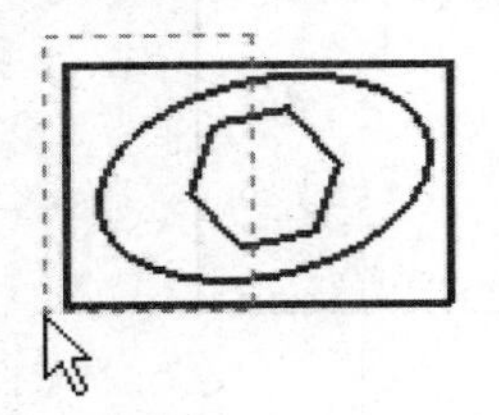

图 2-11　交叉窗口选择

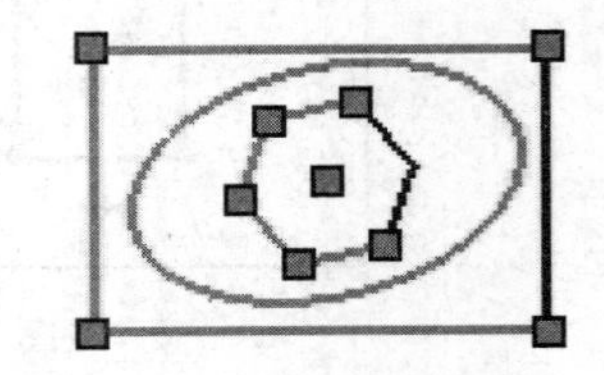

图 2-12　交叉窗口选择的结果

在进行图形选择时，一般情况是保留本次选择的结果，放弃原来选择的结果。如果要保留原来的选择结果，可在选择时按下 Ctrl 键。特别是在分多次进行选择操作时，需要格外注意。

2.2　草图绘制命令

草图绘制实体工具可以向草图中添加各种草图图形。有一些命令虽然采用的方式不同，但生成的草图实体种类是一样的。比如：绘制圆弧有三种方法，生成的图形都是圆弧；矩形命令绘制出一个方框，实际上是一次绘制出了四条直线。了解这些情况使我们对草图绘制命令与草图的种类有所认识。

2.2.1　草图绘制的一般规则

草图绘制实体工具栏中的各项命令用来向草图中添加各种图形。这些图形绘制时只需要略微注意其大概尺寸，绘制出来之后，可以通过拖动的方法进行修改，或通过标注尺寸和添加几何关系的方法进行精确定义。

草图绘制过程中对草图进行修改的方法是，草图绘制出之后，在没有标注尺寸和添加几何关系之前，可以通过拖动对其进行修改；已经标注尺寸的草图，需要通过修改尺寸值的方法进行修改；已经添加了几何关系的草图，必须删除几何关系后，只能进行符合其几何关系的拖动修改。例如，已经包括有水平几何关系的直线，只能拖动其端点沿水平方向移动，不能破坏其水平的几何关系，若某个点已经与圆添加了重合关系，拖动这个点只能沿圆弧移动，不能将点拖动离开圆弧。对此，初学者应该有所了解。如果添加的几何关系或尺寸过多，SolidWorks 将会给出提示，并以红色显示这些冲突的几何关系和尺寸，必须将其中有冲突的几何关系或尺寸删除，才能对草图进行恰当的定义。

草图绘制时可以使用快速捕捉。使用快速捕捉可自动捕捉所选实体点并添加几何关系，如直线或圆弧的中点、切点、象限点等。

使用快速捕捉还是在绘制出图形之后再添加几何关系，由用户根据个人喜好和习惯决定。

2.2.2 直线

SolidWorks2005 中添加了绘制直线的方向控制和选项。用户可以在绘制直线时让直线按照绘制时的方向或强制其按水平、垂直或规定方向绘制。用后三种方法绘制直线时，不受光标位置倾斜的影响。可以让绘制出的直线成为构造线和无限长度直线。选择“作为构造线”，绘制出的直线将作为构造线；选择“无限长度”，绘制的直线将通过输入的两个点，无限长，没有端点。构造线作为图形的辅助图线，用来为其他图形定位。计算图形轮廓时，构造线不计算在内。

绘制直线的步骤为：

(1) 单击草图绘制工具栏上的或“工具”、“草图绘制实体”、“直线”，打开插入线条管理器，如图 2-13。此时光标变为。

(2) 选择方向限制和选项。

(3) 单击图形区域开始绘制直线。

可以用下列方法之一完成直线绘制：

- 点击起点，将指针拖动到直线的终点然后释放。
- 点击起点，释放指针，将指针移动到直线的终点，然后再次单击。
- 如果打开了网格线捕捉，则水平直线或竖直直线就会自动捕捉到网格点。

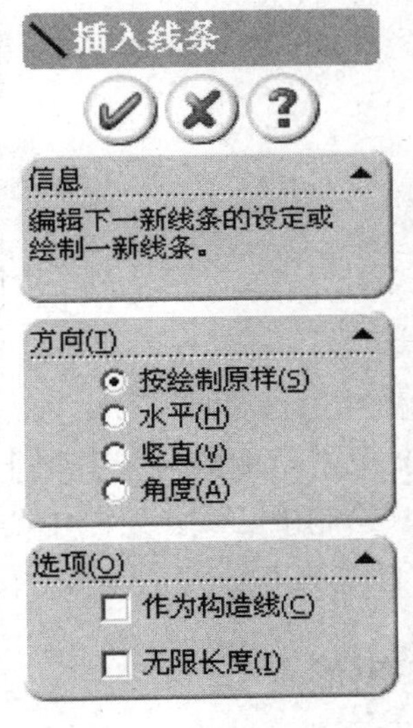

图 2-13 插入直线

在直线绘制过程中，如果采用单击-单击模式，绘制的直线将成为直线链，可用双击或右击，在弹出菜单中选择“结束链”的方法结束当前绘制的图线链，但不退出直线命令，重新开始直线链的绘制。

(4) 再次单击或右击鼠标，在弹出的菜单中选择“选择”，可结束直线命令。

(5) 标注尺寸或添加几何关系完全定义直线。

草图中已经绘制出的直线可通过拖动进行修改，修改方法为：

如要改变还没有标注尺寸的直线长度，可选择一个端点并拖动此端点来延长或缩短直线。已经标注尺寸的直线，可以通过改变尺寸数值修改长度。

如要移动直线，可选择该直线并将它拖动到另一个位置。

如要改变直线的角度，可选择一个端点并拖动它来改变直线的角度。

如果该直线具有竖直或水平几何关系，在拖动到新的角度之前，必须删除其属性中竖直或水平几何关系。

在绘制直线过程中，可以非常方便地绘制出与直线相切或起始方向与直线垂直的圆弧。方法是：采用单击-单击模式绘制直线，绘制一条直线后，自动进行下一条直线的绘制，有一条直线跟踪光标显示出来。此时，将光标移动到上一条直线的结束点上，略微停顿，不要按下按键，再次将光标移开，跟踪出来的直线将变成圆弧。根据光标移开时的方向，跟踪出来的圆弧可能与直线相切，也可能其起始方向与直线垂直，因此进行此项操作时应注意光标移开时的方向。

2.2.3 中心线

用中心线命令绘制出的图线作为中心线存在。进行以下操作，必须要先绘制一条中心线作为对称线：对图形添加对称关系；将图形镜像；动态绘制镜像图形；标注对称尺寸等。如图 2-14 所示，标注直线或点与中心线的尺寸，当光标移动到中心线另一侧时，可标注出跨中心线的对称尺寸。

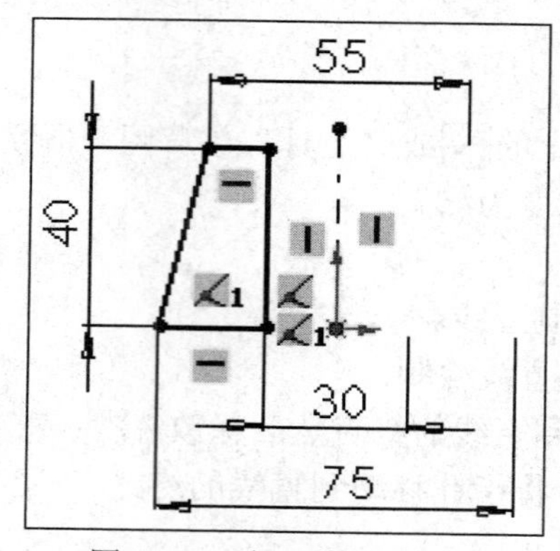

图 2-14 中心线尺寸标注

绘制中心线的步骤为：

(1) 单击草图绘制工具栏上的┆或“工具”、“草图绘制实体”、“中心线”。

(2) 绘制中心线。绘制中心线的光标与绘制直线的光标完全一样。中心线的绘制方法也与绘制直线的方法完全一样。

2.2.4 矩形

矩形命令实际上是一次绘制出两条水平直线和两条竖直直线。

绘制矩形的步骤为：

(1) 单击草图绘制工具栏上的□或“工具”、“草图绘制实体”、“矩形”。此时光标变为✎。

(2) 矩形绘制方法非常简单，输入命令后，只需要先后点击矩形的对角两点即可。点击第一点之后，在移动光标过程中，系统将动态提示当前绘制的矩形的 X 方向和 Y 方向的尺寸，用户可根据提示点击对角点的位置，绘制出大概符合要求大小的矩形。

(3) 标注尺寸准确限制矩形的高和宽，标注尺寸或添加几何关系准确定位矩形的位置。

2.2.5 多边形

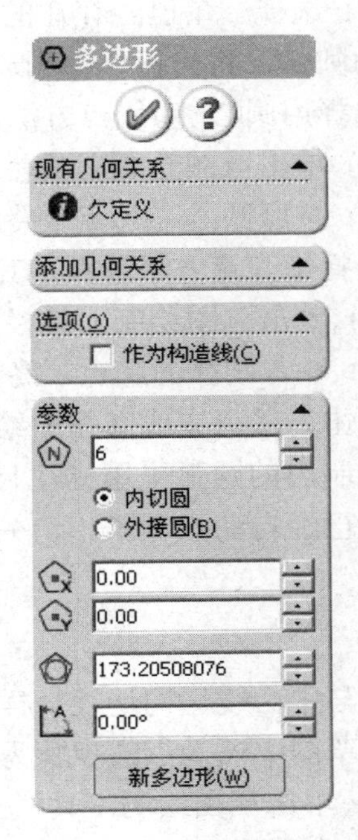

图 2-15 多边形绘制管理器

多边形命令可生成任意数量的边数在 3～40 之间的等边多边形。

生成多边形的步骤为：

(1) 单击草图绘制工具栏上的 或“工具”、“草图绘制实体”、“多边形”。此时光标变为。

(2) 根据需要在多边形属性管理器(如图 2-15)中设定属性。在多边形属性管理器中可以设定多边形的边数、内切圆或外接圆等。

(3) 单击图形区域以定位多边形中心，然后拖动多边形。将光标移动到理想位置点击，即可完成多边形的绘制。

(4) 标注尺寸和添加几何关系完全定义多边形。

要通过拖动修改多边形，可以拖动多边形的一条边来改变多边形的大小，或通过拖动多边形的顶点或中心点来移动多边形。

2.2.6 圆

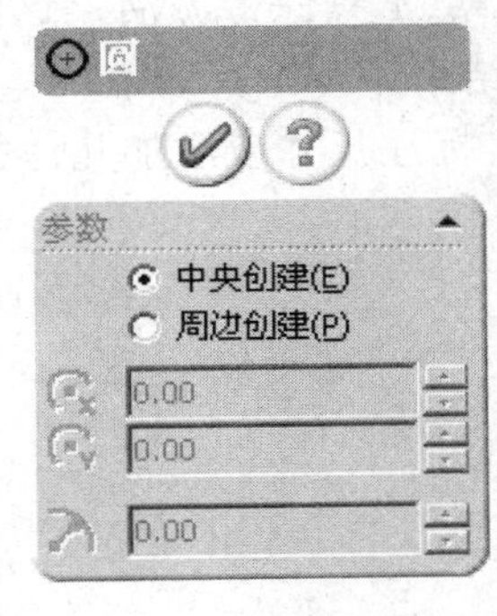

图 2-16 插入圆

SolidWorks2005 中添加了用圆心或圆周点创建圆的选项。选择“中央创建”选项，需要单击图形区域来放置圆心，移动指针并单击来设定半径；选择“周边创建”选项，需要先后输入三个点，绘制通过这三个点的圆。

插入圆的步骤为：

(1) 单击草图绘制工具栏中的或“工具”、“草图绘制实体”、“圆”。此时光标变为。

(2) 选择“中央创建”或“周边创建”选项，如图 2-16，采用不同的方法绘制圆。

(3) 根据选项，输入圆心-圆周点或连续输入三个圆周点建立圆。

(4) 标注尺寸或添加几何关系完全定义圆。

已经绘制出的圆可以通过拖动对其修改：在草图中选择圆，然后拖动圆的边线放大圆或缩小圆，拖动圆心移动圆。

2.2.7 圆弧

绘制圆弧可以有三种方法：切线弧、圆心/起/终点画弧和三点圆弧。

绘制切线弧的步骤为：

(1) 单击草图绘制工具栏中的或“工具”、“草图绘制实体”、“切线弧”。

(2) 选择一条已经存在的图线，SolidWorks 将在离选择点近的一端跟踪出一条与原图线相切的圆弧，将光标移动到适当的位置点击，即可完成圆弧的绘制。

选择用圆心/起/终点方法画弧，其步骤为：

(1) 单击草图绘制工具栏中的或“工具”、“草图绘制实体”、“圆心/起/终点画弧”。

(2) 按照圆心、起点、终点的顺序先后输入三个点即可完成圆弧的绘制。

选择用三点方法画弧，其步骤为：

(1) 单击草图绘制工具栏中的或“工具”、“草图绘制实体”、“三点圆弧”。

(2) 输入圆弧的起点、终点，然后移动光标，根据预显示的圆弧，当光标移动到适当位置时点击，即可完成圆弧的绘制。

绘制出的圆弧采用标注尺寸和添加几何关系的方法准确定义。其中用切线弧方法绘制的圆弧已经自动添加了相切关系。

2.2.8 点

点与中心线、构造线一样，在草图中作为参考几何图形存在。

在草图中插入点的步骤为：

(1) 单击草图绘制工具栏上的或“工具”、“草图绘制实体”、“点”。此时光标变为。

(2) 在图形区域中单击以放置点。注意光标形状变化，可在输入点的同时自动添加与已存在图形之间的几何关系。输入一个点之后，点管理器出现，如图 2-17。可以修改其中的 X 或 Y 坐标定位点的位置。

(3) 点工具保持激活，这样可以继续插入点。只到再次单击或输入其他命令，点插入命令结束。

(4) 标注尺寸或添加几何关系准确定义点的位置。

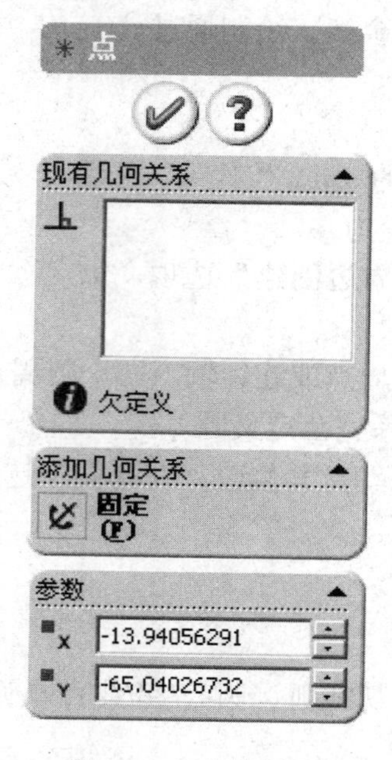

图 2-17　点管理器

2.2.9 样条曲线

样条曲线是一条通过若干个点光滑连接的图线。

绘制样条曲线的步骤为：

(1) 单击草图绘制工具栏上的[样条曲线图标] 或“工具”、“草图绘制实体”、“样条曲线”。此时光标变为[光标图标]。

(2) 在图形区域中连续输入若干个点，再次点击[样条曲线图标]或右击鼠标，在弹出菜单中选择“选择”，结束样条曲线的绘制。也可以右击鼠标，在弹出菜单中选择“终端样条曲线”，然后修改样条曲线的终端切线方向，结束样条曲线的绘制。上述操作结束后，出现样条曲线管理器，如图 2-18 所示。

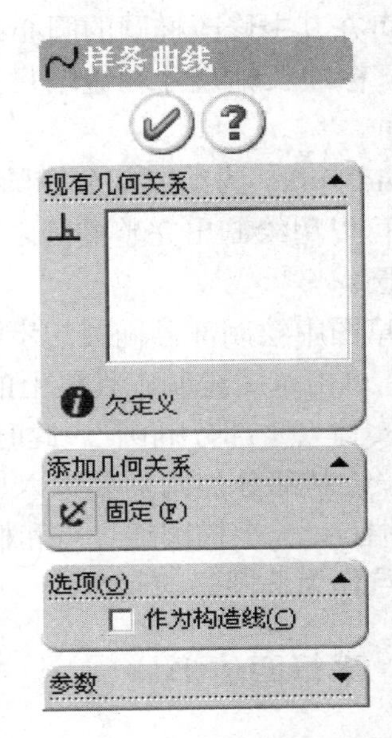

图 2-18 样条曲线管理器

(3) 选择样条曲线中的点，点管理器出现，如图 2-17。可以修改其中的 X 或 Y 坐标定位点的位置。顺序定义样条曲线中的点，可以完全定义样条曲线。也可以通过标注尺寸或添加几何关系的方法为样条曲线中的每一个点准确定位，还可以为样条曲线与其他图线之间添加几何关系。

(4) 选择样条曲线，图线上各个点上将显示出控标(如图 2-19)。可拖动控标箭头修改样条曲线各个点位置的切线方向，可以拖动点，移动点的位置。

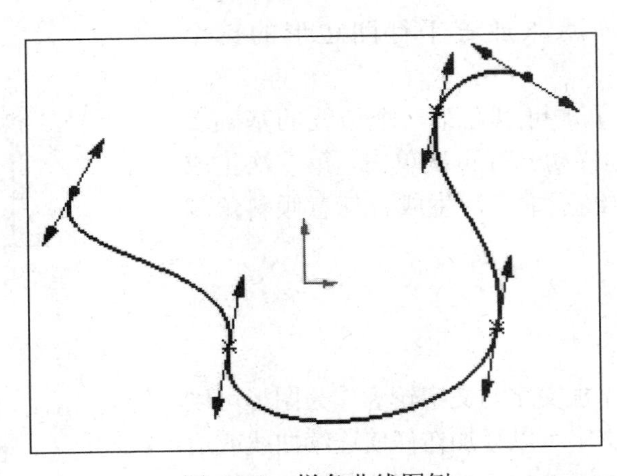

图 2-19 样条曲线图例

2.2.10 椭圆和部分椭圆

在草图中绘制椭圆的步骤为：

(1) 单击草图绘制工具栏上的[椭圆图标]或“工具”、“草图绘制实体”、“椭圆”。此时光标变为[光标图标]。

(2) 输入三个点：椭圆中心、一个轴端点和一个椭圆通过点，绘制椭圆。

绘制出椭圆后，自动显示出椭圆管理器，如图 2-20，可在其中修改椭圆的圆心或长、短半轴尺寸。

(3) 标注长轴尺寸和短轴尺寸，准确定义椭圆的形状。

SolidWorks 为绘制部分椭圆提供了专门的命令，尽管也可以用绘制出完整椭圆之后再剪裁的方法得到部分椭圆。

在草图中绘制部分椭圆的步骤为：

(1) 单击草图绘制工具栏上的 或“工具”、“草图绘制实体”、“部分椭圆”。此时光标变为 。

(2) 绘制部分椭圆需要输入四个点：椭圆中心、一个轴端点、一个椭圆通过点和椭圆弧的终点。其中，第三个点作为椭圆弧的起点。

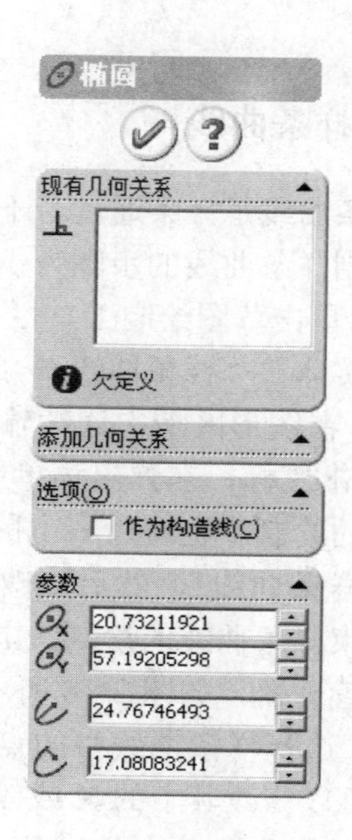

图 2-20 椭圆管理器

2.2.11 平行四边形

绘制平行四边形可以生成边相对于草图网格线不平行或不垂直的矩形或平行四边形。

绘制平行四边形的步骤为：

(1) 单击草图绘制工具栏上的 或“工具”、“草图绘制实体”、“平行四边形”。此时光标变为 。

(2) 先后输入两个点来放置平行四边形的一个边线。

(3) 移动光标再次单击可以在第一个边线的基础上生成矩形。按住 Ctrl 键移动光标再次单击，第二次生成的边线可以与第一个边线不垂直，生成有任意倾斜角度的平行四边形。

2.2.12 文字

可以在零件的面上添加文字，文字轮廓作为图形可以拉伸凸台或拉伸切除。文字可以添加在任何连续曲线或边线组中，包括由直线、圆弧或样条曲线组成的圆或轮廓。

如果曲线为草图实体或一组草图实体，而且草图文字与曲线位于同一草图，应该将曲线转换到构造几何线。

在草图中添加文字的步骤为：

(1) 单击草图绘制工具栏上的 或“工具”、“草图绘制实体”、“文字”，打开草图文字管理器，如图 2-21。

(2) 在草图文字管理器中进行相关设置。

图 2-21 草图文字管理器

(3) 在图形区域中选择一边线、曲线、草图或草图线段。所选项目出现在曲线框中。

(4) 在“文字”框中键入要显示的文字。键入时，文字将出现在图形区域中。

(5) 根据需要在草图文字属性管理器中设定属性。

可以选择让文字成为粗体、倾斜或旋转。选择文字的对齐方式或镜向反转。取消“使用文件字体”选项，可点击字体按钮打开字体选择对话框，选择需要的非缺省字体。如图 2-22 所示，修改字体为华文新魏并沿圆弧排列。

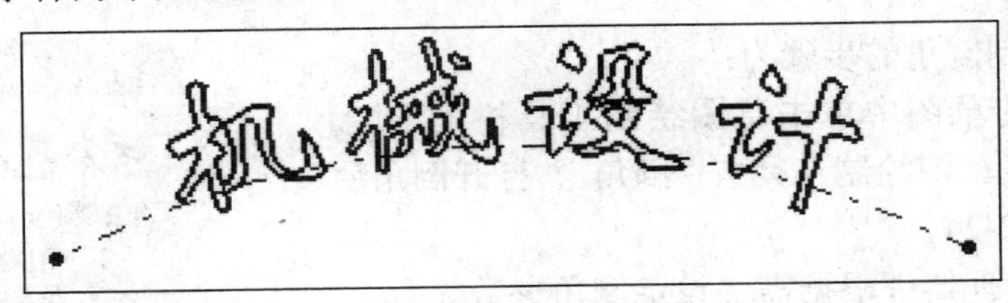

图 2-22 文字输入示例

选择非缺省字体还可以修改字体的宽度和文字间隙比例。输入的文字已出现在图形区域中，初学者只要点击管理器中的按钮，文字形式的修改即刻显示在图形中。略加注意，即可理解各个按钮的作用。

(6) 单击。

选择文字，拖动即可移动文字位置。与曲线对齐的文字需要通过移动曲线来移动。

要编辑已绘制的草图文字，可以双击文字或用右键单击文字，然后选择“属性”。在草图文字属性管理器中编辑文字及其属性。

并非所有的文字都能够顺利进行拉伸凸台或拉伸切除操作，特别是输入有汉字的情况。这是由于字体定义造成的。遇到此情况，可更改其他字体，保证拉伸操作顺利进行。

2.3 草图修改编辑命令

草图修改编辑命令在草图绘制实体工具栏中。这些命令必须在原有图形的基础上使用。比如圆角和倒角需要图形中原有两条图线，剪裁和延伸需要利用图形中原有图线才能完成。

2.3.1 绘制圆角

绘制圆角工具在两个草图实体的交叉处生成一个切线弧。此工具在 2D 和 3D 草图中均可使用。

在草图中生成圆角的步骤为：

(1) 在打开的草图中，单击草图绘制工具栏上的或单击“工具”、“草图绘制工具”、“圆角”，打开圆角属性管理器，如图 2-23。

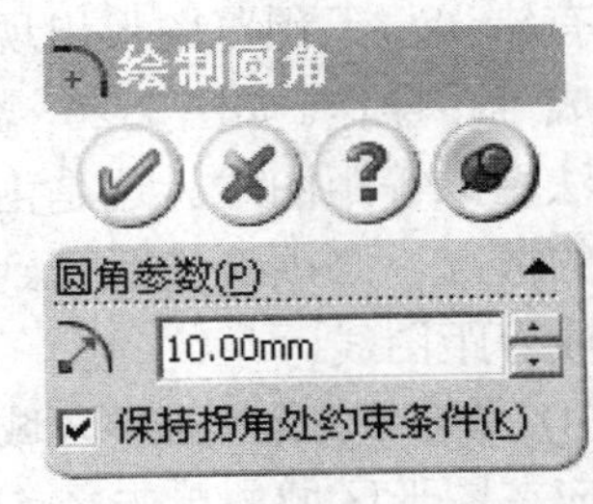

图 2-23 圆角属性管理器

(2) 在圆角属性管理器中设定属性。

(3) 选择要圆角化的草图实体。(可选择非交叉实体。实体被拉伸，边角被圆角处理。)若想选择草图实体，按住 Ctrl 键并选取两个草图实体或选择一边角。

(4) 单击✔接受圆角或单击✘来移除圆角。

2.3.2 绘制倒角

绘制倒角工具在 2D 和 3D 草图中将倒角应用到相邻的草图实体中。此工具在 2D 和 3D 草图中均可使用。

在草图中绘制倒角的步骤为：

(1) 在打开的草图中单击草图绘制工具栏上的⌐或单击“工具”、“草图绘制工具”、“倒角”，打开倒角属性管理器，如图 2-24。

(2) 在属性管理器中根据需要设定倒角参数。

(3) 在图形区域中选择要进行倒角的草图实体。若想选择草图实体，可以按住 Ctrl 键并选取两个草图实体或选择一顶点，倒角将立即应用。

(4) 单击✔接受倒角或单击✘来移除倒角。

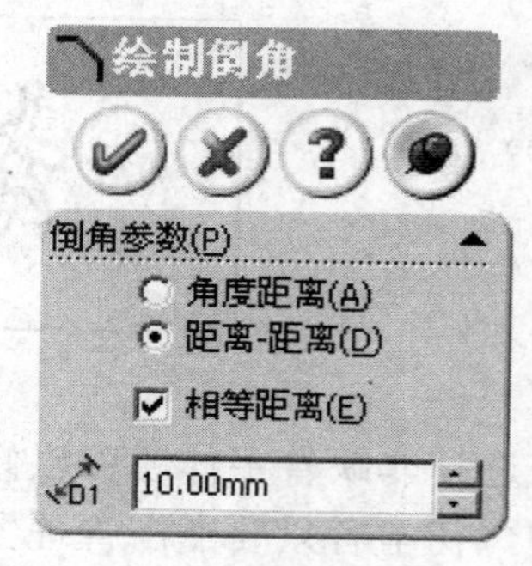

图 2-24 倒角属性管理器

2.3.3 等距实体

等距实体是指按特定的距离等距一个或多个草图实体、所选模型边线或模型面。例如，可等距诸如样条曲线或圆弧、模型边线组、环等等之类的草图实体。

可等距有限直线、圆弧和样条曲线，不能等距套合样条曲线、先前等距的样条曲线或会产生自相交几何体的实体。

SolidWorks 软件会在每个原始实体和相对应的草图实体之间生成边线上的几何关系。如果当重建模型时原始实体改变，则等距实体也会随之改变。

生成草图等距的步骤为：

(1) 在打开的草图中，选择一个或多个草图实体、一个模型面或一条模型边线。

(2) 单击草图绘制工具栏上的⊐或“工具”、“草图绘制工具”、“等距实体”。也可以先输入命令，后选择需要等距的图线。

(3) 在图 2-25 所示的等距实体属性管理器中设定各项参数。将等距作出的图线显示在图形区域。如果参数有错误，无预览图形出现，可调整参数，否则无法完成等距操作。如图 2-26，若将等距距离设置为 15，将无法生成等距图线。这是由于生成的图线出现了自相交的情况，必须调整距离到符合要求的范围内，才可生成等距图线。

(4) 单击✔或在图形区域中单击时，等距实体完成。应在图形区域中单击之前设定参数。

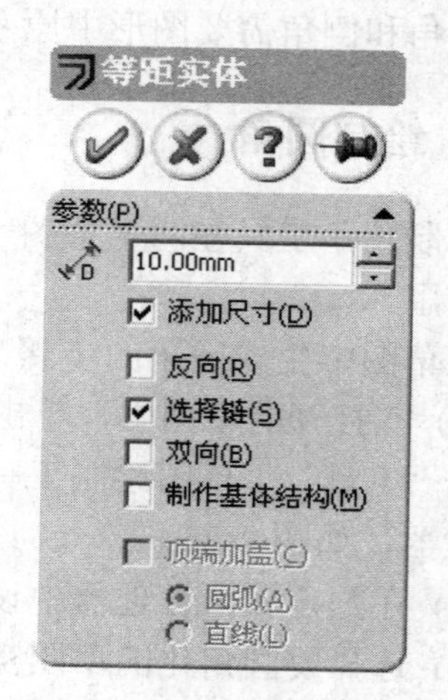

图 2-25 等距实体属性管理器

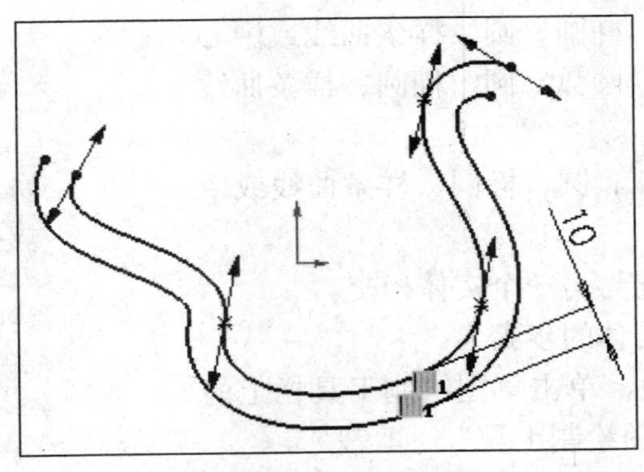

图 2-26　等距图形示例

等距实体属性管理器中各项参数含义如下。

- 等距距离：设定数值以特定距离来等距草图实体。双击等距尺寸，然后更改数值。在双向等距中，单个更改两个等距的尺寸。若想观察动态预览，按住鼠标键并在图形区域中拖动指针。释放鼠标键时，等距实体完成。
- 添加尺寸：在草图中包括等距距离。这不会影响到包括在原有草图实体中的任何尺寸。
- 反向：更改单向等距的方向。
- 选择链：生成所有连续草图实体的等距。
- 双向：在双向生成等距实体。
- 制作基体结构：将原有草图实体转换到构造性直线。
- 顶端加盖：通过选择双向并添加一顶盖来延伸原有非相交草图实体。可生成圆弧或直线为延伸顶盖类型。

2.3.4　转换实体引用

通过将边线、环、面、曲线、外部草图轮廓线、一组边线或一组草图曲线投影到草图基准面上，在草图上生成一或多个草图实体。

转换实体引用的步骤为：

(1) 在编辑草图过程中，单击模型边线、环、面、曲线、外部草图(不属于当前绘制草图的)轮廓线、一组边线或一组曲线。

(2) 单击草图绘制工具栏上的□或者“工具”、“草图绘制工具”、“转换实体引用”。

通过转换实体引用得到的图线将建立以下几何关系：

- 在边线上。在新的草图曲线和实体之间生成，这样如果实体更改，曲线也会随之更新。
- 固定。在草图实体的端点上内部生成，使草图保持“完全定义”状态。当使用显示/删除几何关系时，不会显示此内部几何关系。要拖动这些端点必须删除固定几何关系。

2.3.5　剪裁实体

使用剪裁实体可以：

剪裁一直线、圆弧、椭圆、圆、样条曲线或中心线，直到它与另一直线、圆弧、圆、椭圆、样条曲线或中心线的相交处；

删除一条直线、圆弧、圆、椭圆、样条曲线或中心线；

延伸草图线段，使它与另一个实体相交。

剪裁或删除一草图实体的步骤为：

(1) 在打开的草图中，单击草图绘制工具栏上的 或单击“工具”、“草图绘制工具”、“剪裁”。

(2) 在如图 2-27 所示的剪裁实体管理器中选择剪裁方式。可根据不同的情况选择不同的剪裁方式。

(3) 在草图上移动指针 ，根据提示选择绘图区域中的图形。

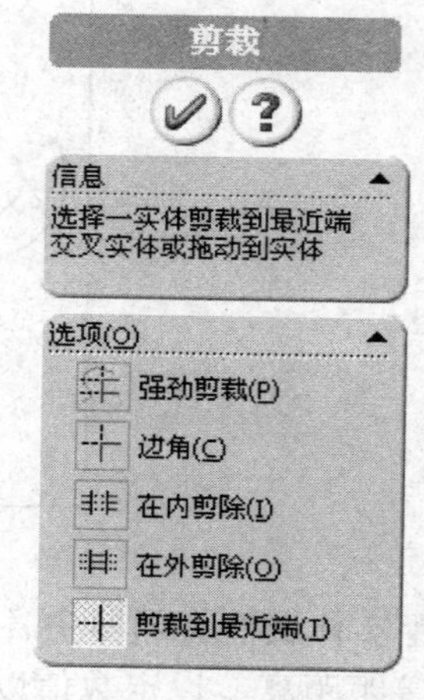

图 2-27　剪裁实体管理器

管理器中各剪裁选项的含义和操作方法如下。

● 强劲剪裁：按住光标拖动，光标划过的实体部分将被剪裁；或单击一实体，然后在边界实体或荧屏上任何地方点击，将被剪裁的部分以不同的颜色显示。若想延伸实体，按住 Shift 键然后在实体上拖动光标，放开光标，图线将被延伸。

● 边角：选择两个实体，这两个实体将被剪裁或延伸，形成共同的端点。如果所选的两个实体之间不可能有几何上的交点，如两条平行线或两个不能有交点的圆弧，剪裁操作无效。

● 在内剪除：选择两个边界实体，然后选择要剪裁的实体，此选择移除边界内的实体部分。

被剪裁的草图实体必须与每个边界实体相交一次，或与两个边界实体完全不相交，这样图线将被删除。

● 在外剪除：选择两个边界实体，然后选择要剪裁的实体，此选择移除边界外的实体部分。

● 剪裁到最近端：选择一实体剪裁到最近的与其他实体的交点，或拖动实体到另一个实体可延伸图线。将被剪裁或延伸的图线都会有预览显示，待预览图形显示正确时单击光标即可。

2.3.6　延伸实体

可以增加草图实体(直线、中心线或圆弧)的长度。通常使用延伸实体将草图实体延伸以与另一个草图实体相遇。

延伸草图实体的步骤为：

(1) 在打开的草图中，单击草图绘制工具栏上的 或“工具”、“草图绘制工具”、“延伸”。此时光标变为 。

(2) 将指针移到草图实体上以延伸。

所选实体以浅蓝色出现，预览按延伸实体的方向以粉红色出现。

如果预览以错误方向延伸，将指针移到直线或圆弧另一半上。

(3) 单击草图实体接受预览。图线延伸方向前方无其他草图实体作为边界，图线不能延伸。

2.3.7 分割实体

可分割一草图实体以生成两个草图实体。反之，可以删除一个分割点，将两个草图实体合并成一单一草图实体。使用两个分割点来分割一个圆、完整椭圆或闭合样条曲线。

可以为分割点标注尺寸。也可以在装配体中的分割点处插入零件。

分割草图实体的步骤为：

(1) 在打开的草图中，单击草图绘制工具栏上的或单击“工具”、“草图绘制工具”、“分割实体”。此时光标变成 。

(2) 单击草图实体上的分割位置。该草图实体被分割成两个实体，并且这两个实体之间会添加一个分割点。将两个被分割的草图实体合并成一个实体可以在草图中单击分割点，然后按 Delete 键。

2.3.8 转折线

可在零件、装配体及工程图文件的 2D 或 3D 草图中转折草图线。转折线自动限定于与原始草图直线垂直或平行。

绘制转折草图线的步骤为：

(1) 在一打开且带有直线的草图中或带有绘制的直线的工程图中，单击爆炸草图工具栏上的或“工具”、“草图绘制工具”、“转折线”。

(2) 单击一直线开始进行转折。

(3) 移动指针来预览转折的宽度和深度。

在 3D 草图中，按 Tab 键来更改转折的基准面。

(4) 再次单击即完成转折。

转折线工具处于激活状态，所以可以插入多个转折。

2.3.9 构造几何线

可将草图上或工程图中的草图实体转换为构造几何线。构造几何线仅用来协助生成最终会被包含在零件中的草图实体及几何体。当草图被用来生成特征时，构造几何线被忽略。构造几何线使用与中心线相同的线型。

任何草图实体都可以转换为构造几何线。点和中心线总是构造性实体。

SolidWorks 软件还有参考几何体(基准面、轴等等)作为生成草图以外特征的基础。

将草图实体转换为构造几何线的方法为：

在一打开的草图中选择一个或多个草图实体，然后进行以下操作之一：

- 选择一条图线，在属性管理器中选择作为构造线。
- 选择若干条图线，单击草图绘制工具栏上的或“工具”、“草图绘制工具”、“构造几何线”。

● 用右键单击一草图实体然后选择构造几何线(仅对于工程图)。

2.3.10 镜向实体

可用中心线来镜向草图实体。

当生成镜向实体时，SolidWorks 软件会在每一对相应的草图点(镜向直线的端点、圆弧的圆心等等)之间应用一对称关系。如果更改被镜向的实体，则其镜向图像也会随之更改。

镜向实体在 3D 草图中不可使用。

镜向现有草图实体的步骤为：

(1) 在打开的草图中，单击草图绘制工具栏上的中心线，绘制一中心线。

(2) 选择中心线及需要镜向的项目。

(3) 单击草图绘制工具栏上的或“工具”、“草图绘制工具”、“镜向”。

也可以先输入镜向命令，然后选择需要镜向的实体和作为镜向线的直线或中心线。注意，选择镜向实体之后，需要在镜向点(如图 2-28)框中点击之后，再选择镜向线。应该使镜向对象和镜向线出现在不同的选择框中(如图 2-28)。

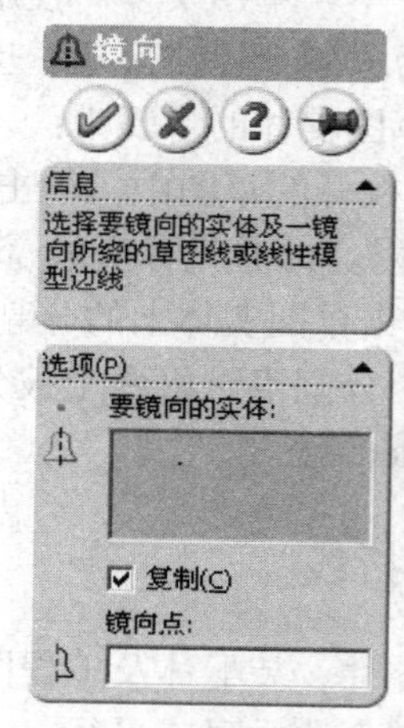

图 2-28 镜向管理器

2.3.11 动态镜向草图实体

利用动态镜向实体工具可以将绘制的图线立即形成镜向。

动态镜向草图实体的步骤为：

(1) 选择动态镜向实体工具。

(2) 选择镜向所绕的实体(对称线)。

(3) 绘制要镜向的草图实体。

可以绕以下任一实体镜向草图：中心线；直线；线性模型边线；线性工程图边线。

绕线性工程图边线镜向时，要镜向的草图实体必须位于工程图的边界中。

绘制实体时，它们将绕预选草图实体镜向。绘制的实体如果对称出现在对称线两侧，将无法生成镜向实体。

动态镜向实体的限制包括：预先存在的草图实体不可镜向；原始草图实体和镜向草图实体包括在最终结果中。

2.3.12 线性草图排列和复制

使用线性草图排列和复制工具来生成草图实体的线性阵列。

生成草图实体的线性阵列的步骤为：

(1) 在模型面上打开一张草图，并绘制一个或多个需复制的项目。

(2) 选择草图实体，然后单击草图绘制工具栏上的或单击“工具”、“草图绘制工具”、“线性草图排列和复制”，打开线性草图排列和复制对话框，如图 2-29 所示。

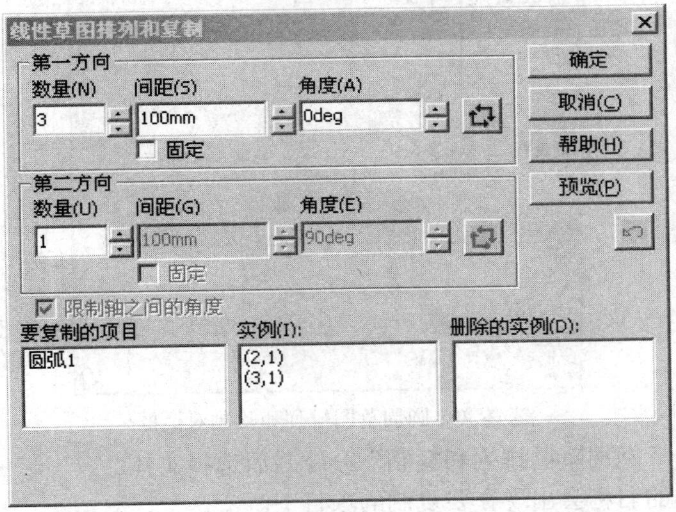

图 2-29　线性草图排列和复制对话框

也可在单击“线性草图排列和复制”命令之后选择草图实体。

所选草图实体的名称出现在要复制的项目中。

在“第一方向”下，设定：

数量。阵列实例的总数，包括原始草图实体。

间距。阵列实例之间的距离。如果选择“固定”，间距值在阵列完成时会显示为明确数值。

角度。阵列的旋转角度。

反转方向()。反转阵列的方向。

如果为“数量”、“间距”或“角度”键入数值，需要单击“预览”以查看阵列预览。然后可以调整任何值，并再次单击“预览”。

也可通过在阵列预览中拖动选择点来更改间距和角度。

将“第二方向”的数量设置大于 1，如同设置“第一方向”一样设置各项参数。

(3) 单击，完成线性阵列操作。

对已经绘制出的线性阵列图形，可选择其中的一个，单击右键，在弹出菜单中选择“编辑线性草图排列和复制”，重新打开线性草图排列和复制对话框，再次进行编辑修改。

2.3.13　圆周草图排列和复制

使用圆周草图排列和复制工具来生成草图实体的圆周阵列。

生成草图实体的圆周阵列的步骤为：

(1) 在模型面上打开一张草图，并绘制出需要复制的项目。

(2) 选择草图实体，然后单击草图绘制工具栏上的或“工具”、“草图绘制工具”、“圆周草图排列和复制”，打开圆周草图排列和复制对话框，如图 2-30 所示。

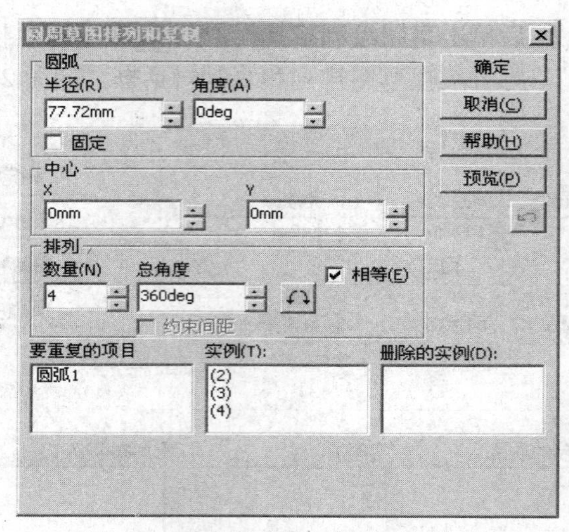

图 2-30 圆周草图排列和复制对话框

也可以在单击“圆周草图排列和复制”命令之后选择实体。

所选草图实体的名称会出现在要复制的项目下。

在“圆弧”下，设定：

半径。测量自阵列的中心到所选实体上中心点或顶点的距离。如果您选择“固定”，半径在阵列完成时会显示为明确数值。

角度。测量从所选实体的中心到排列的中心点或顶点的夹角。

在“中心”下，可以为 X 和 Y 坐标设定数值以定位阵列的中心点或顶点，或在图形区域中拖动阵列的中心点或顶点(此时，X 和 Y 坐标相应更新)。

在“排列”下，设定包括原始草图实体在内的阵列实例总数；设定阵列中第一和最后实例之间的总角度(在选择了相等后可使用)；设定阵列实例之间的角度“约束间距”(在消除选择了“相等”后可使用)。

反向旋转()。反向旋转阵列。

单击“预览”以查看排列预览。然后可以调整任何值，并再次单击“预览”。

可以拖动其中一个所选点来设置半径、角度和实例之间的间距。

在实例框中选择一编号，然后按 Delete 键可删除阵列中的此实例。编号出现在删除的实例框中。若想将实例返回到阵列中，在删除的实例中选择编号然后按 Delete 键。

(3) 单击，完成圆周阵列操作。

对已经绘制出的圆周阵列图形，可选择其中的一个，单击右键，在弹出菜单中选择“编辑圆周草图排列和复制”，重新打开圆周草图排列和复制对话框，再次进行编辑修改。

2.3.14 修改草图

使用修改草图工具来移动、旋转或按比例缩放整个草图。

修改草图的步骤为：

(1) 打开草图，然后单击草图绘制工具栏上的或“工具”、“草图绘制工具”、“修改”，打开修改草图对话框，如图 2-31 所示。

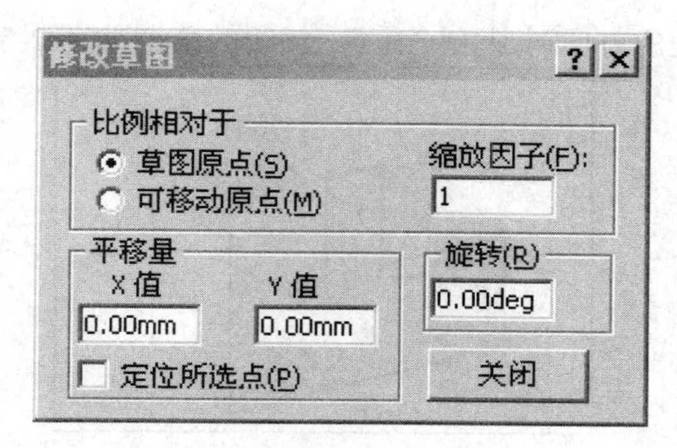

图 2-31 修改草图对话框

(2) 在修改草图对话框中进行相关设置。

在该对话框中：若想增量移动草图几何体，在平移下为 X 值和 Y 值键入数值，然后按 Enter 键；若想将草图的一指定点移动到一特定位置，选择“定位所选点”，然后单击草图中的一个点，为 X 值和 Y 值键入一数值，然后按 Enter 键。

修改草图工具将整个草图几何体(包括草图原点)相对于模型进行平移。草图不会相对于草图原点移动。

在图形区域中移动草图将显示修改图标，光标根据所处位置不同，会显示不同的图标，表示此时可使用鼠标进行不同的操作。

- 按鼠标左键可移动草图，按鼠标右键可旋转草图。
- 将光标移动到修改图标，指向黑色原点的端点或中央来显示三个反转符号之一，光标样式变为、、。用右键单击在 X 轴、Y 轴或这两个轴上反转草图。

(3) 单击“关闭”。

2.3.15 封闭草图到模型边线

此操作可在一个开环轮廓中利用已存在的模型边线来封闭草图。

封闭草图到模型边线的步骤为：

(1) 在模型面上开始绘制草图。

(2) 在相同面上的边界中，绘制一个开环轮廓，其端点与模型的边线相重合。如图 2-32 中只绘制了一条直线，直线的两端在模型边线上。

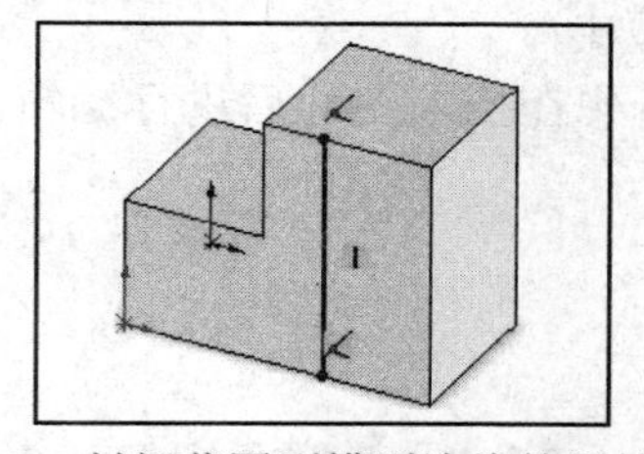

图 2-32 封闭草图到模型边线的原始草图

(3) 单击“工具”、“草图绘制工具”、“封闭草图到模型边线”。箭头指向草图封闭的方向。(拉伸凸台可以是在草图线内或草图线外。) 显示封闭草图到模型边线对话框(如图 2-33)。如有必要，在对话框中选择“反转草图封闭方向”反向来封闭草图。

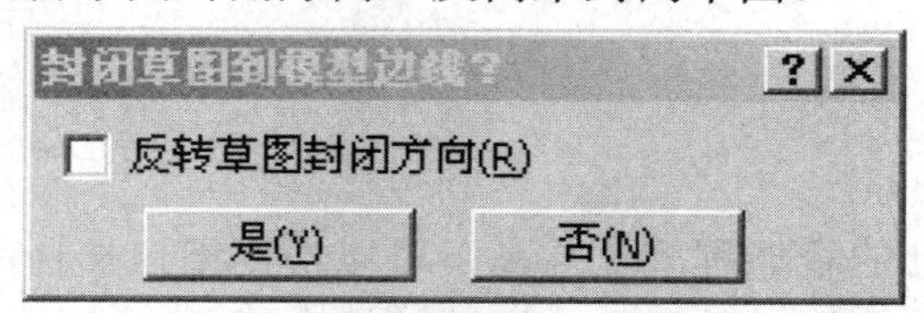

图 2-33 封闭草图到模型边线的方向提示框

(4) 当箭头指向正确的方向时单击“是”。封闭的草图如图 2-34 所示。

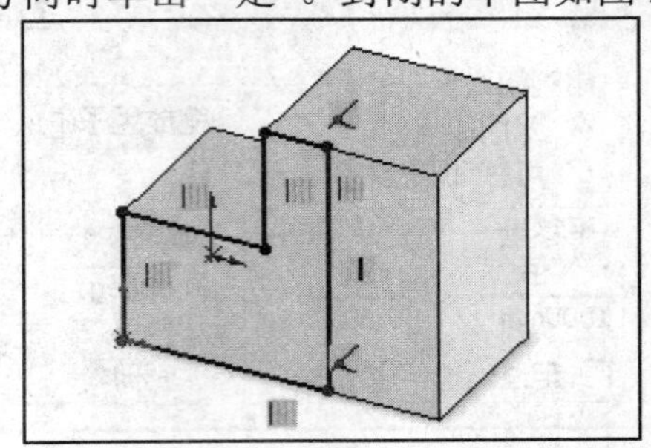

图 2-34 封闭草图到模型边线的草图结果

2.3.16 草图图片

可将图片(.bmp、.gif、.jpg、.jpeg、.tif 及 .wmf)插入到草图基准面。图片可作为生成 2D 草图的基础。在草图图片属性管理器中可以控制图片的大小、角度、方向及高宽比例设定。

图片以其(0,0)坐标为草图原点，1 个像素/mm 的比例插入。

图片嵌入到文件中(不连接)。如果更改原始图片，草图图片不会被更新。

如果在图片顶部绘制，则没有图片捕获、推理或自动跟踪功能。如果图片被移动或删除并替换，草图不会更新。

如果隐藏草图，图片也被隐藏。

将图片插入到草图基准面的步骤为：

(1) 在打开的草图中单击草图绘制工具栏上的▣或“工具”、“草图绘制工具”、“草图图画”。

(2) 在对话框中浏览图画文件，然后单击“打开”，图片被插入。

(3) 在草图图片属性管理器中根据需要设定属性，即设定图片的插入位置、旋转角度和高宽尺寸。

若想在插入图片后进行编辑，双击图片打开图片属性管理器即可在其中进行编辑。

2.4 尺寸标注

SolidWorks 草图是用尺寸来控制大小的。绘制草图时，可以根据提示绘制出大概的尺寸，然后利用标注尺寸修改草图的大小。

通常在生成每个零件特征时即生成尺寸，利用模型生成工程图时，可以将这些尺寸插入各个工程视图中。

2.4.1 智能尺寸

SolidWorks 标注尺寸的智能程度非常高，可以根据用户选择的图形对象类型智能判断进行哪一种标注。例如：选择一条直线，将进行长度标注，可能是沿水平、垂直或直线的方向进行标注，这将根据放置尺寸时光标所处的位置决定，用户需要根据预显示的尺寸图形适当调整光标位置，进行尺寸标注；选择一个圆，将标注圆的直径；选择一个圆弧，将标注圆弧的半径；选择两条平行的直线，将标注两直线之间的距离；选择两条不平行的直线，将标注两直线之间的夹角角度。

为草图添加尺寸标注的步骤为：

(1) 单击草图绘制工具栏上的或"工具"、"尺寸标注"、"智能尺寸"。此时指针变为。

(2) 选择草图中需要标注尺寸的图形进行标注。将光标放置在图线上，该图线将变色显示，用户可根据图线的变色情况决定是否点击。选择一个图线，移动光标，有一个尺寸图形预显示出来，SolidWorks 将根据用户下一步将光标移动到另一个图线上点击还是移动到空白处点击，决定是标注一个图线的尺寸还是标注两图线之间的尺寸。用户在进行第二次点击时，应注意光标是否选中了另一个图线，否则有可能标注出来的尺寸与用户原来的意图不相符。

在 SolidWorks2005 中添加了对圆图形进行尺寸标注的新选择方式(如图 2-35 所示)，标注一个点到圆之间的距离。如果选择点处于圆心与标注点之间的连线夹角 15° 范围内，将标注圆弧与标注点之间的最小尺寸(如图 2-36 所示)或最大尺寸(如图 2-37 所示)；如果选择点不在 15° 范围内，将标注圆心到标注点之间的距离。

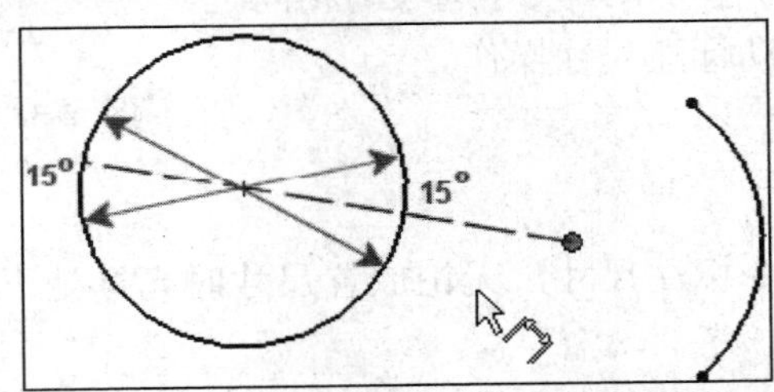

图 2-35　尺寸标注选择圆时的范围

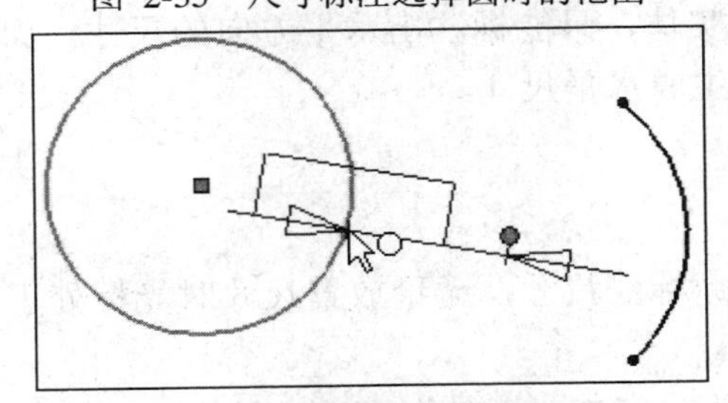

图 2-36　选择近端标注最小尺寸

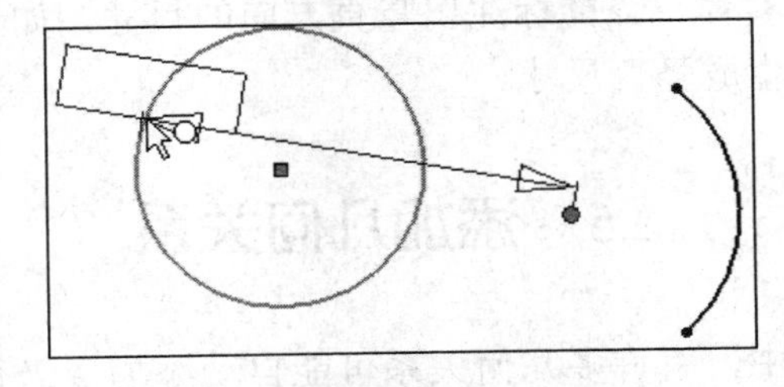

图 2-37　选择远端标注最大尺寸

标注圆弧的弧长，应按以下顺序点击选择：选择圆弧，选择圆弧起点，选择圆弧终点，移动光标到适当位置，点击“放置尺寸”。

2.4.2 自动尺寸

使用自动尺寸工具将尺寸自动插入到草图中。也可以对工程图自动标注尺寸。

为草图自动标注尺寸的步骤为：

(1) 点击“工具”、“标注尺寸”、“自动标注尺寸”，打开自动标注尺寸属性管理器，如图 2-38。

(2) 在自动标注尺寸属性管理器中输入选项：

- 草图中的所有实体。标注草图中的所有实体尺寸。
- 所选实体。只标注所选实体的尺寸。采用此选项需要选择标注尺寸的图形实体。
- “水平尺寸”选项内容有基准尺寸、链或尺寸链，“尺寸位置”可选择放置在草图之上或草图之下。
- “竖直尺寸”选项内容与水平尺寸选项的相同。

(3) 单击✔，完成自动标注尺寸操作。

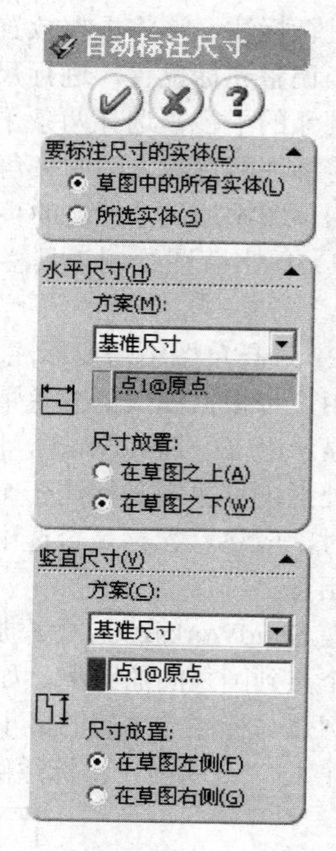

图 2-38　自动标注尺寸属性管理器

2.4.3 水平尺寸

采用“水平尺寸”命令标注尺寸，无论放置尺寸时光标处于何处，只能标注出水平方向的尺寸。

标注水平尺寸的方法为：点击“工具”、“标注尺寸”、“水平尺寸”。

选择标注尺寸的图形实体，只能标注出水平方向的尺寸。如果选择的图形或标注的两端点处于垂直位置，无法生成水平尺寸。

2.4.4 竖直尺寸

采用“竖直尺寸”命令标注尺寸，无论放置尺寸时光标处于何处，只能标注出竖直方向的尺寸。

标注竖直尺寸的方法为：点击“工具”、“标注尺寸”、“竖直尺寸”。

选择标注尺寸的图形实体，只能标注出竖直方向的尺寸。如果选择的图形或标注的两端点处于水平位置，无法生成竖直尺寸。

2.5 添加几何关系

尽管在草图绘制过程中，有许多几何关系可能自动添加，仍有许多的几何关系需要人工添加或删除修改。几何关系过多，会造成过定义，必要时可显示出现存的几何关系，将造成冲突的几何关系删除。

2.5.1 添加几何关系

添加几何关系的方法为：

● 为单个图线添加几何关系，可直接选择图线。例如选择直线，在直线属性管理器中选择“水平”、“竖直”即可。

● 为草图中多个图线添加几何关系，可单击草图绘制工具栏上的⊥或“工具”、“几何关系”、“添加”，打开添加几何关系管理器，如图 2-39 所示。

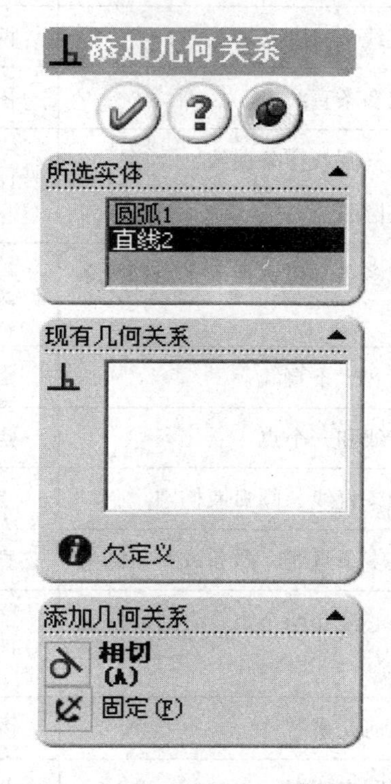

图 2-39 添加几何关系管理器

● “所选实体”框中，显示当前已被选中的图形实体。如果选择不足，可以继续在图形中选择。如果选择有错误，可以在图形中再次选择被错误选择的图形，该图形即被放弃，或在所选实体框中点击被错误选择的图形名称，单击右键，选择“删除”。

● 在“现有几何关系”框中，将显示当前现有的几何关系。如果这些几何关系与将要添加的几何关系冲突，可选择该几何关系，单击右键，选择“删除”。

● 在“添加几何关系”栏中，将显示对于当前选择的图形可能添加的几何关系。用户可从中选择需要的几何关系进行添加。

选择的图形不同，可以添加的几何关系也不同。如果用户在显示的几何关系中，没有发现自己想要添加的几何关系类型，可能是选择的图形有错误，也可能是图形选择多了或少了。

表 2-3 说明了各种几何关系需要选择的图形和产生的几何关系对图形的约束。

表 2-3 各种几何关系的含义

几何关系	需选择的图形元素	所产生的几何关系约束
平行或垂直	一条或多条直线 两个或多个点	直线呈水平或竖直状态 点呈水平或竖直对齐状态
共线	两条或多条直线	直线位于同一条无限长的直线上
全等	两条或多条圆弧	图形具有相同的圆心点和半径
垂直	两条直线	两直线互相垂直
平行	两条或多条直线	图线相互平行
相切	圆弧、椭圆或样条曲线 直线或圆弧	图线相切
同心	两条或多条圆弧，或一个点和一条圆弧	圆弧具有相同的圆心点
中点	一个点和一条直线	点处于线段的中点位置
交叉	两条直线和一个点	点处于两直线的交叉点处
重合	点和一条直线、圆弧或椭圆	点位于直线、圆弧或椭圆上
相等	两条或多条直线、两条或多条圆弧	直线长度相等或圆弧半径相等
对称	一条中心线和两个点、直线、圆弧或椭圆	两图形对于中心线对称
固定	任何几何元素	图形的大小和位置将被固定
合并	两个草图点或端点	两个点被合并成为一个点
穿透	一个草图点和一个基准轴、边线、直线或样条曲线	草图点与基准轴、边线、直线或样条曲线在草图基准面上穿透位置重合

对几何关系理解容易出的差错：两直线对称，仅是方向上的对称，直线的端点不一定同时对称。要两直线完全对称，需要给两直线添加对称关系后，再给直线端点添加对称关系；选择两圆弧的中心点添加合并关系与选择两圆弧添加同心关系效果是一样的；相等和全等是不同的，相等只是长度或半径的相等，全等还要包括圆心点的相等；几何关系不仅仅是草图内部的图形之间的关系，还可以与零件实体上的其他集合元素添加关系，比如共线可以让直线与零件上的一条棱共线，穿透关系一定是草图点与草图之外的几何元素之间的关系。

2.5.2 显示/删除几何关系

显示/删除几何关系的方法为：单击尺寸/几何关系工具栏上的图标或“工具”、“几何关系”、“显示/删除”，打开显示/删除几何关系管理器，如图 2-40。

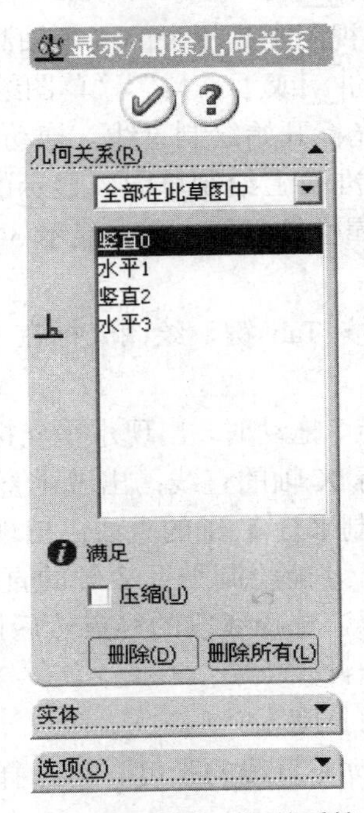

图 2-40 显示/删除几何关系管理器

在“几何关系”栏中可以选择需要显示出的几何关系。可选择的有：全部在此草图、所选实体、悬空、过定义/无解等。显示出的几何关系根据限制的情况不同显示不同的颜色。红色的表示过定义，褐色表示悬空(定义了几何关系之后又将图线删除，造成几何关系悬空)。

可选择需要删除的几何关系，然后点击“删除”。

2.6 3D 草图绘制

3D 草图由系列直线和圆弧以及样条曲线构成。可以使用 3D 草图作为扫描路径，或用作放样或扫描的引导线、放样的中心线或管路系统中的关键实体。

如要开始绘制 3D 草图，可单击草图绘制工具栏上的图标或“插入”、“3D 草图”。当在几个基准面上绘图时，空间控标帮助在操作时保持方向。

根据默认，通常是相对于模型中的默认坐标系进行绘制。若要切换到另外两个默认基准面之一，单击草图绘制工具，然后按 Tab 键，当前草图基准面的原点被显示。

在开始 3D 草图前，请将视图方向改为等轴测。因为在等轴测方向中 X、Y、Z 方向均可见，所以可更方便地生成 3D 草图。

2.6.1 3D 直线

直线是 3D 草图的基本图线。

在 3D 草图中生成直线的步骤为：

(1) 单击草图绘制工具栏上的[icon]或"插入"、"3D 草图"。

(2) 单击"标准视图"，选择视图工具栏上的"等轴测"来观阅所有三个方向。

(3) 单击草图绘制工具栏上的[icon]或"工具"、"草图绘制实体"、"直线"。

(4) 在图形区域单击并拖动光标开始绘制直线。拖动时，指针变成[icon]。每次单击时，空间控标出现以帮助在不同的基准面上绘制草图，显示的光标表示当前绘制的草图沿 XY 平面。绘制出一段直线后，线条属性管理器出现，显示 3D 直线的长度端点坐标等信息，可在其中进行修改。

如果要改变绘图基准面，可按 Tab 键，绘图光标在 XY、YZ、ZX 三个绘图平面循环变换。

(5) 拖动光标到直线段的终点。拖动时，出现水平光标表示当前直线平行 X 轴，必须在 XY 或 ZX 光标下，才能绘制平行 X 轴的直线；出现垂直光标表示当前直线平行 Y 轴，必须在 XY 或 YZ 光标下，才能绘制平行 Y 轴的直线；出现沿 Z 轴光标，表示当前直线平行 Z 轴，必须在 YZ 或 ZX 光标下，才能绘制平行 Z 轴的直线。放开光标完成直线绘制。

(6) 继续绘制直线。如有必要，选择线段的终点然后按 Tab 键变换到另外一个基准面。

(7) 拖动第二段，然后释放指针。

(8) 标注尺寸准确定位直线的长度。

可以通过拖动修改直线。要改变直线的长度，可选择一个端点并拖动此端点来延长或缩短直线。

如要移动直线，可选择该直线并将它拖动到另一个位置。

改变直线属性，可在 3D 草图中选择一直线，然后在属性管理器中编辑其属性(两端点的坐标)，也可以改变直线作为构造线。如图 2-41 中，借助构造线，才能定位倾斜的直线在 XY 平面(长度 100 的直线)或 YZ 平面(长度 110 和 120 的直线)，在此条件下，才能标注角度尺寸。

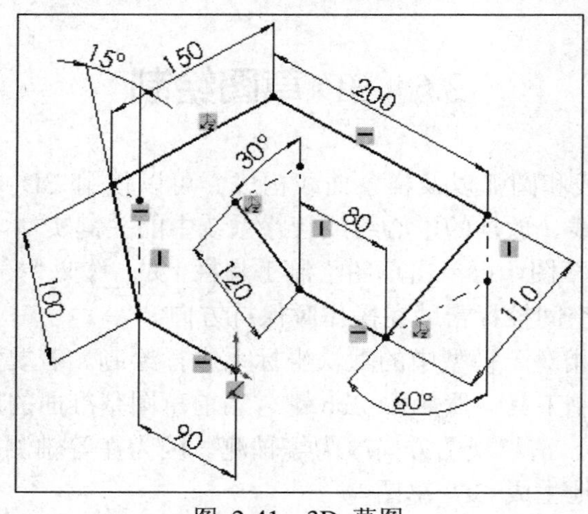

图 2-41 3D 草图

2.6.2 圆角

3D 草图由一系列直线和圆弧以及样条曲线组成。可以使用直线工具来绘制直线，用圆角工具在交叉直线之间生成圆弧。

在 3D 草图中生成圆弧的步骤为：

(1) 单击草图绘制工具栏上的或“工具”、“草图绘制工具”、“圆角”。

(2) 在圆角属性管理器的参数框下设定半径。

(3) 选择两条相交的线段，或选择其交叉点。

2.6.3 3D 点

插入点到 3D 草图中的步骤为：

(1) 单击草图绘制工具栏上的或“插入”、“3D 草图”，进入绘制 3D 草图状态。

(2) 单击“标准视图”，然后选择视图工具栏上的“等轴测”来观阅所有三个方向。

(3) 单击草图绘制工具栏上的或“工具”、“草图绘制实体”、“点”。

(4) 在图形区域单击以放置点。

点属性管理器出现，可在其中准确输入点的三维坐标。

点工具保持激活，这样可以继续插入点。

2.6.4 3D 样条曲线

在 3D 草图中生成样条曲线的步骤为：

(1) 单击草图绘制工具栏上的或“插入”、“3D 草图”，进入绘制 3D 草图状态。

(2) 单击“标准视图”，然后选择视图工具栏上的“等轴测”来观阅所有三个方向。

(3) 单击草图绘制工具栏上的或“工具”、“草图绘制实体”、“样条曲线”。

(4) 单击图形区域以放置第一个点并且拖动第一线段。

样条曲线属性管理器出现。

每次单击时，空间控标出现以帮助在不同的基准面上绘制草图。

如果要改变绘图基准面，请按 Tab 键。

(5) 选择第一段的终点然后拖动曲线的第二段。

(6) 重复以上步骤直到完成样条曲线。

另外，也可以单击来放置每个所通过的点，然后双击来放置端点并完成样条曲线。

可以将几何关系添加到样条曲线点：在点属性管理器中选择点并在点和终点之间，或在样条曲线点和其他草图实体之间添加几何关系。

要改变样条曲线的形状，在 3D 草图中选择样条曲线，控标出现在通过点和端点上，可以通过拖动点和端点的方法来修改样条曲线；可以选择样条曲线中的点或端点，在点属性管理器中输入点的准确坐标，完成样条曲线的准确定位。

2.6.5 坐标系

生成 3D 草图时，在默认情况下，通常是相对于模型中默认的坐标系进行绘制。如要切换到另外两个默认基准面中的一个，请单击所需的草图绘制工具，然后按 Tab 键，当前的草图基准面的原点就会显示出来。

如要改变 3D 草图的坐标系，请单击所需的草图绘制工具，按住 Ctrl 键，然后单击一个基准面、一个平面或一个用户定义的坐标系。

如果选择一个基准面或平面，3D 草图基准面将旋转以使 XY 草图基准面与所选项目对正。

如果选择一个坐标系，3D 草图基准面将旋转以使 XY 草图基准面与该坐标系的 XY 基准面平行。

2.6.6 直线捕捉

在 3D 草图中生成直线时，可以使直线捕捉到零件中现有的几何体，如模型表面或顶点、草图点。

如果沿一个主要坐标方向绘制直线，则不会激活捕捉功能。

如果在一个平面上绘制，且 SolidWorks 软件推理捕捉到一个空间点，则会显示一个暂时的 3D 图形框以指示不在平面上的捕捉。

虚拟交点代表在两个草图实体的虚拟交叉点处的一草图点。

虚拟交点在 3D 草图中自动出现在圆角或绘制倒角中。

2.6.7 3D 草图的尺寸标注

在使用 3D 草图时，可以按近似长度绘制直线，然后再标注尺寸。

通过选择两个点、一条直线或两条平行线，可以添加一个长度尺寸。

通过选择三个点或两条直线，可以添加一个角度尺寸。

练 习 题

1. 熟悉草图绘制平面的选择方法。
2. 熟悉草图绘制命令的使用方法。
3. 熟悉添加几何关系的方法，了解发生几何关系冲突时删除几何关系的方法。
4. 熟悉尺寸标注的方法，了解尺寸冲突时解决冲突的方法。
5. 绘制练习图 2-1 中各草图。

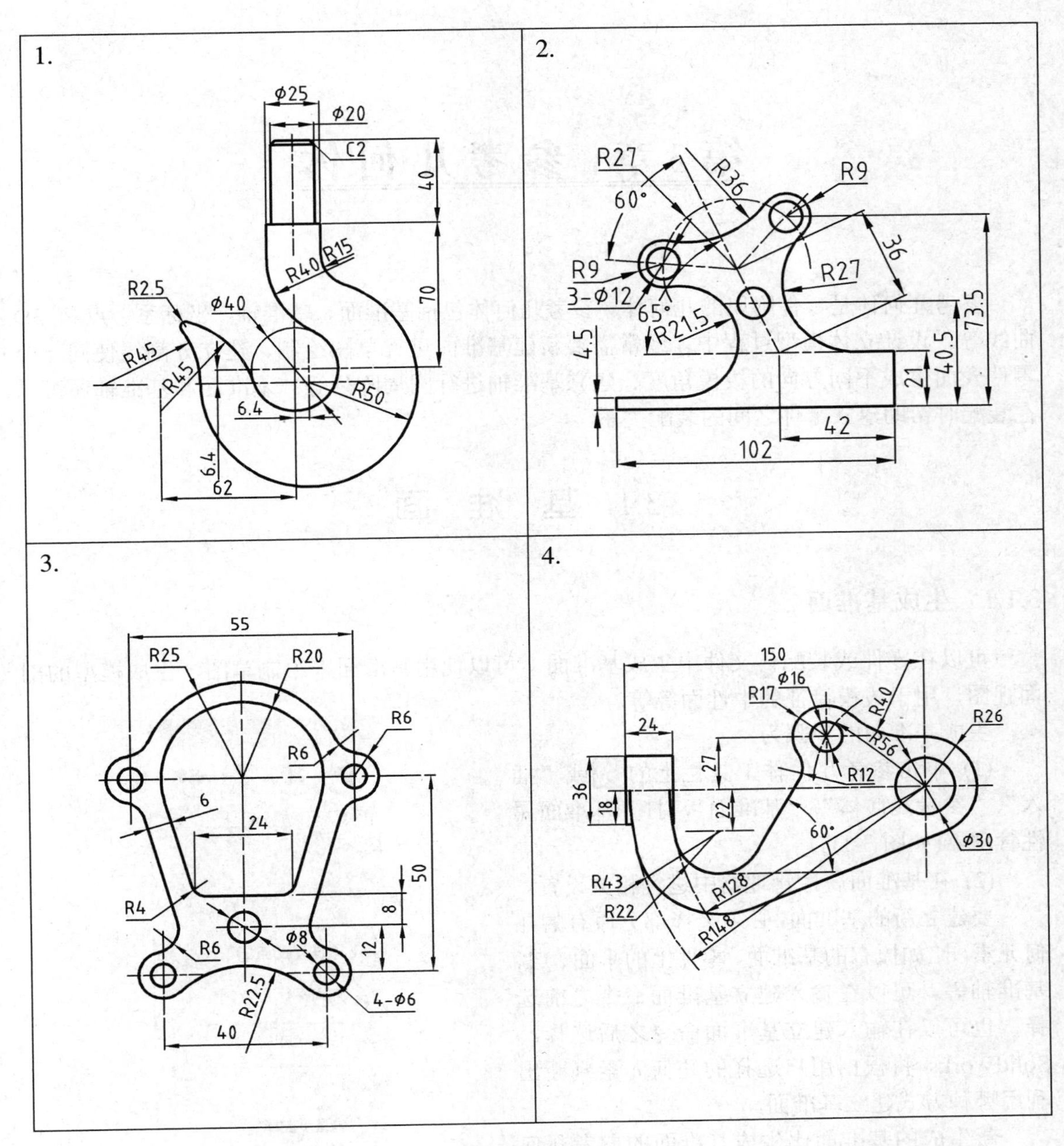
1.
φ25
φ20
C2
40
70
R40
R15
R2.5
φ40
R45
R45
R50
6.4
6.4
62
2.
R27
R36
R9
60°
R9
3-φ12
65°
R27
36
R21.5
73.5
4.5
40.5
21
42
102
3.
55
R25
R20
R6
R6
6
24
50
R4
8
φ8
12
R6
4-φ6
R22.5
40
4.
150
φ16
R17
R40
R26
24
R56
27
R12
36
18
22
60°
φ30
R43
R128
R22
R148

练习图 2-1

第3章 参考几何体

参考几何体是零件附属的几何体。参考几何体包括基准面、基准轴、坐标系、点和 3D 曲线等。设计立体模型过程中，经常需要新建基准面进行草图绘制、建立分割线使同一个零件表面生成不同方向的拔模角度、建立基准轴进行圆周阵列等。基准面和基准轴还可以在装配时帮助建立零件之间的装配关系。

3.1 基 准 面

3.1.1 生成基准面

可以在零件或装配体文件中生成基准面。可以使用基准面来绘制草图，生成模型的剖面视图，用于拔模特征的中性面等等。

生成基准面的步骤为：

(1) 单击参考几何体工具栏上的或“插入”、“参考几何体”、“基准面”，打开基准面属性管理器(如图 3-1)。

(2) 在基准面属性管理器中进行相关设置。

要建立新的基准面，必须选择部分原有的几何元素，比如原有的基准面、零件上的平面、点、基准轴等。可以在输入建立基准面命令之前选择，也可以在输入建立基准面命令之后选择。SolidWorks 将根据用户选择的几何元素判断出利用哪种方式建立基准面。

新生成的基准面比生成基准面的参考几何体要大 5%，或比边界框要大 5%。这将帮助减少当基准面直接在面上或从正交几何体生成时的选择问题。

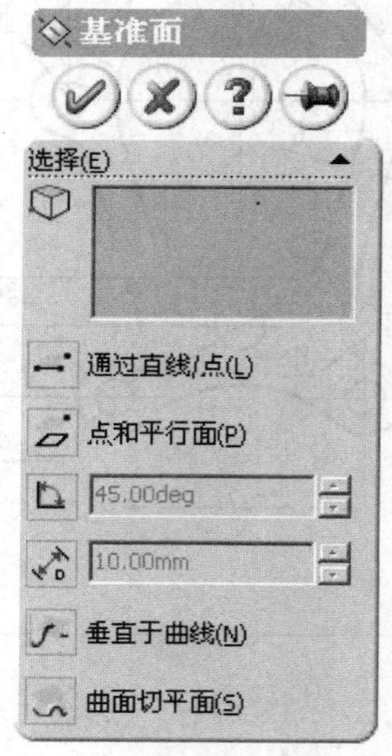

图 3-1 基准面属性管理器

从图 3-1 基准面属性管理器中，可以看出生成基准面的各种方式。这些方式需要选择不同的几何体。

框中显示选择的参考实体。根据选择的参考实体不同，可生成基准面的方式有：

- 通过线/点()。生成一通过边线、轴或草图线、点或通过三点的基准面。用此方式生成基准面，需要选择一条边线、轴或草图直线和一个点或者选择三个点。

● 点和平行面(▱)。生成一通过给定点并平行于基准面或平面的基准面。用此方式生成基准面，需要选择一个点和一个基准面或零件上的平面。

● 两面夹角(◺)。生成一基准面，它通过一条边线、轴线或草图线，并与一个面或基准面成一定角度。

选择基准面或平面，然后选择边线、轴或草图线。

在“角度”框中输入基准面之间的角度。

选择此方式生成基准面，属性管理器中将显示“反向”复选框，如果预览方向不对，选择“反向”复选框纠正。

如果所选的直线与所选的基准面位于同一平面，则新的基准面会绕所选的直线旋转。

如果所选的直线平行于所选的基准面，则新的基准面会移动到平行的直线处并绕该直线旋转。

如果所选直线相对于所选的基准面是倾斜的，则所选的直线会投影到所选的基准面上，然后基准面绕该投影直线旋转。

● 等距距离(⤢)。生成平行于一个基准面或面，并等距指定距离的基准面。此为生成的默认基准面。

用此方式生成基准面，需要选择一个基准面或平面。

在“距离”框内键入等距距离。

如果偏移方向不对，可选择“反向”复选框纠正。

欲同时生成多个从所选基准面等距排列的基准面，在要生成的“基准面数(#)”框中输入基准面数。

也可以采用拖放方法快速生成等距距离基准面。

不需要输入插入基准面命令，直接在绘图区中选择一现有基准面边界，光标变为十字箭头，按住 Ctrl 键并拖动基准面。

基准面属性管理器出现，“等距距离(⤢)”被选择。在图形区域中出现新的基准面的预览。在基准面属性管理器中调整等距距离值，即可生成新的基准面。

● 垂直于曲线(∫)。生成通过一个点且垂直于一边线或曲线的基准面。

用此方式生成基准面，需要选取一条边线或曲线以及一个顶点或点。

单击“将原点设在曲线上”复选框将原点放置在曲线上，默认“是”将原点放置在顶点或点上。

● 曲面切平面(◠)。在空间面或圆形曲面上生成一基准面。

用此方式生成基准面，需要选取一个曲面，另外在曲面上选择一个点或者选择一个与曲面相交的基准面。

选择曲面和一个点，将过该点生成与曲面相切的基准面。为了能够生成正确的基准面，必须事先制造符合要求的点。如图 3-2，分别在圆柱的边线上前后各插入了一个点，选择圆柱面和前面的点生成基准面 5，选择圆柱面和后面的点生成基准面 6。

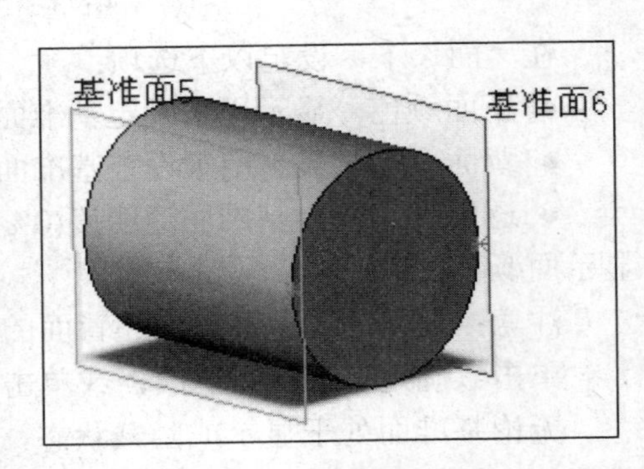

图 3-2　相切的基准面

选择曲面和一个与曲面相交的基准面，将过基准面与曲面的交线生成与曲面相切的基准面。例如，选择一个圆柱面和一个过圆柱中心的基准面，将生成过基准面与圆柱面的交线与圆柱面相切的基准面。

(3) 建立基准面各项参数调整好之后，可点击✔确认，或点击✖放弃建立基准面。

新基准面建立之后，新基准面将出现在图形区域，其名称被列举在特征管理器设计树中。

3.1.2 显示和隐藏基准面

改变所有基准面显示状态的方法为：选择下拉菜单“视图”、“基准面”，可同时改变基准面的显示和隐藏。

改变单个基准面的显示和隐藏状态的方法为：

选择该基准面，右击鼠标，选择“隐藏”或“取消隐藏”。弹出菜单中的命令随基准面的当前状态不同而不同。

单个基准面被显示或隐藏之后，不受同时改变所有基准面显示状态命令的影响。

可以为零件和装配体文件设定基准面的显示选项，包括基准面颜色和基准面透明度。

必须激活显示上色平面选项才能显示上色的平面。

要设定基准面显示，可以单击下拉菜单“工具”、“选项”。在“文件属性”标签上，单击“基准面显示”，如图 3-3。

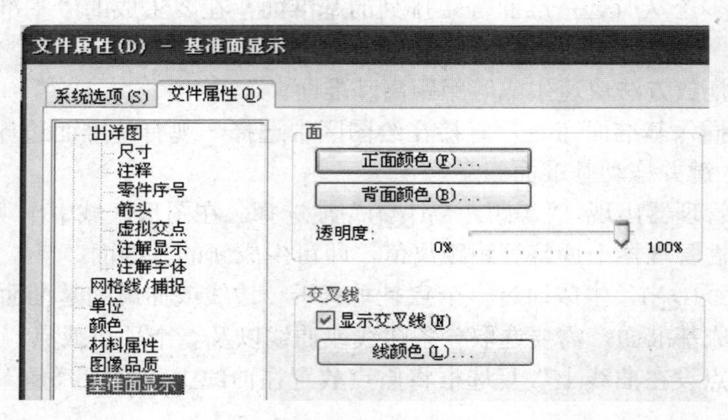

图 3-3　基准面显示颜色的设定

在“面”下，设定以下选项：

- 正面颜色。显示用来设定基准面的正面颜色的颜色对话框。
- 背面颜色。显示用来设定基准面的背面颜色的颜色对话框。
- 透明度。控制基准面透明度(0%：不透明，显示实体面颜色；100%：完全透明，不显示面颜色)。

注意：边线的颜色与正面和背面的颜色相同，但不透明，且总是显示。

单击“确定”来接受更改，或单击“取消”来放弃更改并退出对话框。

无论基准面处于显示或隐藏状态，选取单个的基准面时，它们总是被高亮显示。处于隐藏状态的基准面需要从特征管理器中选择。

3.2 基 准 轴

可以在生成草图几何体时或圆周阵列中使用基准轴。

3.2.1 生成基准轴

生成基准轴的步骤为：

(1) 单击参考几何体工具栏上的或“插入”、“参考几何体”、“基准轴”，显示基准轴属性管理器(如图 3-4)。

(2) 在基准轴属性管理器中选择轴类型，然后为此类型选择所需实体。也可以在输入插入基准轴命令之前选择所需实体。

框中显示选择的参考实体。可以在输入基准轴命令之前或之后选择。

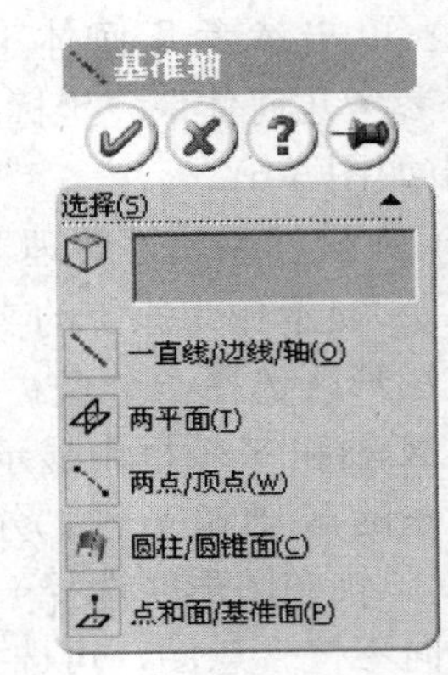

图 3-4 基准轴属性管理器

根据选择的参考实体不同，可生成基准轴的方式有：

- 一直线/边线/轴()。过选定直线、边线或轴线生成基准轴。采用此方式生成基准轴需要选择一条直线、边线或轴线。
- 两平面()。过选定两平面的交线生成基准轴。采用此方式生成基准轴需要选择两平面。
- 两点/顶点()。过选定两点生成基准轴。采用此方式生成基准轴需要选择两点或两顶点。
- 圆柱/圆锥面()。过选定圆柱或圆锥面的轴线生成基准轴。采用此方式生成基准轴需要选择一个圆柱面或圆锥面。如图 3-5 所示，要沿半圆柱面生成阵列，需要在生成阵列之前先在半圆柱面的中心插入一个基准轴。

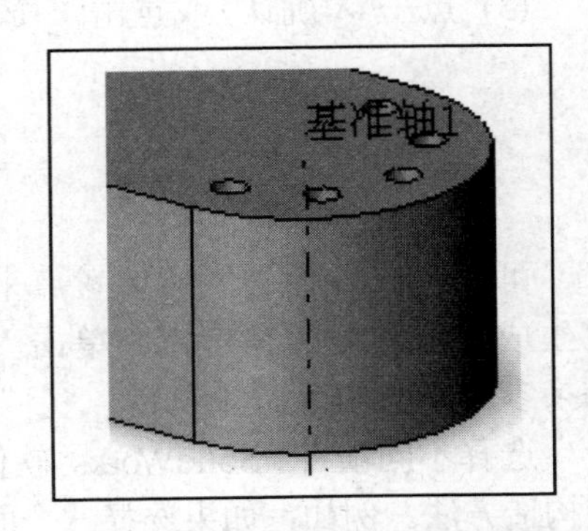

图 3-5 选择圆柱面生成的基准轴

- 点和面/基准面()。过点生成与面或基准面垂直的基准轴。采用此方式生成基准轴需要选择一个点和一个平面或基准面。

(3) 点击确认，或点击放弃建立基准轴。

3.2.2 显示和隐藏基准轴

显示或关闭所有基准轴的方法为：单击下拉菜单中的“视图”、“基准轴”，可显示或关闭所有基准轴。

隐藏或显示个别基准轴的方法为：选择该基准轴，右击鼠标，选择“隐藏”或“取消隐藏”。

圆柱、圆锥或其他的旋转生成的立体特征，都有一条轴线称为临时轴。临时轴是由模型中的圆锥和圆柱隐含生成的。可以设置隐藏或显示所有临时轴。

要显示或关闭所有临时轴，可以单击下拉菜单“视图”、“临时轴”。

3.3 坐标系

可以定义零件或装配体的坐标系。可将此坐标系与测量和质量属性工具一同使用，也可用于将 SolidWorks 文件输出至 IGES、STL、ACIS、STEP、Parasolid、VRML 和 VDA。

插入坐标系的步骤为：

(1) 单击参考几何体工具栏上的[坐标系图标]或“插入”、“参考几何体”、“坐标系”，打开坐标系属性管理器(如图 3-6)。

(2) 在坐标系属性管理器中进行相关设置。

- [原点图标]显示作为原点的实体点。为插入新的坐标系在图形区选择一个点。
- X 轴和 Y 轴框中显示选择的点或直线作为新坐标系的 X 轴和 Y 轴。分别为插入新的坐标系 X 轴和 Y 轴在图形区选择一个点或一条直线。如果轴方向不符合意图，可选择反转方向按钮[反转图标]反转轴方向。

(3) 点击[确认图标]确认，或点击[取消图标]放弃建立坐标系。

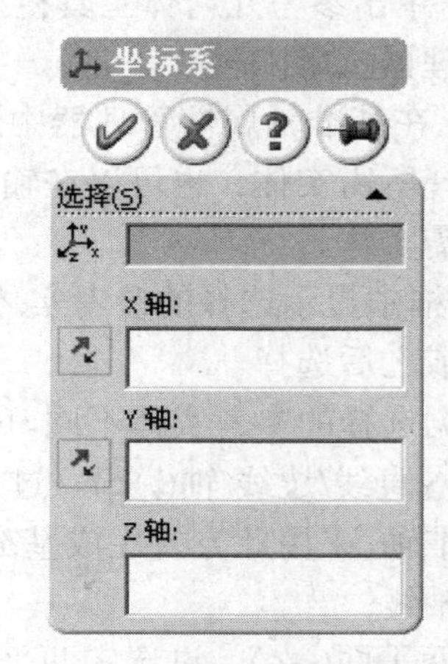

图 3-6　坐标系属性管理器

3.4 参考点

可以生成数种类型的参考点来用作构造对象。还可以在彼此间以指定距离分割的曲线上生成指定数量的参考点。单击“视图”、“点”来切换参考点的显示。

选择不同项目，SolidWorks 软件尝试选择适当的点构造方法。例如，如果选择一个面，SolidWorks 将在参考点属性管理器中选择面中心的构造方法。根据不同的情况，总可以选择不同类型的点构造方法。

插入参考点的步骤为：

(1) 单击参考几何体工具栏上的[点图标]或“插入”、“参考几何体”、“点”，打开参考点属性管理器(如图 3-7)。

(2) 在参考点属性管理器中进行相关设置。

[实体图标]框中显示选择的实体。可以在输入参考点命令之前或之后选择。根据选择的实体不同，可生成

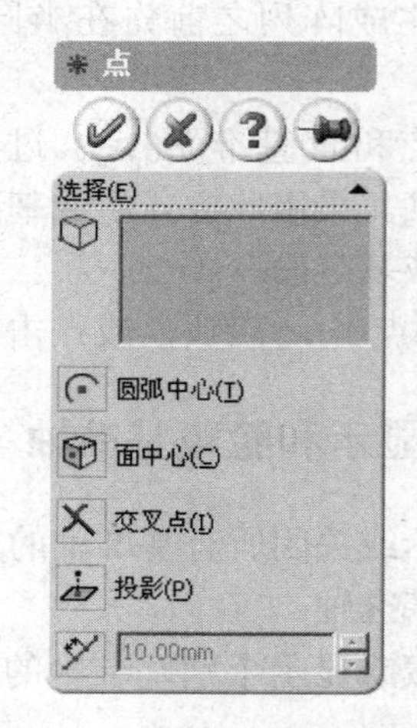

图 3-7　参考点属性管理器

参考点的方式有：

- 圆弧中心()。过圆弧中心生成参考点。采用此方式生成参考点，需要选择一个圆弧线。
- 面中心()。在所选面的引力中心生成一参考点。采用此方式生成参考点，可选择平面或非平面。
- 交叉点()。在两个所选实体的交点处生成一参考点。可以选择边线、曲线、草图线段及参考轴。如果因为所选实体不相交而不能生成，将给出一信息。
- 投影()。生成从一实体投影到另一实体的参考点。采用此方式生成参考点，需要选择两个实体：投影的实体及投影到的实体。投影的实体可以选择点、曲线的端点及草图线段、实体的顶点，投影到的实体可以选择基准面、平面或非平面。点将垂直于基准面或面被投影。
- 沿曲线等距排列()。沿选择曲线生成一个或多个参考点。采用此方式生成参考点，可以选择排列参考点的曲线。

指定点数()和选择一分布类型：距离、百分比或均匀分布。

根据距离输入距离/百分比数值。设定用来生成参考点的距离或百分比数值。如果数值对于生成所指定的参考点数太大，会给出信息警告设定较小的数值。

距离。从最近端点处开始按设定的距离生成参考点数。第一个参考点以此从端点的距离生成，而非在端点上生成。

百分比。从最近端点处开始以设定的百分比生成参考点数。百分比指的是所选实体的长度的百分比。

均匀分布。根据所选实体的总长度和参考点数在实体上生成均匀分布的参考点数。

(3) 点击确认，或点击放弃建立参考点。

练　习　题

打开“安装目录\samples\tutorial\designtables\tutor1”，进行以下练习：

利用两点建立基准轴；

利用零件的一条边线建立基准轴；

对圆柱面建立基准轴；

利用两个基准面建立基准轴；

利用原有的基准面建立给定距离的基准面；

利用一个点和一个平面建立基准面；

建立一个与圆柱面相切并与平面平行的基准面；

利用一个基准面和一条直线或基准轴建立给定角度的基准面；

绘制一条样条曲线，建立与曲线垂直的基准面。

第4章 特　　征

特征是各种单个的加工形状，当将它们组合起来时就形成各种零件。还可以将一些类型的特征添加到装配体中。

特征包括多实体零件功能。可以在同一零件文件中包括单独的拉伸、旋转、放样或扫描等特征。

特征包括：凸台/基体和切除、旋转、扫描或放样、圆角、倒角和拔模、钻孔(简单直孔和异型孔向导)、比例、抽壳、筋、圆顶、阵列和镜向等。

有些特征是由草图生成的(如拉伸或旋转)；有些特征(如抽壳或圆角)是通过选择适当的工具或菜单命令，然后定义所需的尺寸或参数所生成。

4.1 拉　　伸

用拉伸方式可以生成凸台/基体(添加材料操作，可以是凸台/基体，如图 4-1(a)所示，也可以是空心薄壁，如图 4-1(b)所示)或切除(去除材料操作，如图 4-1(c)所示)特征。第一个特征只能是添加材料操作。

(a) 凸台/基体

(b) 薄壁

(c) 切除

图 4-1　拉伸特征

生成拉伸特征的步骤为：

(1) 生成草图。草图要求必须是一个不包括自相交的图形。只有封闭的轮廓才能生成凸台/基体，不封闭的轮廓只能生成薄壁特征。可以在封闭的轮廓中套有小的封闭轮廓，但这些轮廓不能相交。

输入拉伸命令之前，使草图处于选中状态，草图呈绿色显示。如果没有选中草图，输入命令后，将提示选择草图。也可以在草图绘制过程中不退出草图绘制直接输入拉伸命令。

(2) 添加材料选择特征工具栏上的[图标]或单击“插入”、“凸台/基体”、“拉伸”，去除材料选择特征工具栏上的[图标]或单击“插入”、“切除”、“拉伸”，打开拉伸属性管理器，如图 4-2。

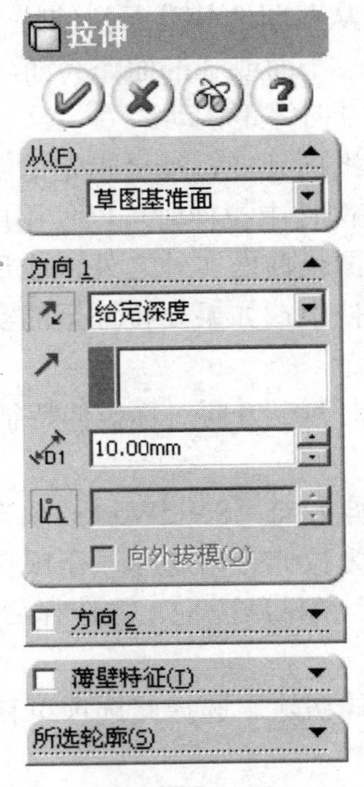

图 4-2　拉伸属性管理器

(3) 在拉伸属性管理器中，设定拉伸特征的各种参数。每选择一个不同的选项，都会引起属性管理器中输入框的变化。由于篇幅的原因，本书中不能将所有的输入框全部显示出来，读者需要在电脑中进行验证。

"从"选项用来设定拉伸特征的开始条件：

- 草图基准面。从草图所在的基准面开始拉伸。
- 曲面/面/基准面。从这些实体之一开始拉伸。为曲面/面/基准面选择有效的实体。
- 顶点。为选择顶点，从选择的顶点开始拉伸。
- 等距。从与当前草图基准面等距的基准面上开始拉伸。在输入等距值中设定等距距离。

若想从草图基准面向两个方向以不同的尺寸或约束拉伸，可在"方向 1"和"方向 2"中分别设定。若想拉伸为薄壁特征，在"薄壁特征"中设定薄壁选项。

"方向 1"选项用于设定向第一个方向拉伸的终止条件，决定特征延伸的方式。在此选项中设定终止条件类型。如有必要，单击反向以与预览中所示方向相反的方向延伸特征。

- 给定深度。设定深度(D1)，从草图的基准面以指定的距离延伸特征。
- 完全贯穿。从草图的基准面拉伸特征直到贯穿所有现有的几何体。
- 成形到下一面。从草图的基准面拉伸特征到下一面(隔断整个轮廓)以生成特征。(下一面必须在同一零件上。)
- 成形到一顶点。从草图基准面拉伸特征到一个平面，这个平面平行于草图基准面且穿越指定的顶点。在图形区域中选择一个顶点作为顶点()。
- 成形到一面。从草图的基准面拉伸特征到所选的曲面以生成特征。需要在图形区域中选择一个要延伸到的面或基准面作为面/基准面。

● 到离指定面指定的距离。从草图的基准面拉伸特征到某面或曲面之特定距离平移处以生成特征。在图形区域中选择一个面或基准面作为面/基准面。必要时，选择反向等距以便使结束位置在指定面另一侧反方向等距移动。

● 成形到实体。从草图的基准面延伸特征至指定的实体。在图形区域选择要拉伸的实体作为实体/曲面实体( )。在装配件中拉伸时可以使用成形到实体，以延伸草图到所选的实体。如果拉伸的草图超出所选面或曲面实体之外，成形到实体可以执行一个分析面的自动延伸，以终止拉伸。在模具零件中，如果要拉伸至的实体有不平的曲面，成形到实体也是很有用的。

● 两侧对称。从草图基准面向两个方向对称拉伸特征。设定深度 。此深度是特征拉伸两个方向的总尺寸。

"拉伸方向"选项可更改拉伸方向。SolidWorks 缺省以垂直于草图轮廓的方向拉伸草图形成拉伸特征。在图形区域中为拉伸方向选择一个项目，如直线、直的边线或平面等，可更改拉伸方向沿此直线或沿平面的法线方向。如选择后的拉伸方向与操作者的意图相反，可点击 使拉伸方向反向。

"反侧切除"选项仅限于拉伸切除。选择此选项可移除轮廓外的所有材质。默认情况下，从轮廓内部移除材料。

"拔模"选项默认为拉伸无拔模，选择 可增加拔模到拉伸特征。设定拔模角度。如必要，可选择向外拔模。

"方向 2"选项在同时从草图基准面往两个方向以不同尺寸拉伸时选用。其中的选项与"方向 1"相同。

"薄壁特征"选项用来拉伸薄壁形的特征。使用"薄壁特征"选项可以控制拉伸厚度。薄壁特征基体可用作钣金零件的基础。

"类型"选项用于设定薄壁特征拉伸的类型。

一个方向。设定从草图以一个方向(向外)拉伸的厚度( )。

两侧对称。设定同时以两个方向从草图拉伸的厚度。

两个方向。让您设定不同的拉伸厚度：方向 1 厚度( )和方向 2 厚度( )。

自动加圆角(仅限于打开的草图)。在每一个具有直线相交夹角的边线上生成圆角。

圆角半径( )(当自动加圆角选中时可用)。设定圆角的内半径。

顶端加盖。为薄壁特征拉伸的顶端加盖，生成一个中空的零件。同时必须指定加盖厚度。

加盖厚度( )。选择薄壁特征从拉伸端到草图基准面的加盖厚度。

"所选轮廓"选项用来选择拉伸用的草图轮廓。

● 选择所选轮廓( )。在草图区域中，将光标移动到选择的区域内点击，被选中的部分变色显示。采用此选项可以允许使用部分草图来生成拉伸特征，也可以在自相交的图形中选择部分轮廓进行拉伸，因此采用此方式可以降低对草图的要求。

(4) 点击 确认，或点击 放弃建立拉伸特征。

【例 4.1.1】 管接头的制作。

(1) 选择前视基准面。绘制草图，绘制一个圆，直径 50。注意圆心在原点上。如图 4-3(a)。

(2) 输入拉伸命令。选择两侧对称，输入拉伸尺寸 80。完成水平圆柱的制作。如图 4-3(b)。

(3) 插入基准面。与上视基准面平行，偏移距离 50。如图 4-3(c)。

(4) 选择新建基准面。绘制草图，绘制一个圆，直径 35。注意圆心在原点。如图 4-3(d)。

(5) 输入拉伸命令。选择“成形到下一面”，完成立圆柱的制作。如图 4-3(e)。

(6) 选择水平圆柱的端面，绘制草图。绘制一个与圆柱端面同心的圆，直径 40。如图 4-3(f)。

(7) 输入拉伸切除命令。选择“完全贯穿”，完成水平孔的制作。如图 4-3(g)。

(8) 选择立圆柱的端面，绘制草图。绘制一个与圆柱端面同心的圆，直径 28。如图 4-3(h)。

(9) 输入拉伸切除命令。选择“成形到下一面”，完成立圆孔的制作。如图 4-3(i)。

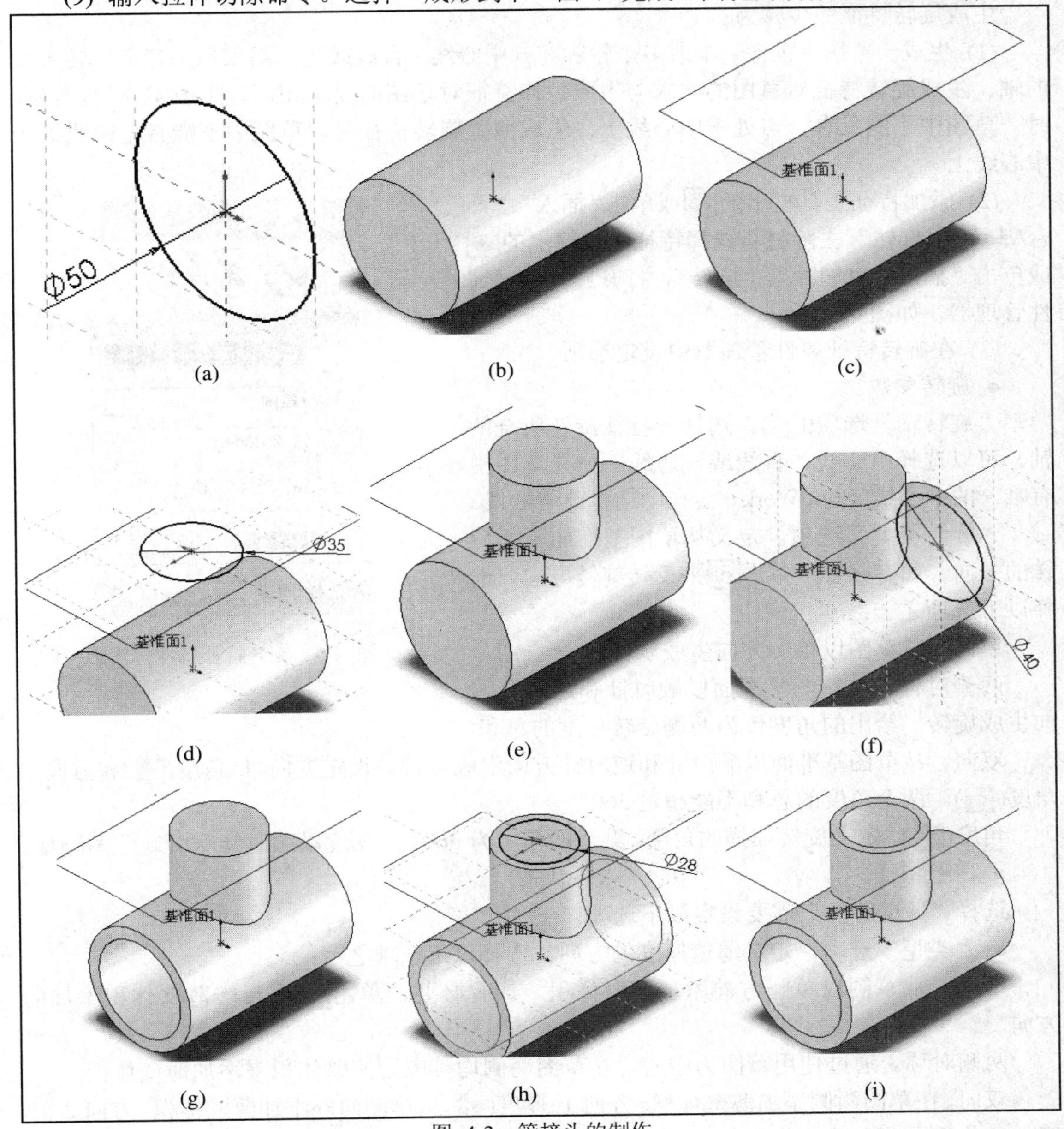

图 4-3 管接头的制作

4.2 旋　转

旋转特征通过绕中心线旋转一个或多个轮廓来添加或移除材料。可以生成旋转凸台/基体或旋转切除。旋转特征可以是实体、薄壁特征或曲面。

当在中心线内为旋转特征标注尺寸时，将在工程图中生成旋转特征的半径尺寸；当通过中心线外为旋转特征标注尺寸时，将在工程图中生成旋转特征的直径尺寸。

生成旋转特征的步骤为：

(1) 生成一草图，包含一个或多个轮廓和一中心线、直线或边线用来作为特征旋转所绕的轴。生成旋转特征对草图的要求与生成拉伸特征对草图的要求相同。生成实体旋转特征时，草图中不能只有一点处于中心线上；生成薄壁旋转特征时，草图中不能有轮廓线处于中心线上。

(2) 添加特征工具栏上的或单击“插入”、“凸台/基体”、“旋转”，去除材料选择特征工具栏上的或单击“插入”、“切除”、“旋转”，打开旋转特征属性管理器，如图 4-4。

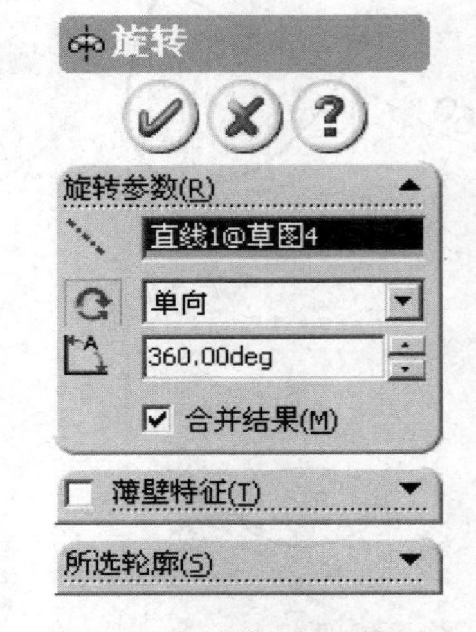

图 4-4　旋转特征属性管理器

(3) 在旋转特征属性管理器中设定选项。

● 旋转参数。

“旋转轴”选项()。选择一特征旋转所绕的轴。可以选择中心线、直线或一边线。如果草图中有唯一的中心线，SolidWorks 会自动选择此中心线。

“旋转类型”选项。定义从草图基准面开始旋转的方向。如有必要，单击来反转旋转方向。选择以下选项之一：

单向。从草图以单一方向生成旋转。

两侧对称。从草图基准面以顺时针和逆时针方向生成旋转，给出的角度值为两侧旋转角度的总和。

双向。从草图基准面以顺时针和逆时针方向生成旋转。设定方向 1 角度()和方向 2 角度()。两个角度的总和不能超过 360°。

角度()。定义旋转扫描的角度。默认的角度为 360°。角度以顺时针从所选草图测量。

● 薄壁特征。

选择“薄壁特征”需要设定以下选项：

● “类型”选项。定义薄壁厚度的方向。选择以下选项之一：

单向。从草图以单一方向添加薄壁体积。如有必要，单击来反转薄壁体积添加的方向。

两侧对称。通过使用草图为中心，在草图两侧均等应用薄壁体积来添加薄壁体积。

双向。在草图两侧添加薄壁体积。方向 1 厚度()从草图向外添加薄壁体积，方向 2 厚度()从草图向内添加薄壁体积。

在“方向 1 厚度”选项中输入厚度，为单向和两侧对称薄壁特征旋转设定薄壁体积厚度。

● “所选轮廓”选项。

“所选轮廓”选项在生成旋转特征时使用。其含义与拉伸特征中的“所选轮廓”选项相同。

(4) 点击✔确认，或点击✘放弃建立旋转特征。

【例 4.2.1】 零件捏手的制作。

(1) 选择前视基准面。绘制草图，如图 4-5(a)。注意过原点绘制一条中心线，竖直尺寸应跨中心线标注成直径。

(2) 输入旋转特征命令，生成旋转 360° 的特征。如图 4-5(b)。

(3) 选择前视基准面。绘制草图，如图 4-5(c)。图形要求如图 4-5(a)。

(4) 输入旋转切除命令，生成旋转 360° 的切除特征。如图 4-5(d)。

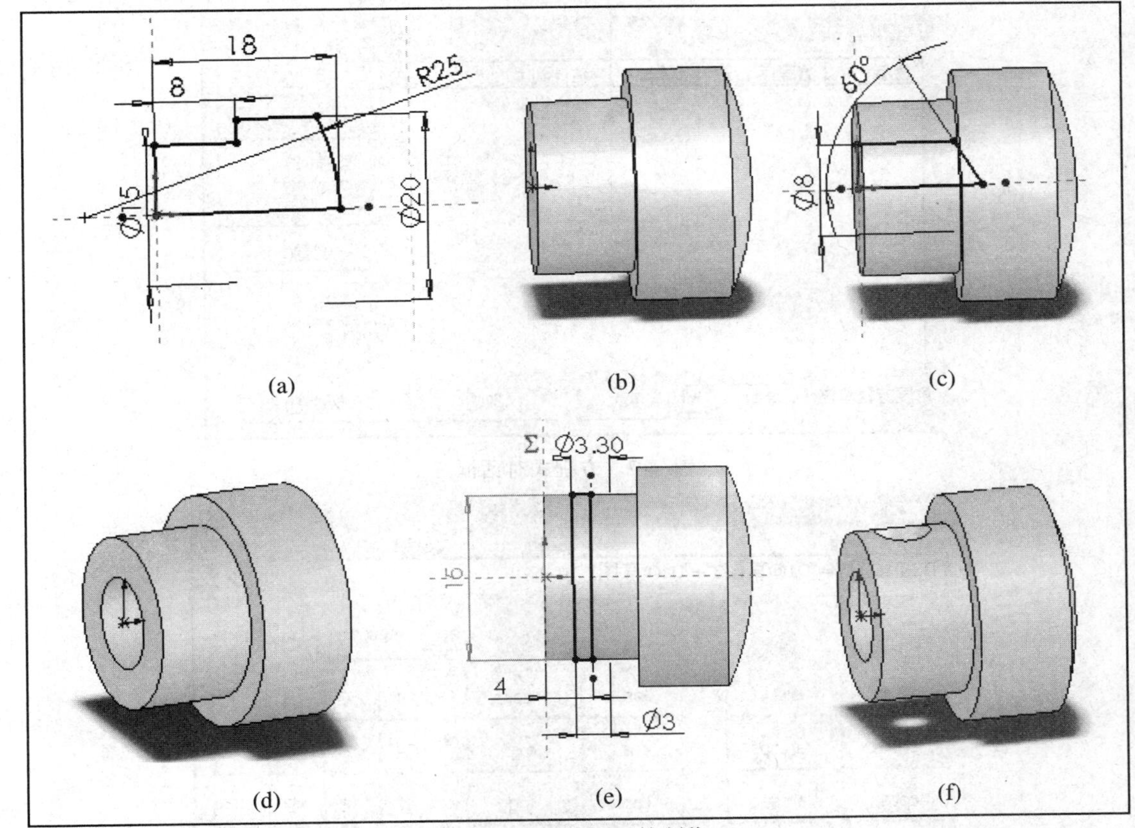

图 4-5 零件捏手的制作

(5) 选择前视基准面。绘制草图，如图 4-5(e)。下端尺寸准确标注成直径 3，上端尺寸不必准确标注，只需比下端略大即可。上下两条水平线与圆柱轮廓重合。标注上下两条直线之间的尺寸，系统提示该尺寸过定义，将其设置为从动尺寸(图 4-6)，确定。选择下拉菜单“工具”、“方程式”，打开方程式对话框(图 4-7)，在其中选择“添加”，打开添加方程式对话框(图 4-8)。按下列顺序建立方程式：选择上端直径尺寸；输入等号；选择下端直径尺寸；输入加号；选择从动尺寸(系统提示选择了一个从动尺寸，如图 4-9，确认继续)；输入乘号；输入数字 0.02。建立的方程式如图 4-8 中所示，其含义是上口直径等于下口直径加孔深度的 1/50，这是制作锥孔时经常用到的锥度表达方法。如果绘图或特征制作过程不同，建立的方程式中各尺寸名称可能有不同，只要选择的顺序正确即可。确认之后，上方的直径尺寸前面有一个符号“Σ”，表示该尺寸是由方程式计算得到的，不能直接修改数值。

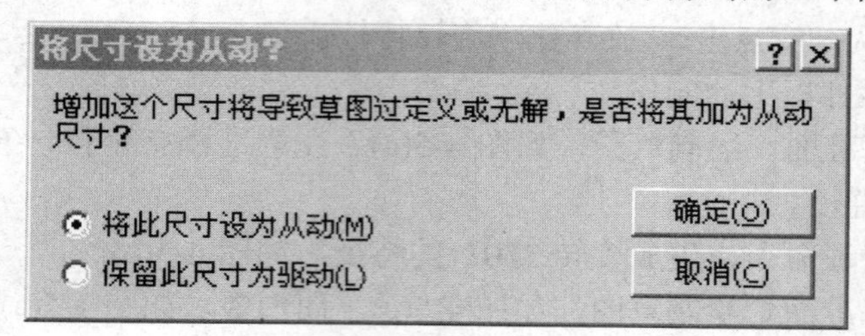

图 4-6　从动尺寸询问对话框

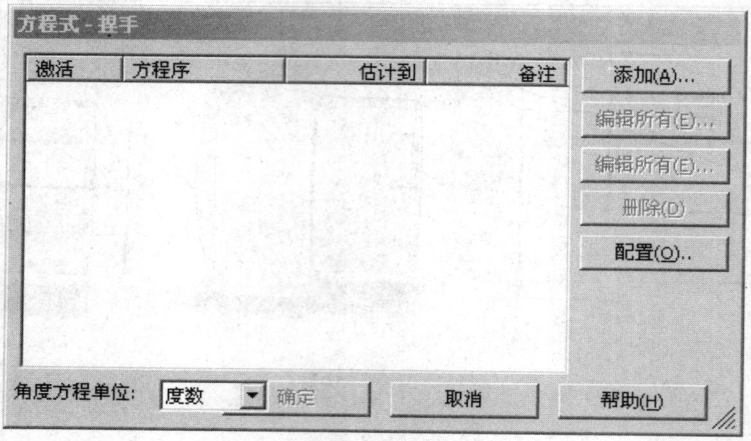

图 4-7　方程式对话框

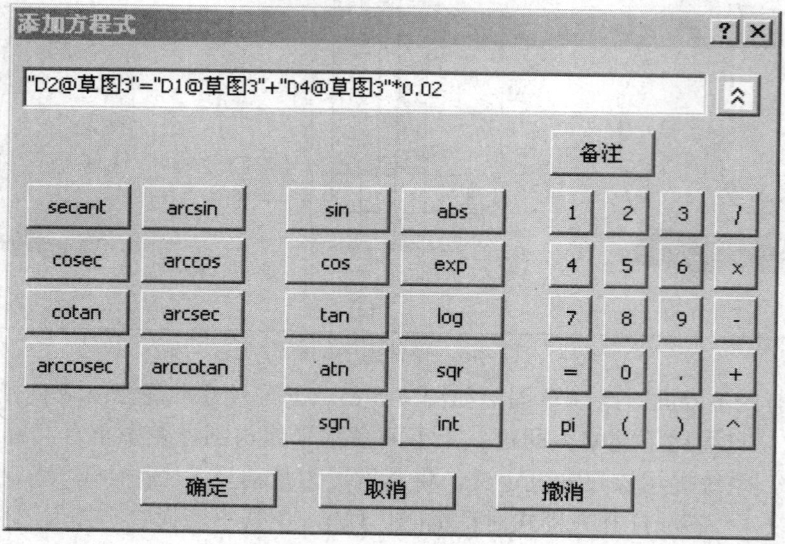

图 4-8　添加方程式对话框

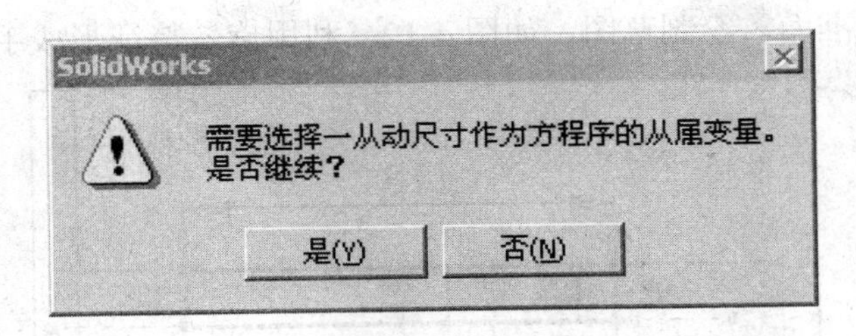

图 4-9 选择从动尺寸提示对话框

(6) 输入旋转切除命令，生成旋转 360° 的切除特征。如图 4-5(f)。

制作旋转特征绘制的草图，只能绘制中心线的一侧，即旋转特征截面的一半。标注尺寸时，又需要标注直径尺寸，因此绘制草图时，必须绘制一根中心线，才能标注出对称尺寸。图 4-5 中的草图，都是在已经建立了旋转特征之后，重新编辑草图时显示的情况，所有的直径尺寸前面都显示有直径符号“Φ”，如果是开始绘制的新草图，还没有生成旋转特征，直径符号是没有的。初学者应该注意观察，对此有所了解。

【例 4.2.2】 利用拉伸和旋转特征制作零件手柄(如图 4-10)。

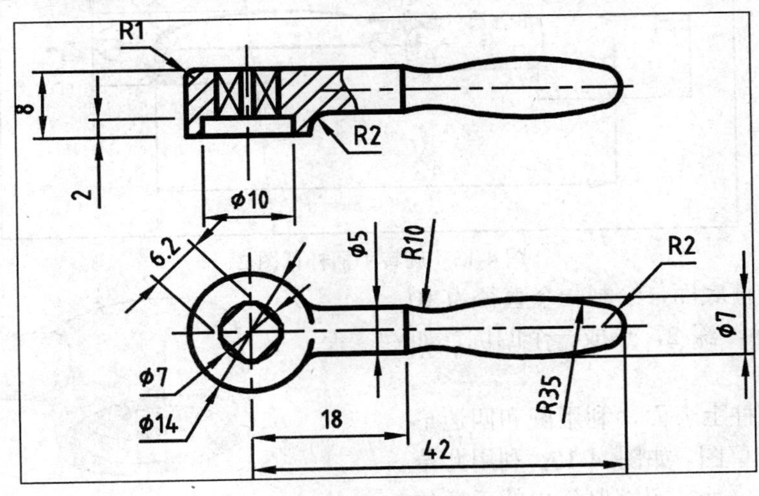

图 4-10 手柄零件图

(1) 建立新文件，选择零件文件。

(2) 选择上视基准面，绘制直径 14 的圆，向上拉伸 8，形成第一个基体圆柱，如图 4-11。

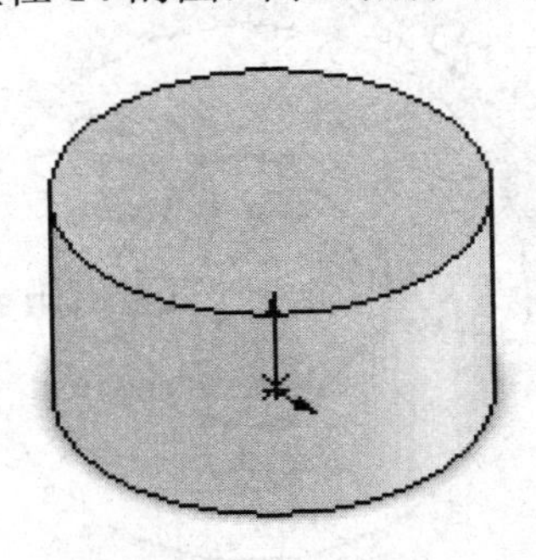

图 4-11 拉伸圆柱

(3) 选择前视基准面，绘制草图，如图 4-12。利用旋转特征形成手柄的圆柱杆。

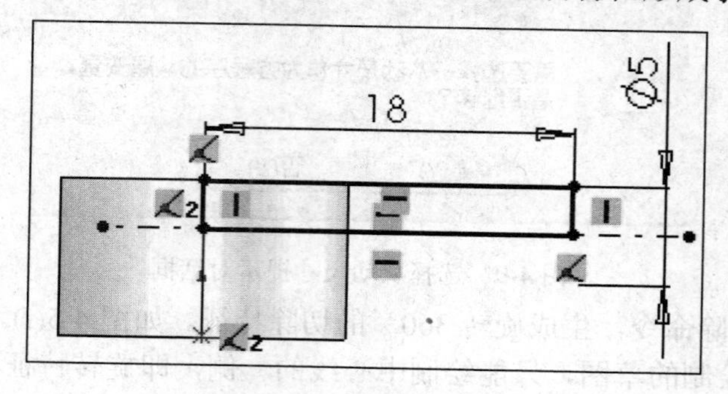

图 4-12　旋转手柄杆草图 1

(4) 选择前视基准面，绘制草图，如图 4-13。利用旋转特征形成手柄的第二节握手部分。

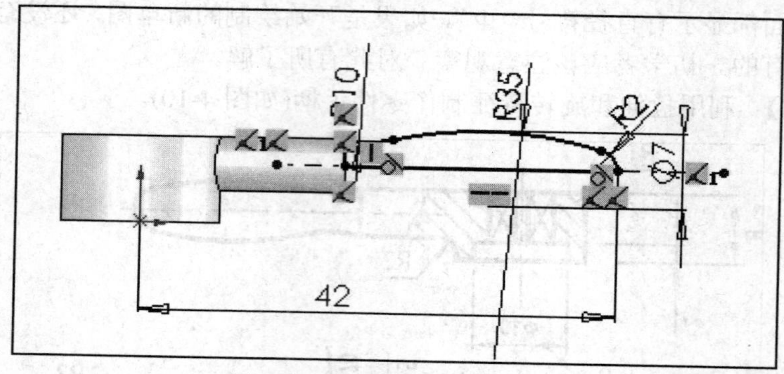

图 4-13　旋转手柄杆草图 2

(5) 选择圆柱底面，绘制一个直径为 10 的圆，拉伸切除，深 2，形成一个凹坑，如图 4-14。

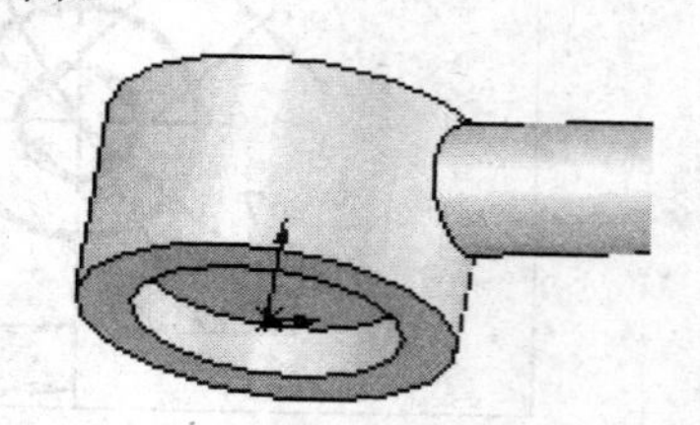

图 4-14　拉伸成凹坑

(6) 选择圆柱上表面，利用圆和四边形互相剪裁，制作草图，如图 4-15。利用此草图拉伸切除形成一个方孔。制作出的手柄如图 4-16。

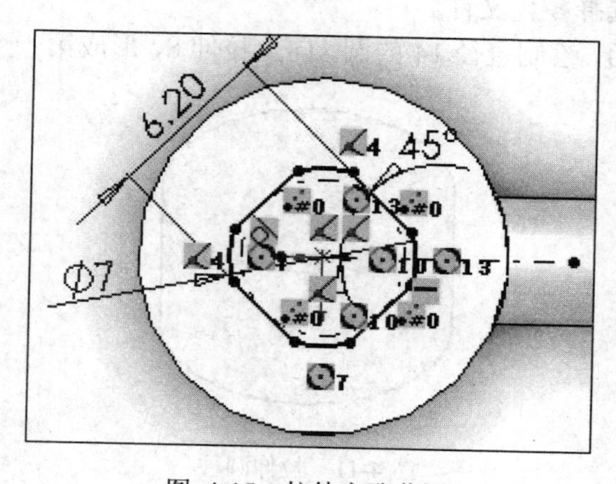

图 4-15　拉伸方孔草图

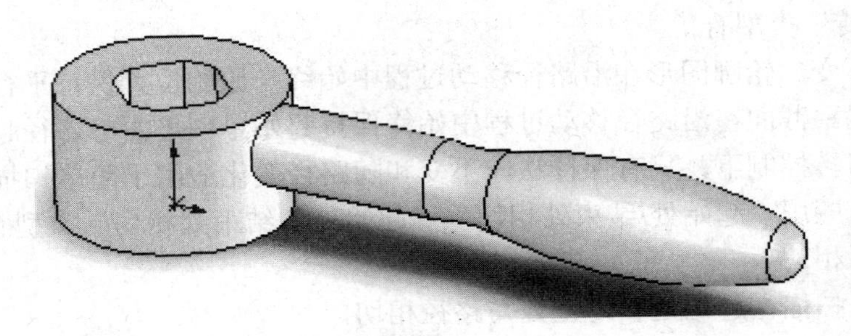

图 4-16　制作出的手柄

(7) 保存文件，起名为手柄。

根据图纸要求，此手柄上应该还有圆角。圆角特征的制作在 4.5 节中再介绍。

4.3　扫　描

扫描特征通过沿着一条路径移动轮廓(截面)来生成基体、凸台、切除。轮廓线和路径线必须符合以下要求：

- 对于基体或凸台，扫描特征轮廓必须是闭环的；对于薄壁，扫描特征轮廓可以是闭环的也可以是开环的。
- 路径可以为开环的或闭环的。
- 路径可以是一张草图中包含的一组草图曲线、一条曲线或一组模型边线。
- 路径的起点必须位于轮廓的基准面上。
- 不论是截面、路径或所形成的实体，都不能出现自相交的情况。

扫描类型有：简单扫描；使用引导线扫描；使用多轮廓扫描；使用薄壁特征扫描。

生成简单扫描的步骤如下：

(1) 在一基准面上绘制一个或多个闭环的非相交轮廓。

(2) 生成轮廓将遵循的路径。可以使用草图、现有的模型边线或曲线。

(3) 输入扫描命令。可以点击特征工具栏上的 或选择下拉菜单“插入”、“凸台/基体”、“扫描”(添加材料操作)或“插入”、“切除”、“扫描”(去除材料操作)，打开扫描特征属性管理器，如图 4-17。

(4) 在扫描特征属性管理器中，选择输入必要的选项和参数。

单击 ，然后在图形区域中选择轮廓草图。

单击 ，然后在图形区域中选择路径草图。

如果输入扫描命令之前选择了轮廓草图或路径草图，草图将显示在扫描特征属性管理器的适当方框中。

如果需要，可展开“选项”框，其中包括：

显示预览。取消此选项，可以消除显示预览。

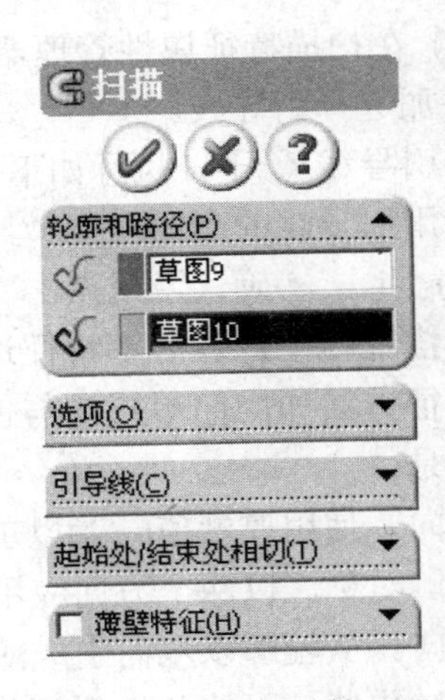

图 4-17　扫描属性管理器

"方向/扭转"类型有：

保持法向不变。轮廓图形在沿路径移动过程中始终与原始位置保持平行。

随路径变化。截面在沿路径移动过程中始终保持起始草图平面与路径起始处的角度。

在方向和扭转控制下，只有保持法向不变和随路径变化适用于简单扫描。

如果需要，应用"起始处/结束处相切"。"起始处和结束处相切"类型有：

无。不应用相切。

路径切线。扫描在起始处和终止处与路径相切。

方向向量。扫描与所选的直线边线或轴线相切，或与所选基准面的法线相切。单击方向向量按钮，然后单击所需的边线、轴线或基准面。

所有面。扫描在起始处和终止处与现有几何的相邻面相切。此选项只有在扫描附加于现有几何时才可以使用。所有面只能用作结束处相切类型。

(5) 点击✔确认，或点击✘放弃建立扫描特征。

使用简单扫描，截面在沿路径移动过程中不会变化。如果要使截面发生变化，需要使用引导线生成扫描。

使用引导线生成扫描添加了引导线选项内容。引导线的作用是在扫描过程中控制轮廓图形的变化。绘制轮廓图形时，轮廓图形和引导线之间应该添加"穿透"几何关系。为了能顺利添加此关系，应在绘制轮廓图形之前绘制引导线。引导线与扫描路径必须分别绘制。即使它们是在同一个基准面上，也必须在绘制引导线之后退出，然后重新开始绘制一个新的草图路径线。

使用引导线生成扫描的步骤为：

(1) 生成引导线。可以是草图、曲线或模型边线。

(2) 生成扫描路径。可以是草图、曲线或模型边线。

(3) 绘制扫描轮廓。可以使用多条轮廓线来生成多轮廓扫描。

(4) 输入扫描命令。可以点击特征工具栏上的图标或选择下拉菜单"插入"、"凸台/基体"、"扫描"(添加材料操作)或"插入"、"切除"、"扫描"(去除材料操作)，打开扫描特征属性管理器。

(5) 在扫描特征属性管理器中，除了需要选择输入如同简单扫描的选项和参数之外，还需要添加选择引导线。

在引导线图标下，执行如下操作：在图形区域选择引导线；单击上移(⬆)或下移(⬇)以改变使用引导线的顺序。

(6) 点击✔确认，或点击✘放弃建立扫描特征。

扫描过程中选择薄壁特征选项将生成带有薄壁特点的扫描特征。生成带有薄壁特点的扫描特征方法如同简单扫描与使用引导线扫描。不同之处在设定薄壁特征扫描的类型。这些选项是：

单向。使用厚度值(T1)以单一方向从轮廓生成薄壁特征。如有必要，单击图标。

两侧对称。以两个方向应用同一厚度值(T1)而从轮廓以双向生成薄壁特征。

双向。从轮廓以双向生成薄壁特征。为厚度1(T1)和厚度2(T2)设定单独数值。

通过预览，可清楚地观察将生成的扫描薄壁与轮廓草图壁厚方向。调整正确后，确认即可。

【例 4.3.1】 扳手的制作。

(1) 选择前视基准面，绘制草图，如图 4-18(a)。退出草图绘制。

(2) 选择上视基准面，绘制草图，如图 4-18(b)。退出草图绘制。

(3) 输入扫描命令。选择草图 2 作为轮廓，草图 1 作为路径，确认完成扫描特征制作，如图 4-18(c)。

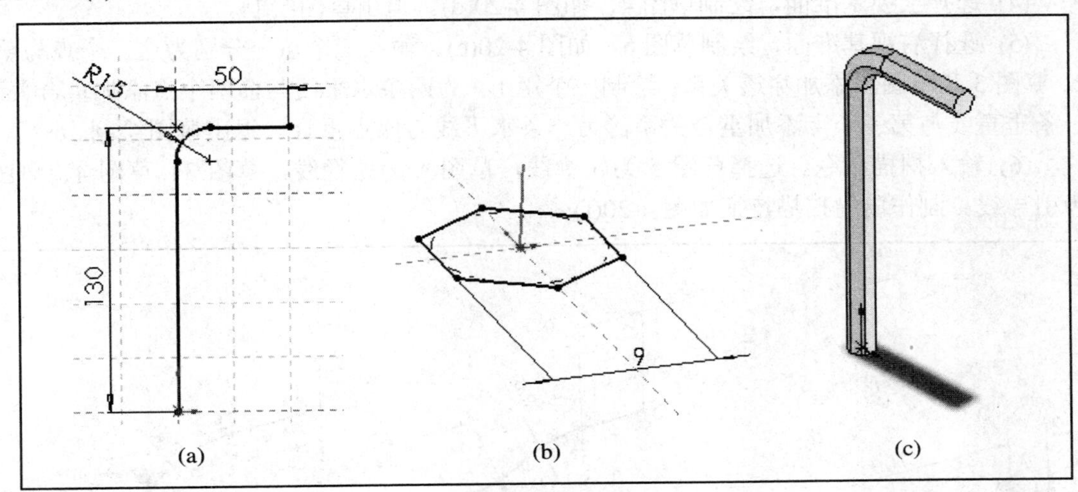

图 4-18 扳手的制作过程

【例 4.3.2】 简单弹簧制作。

(1) 选择上视基准面，绘制草图。绘制一个圆，直径 50，圆心在原点。选择“插入”、“曲线”、“螺旋线”，在属性管理器中输入参数：螺距 15，圈数 10，起始角度 0。如图 4-19(a)。确认，退出草图绘制。

(2) 选择右视基准面，绘制一个圆，直径 5，圆心在螺旋线的起点上。如图 4-19(b)。退出草图绘制。

(3) 输入扫描命令。选择圆作为轮廓，选择螺旋线作为路径，如图 4-19(c)。确认，完成扫描特征制作。

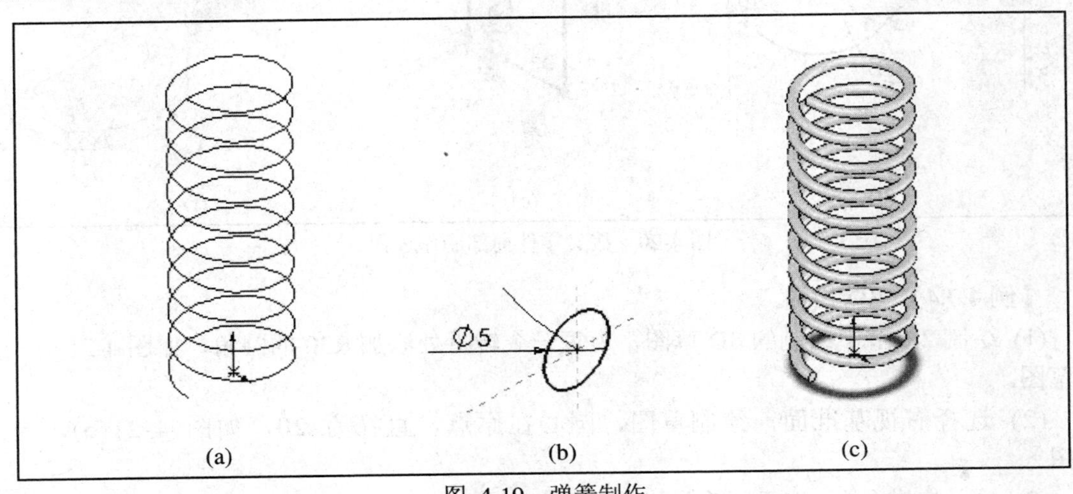

图 4-19 弹簧制作

【例 4.3.3】 拨叉零件局部制作。

(1) 选择前视基准面，绘制草图 1，如图 4-20(a)。退出草图绘制。

(2) 选择前视基准面，绘制草图 2，如图 4-20(b)。退出草图绘制。

(3) 选择前视基准面，绘制草图 3，如图 4-20(c)。退出草图绘制。

(4) 选择上视基准面，绘制草图 4，如图 4-20(d)。退出草图绘制。

(5) 选择右视基准面，绘制草图 5，如图 4-20(e)。输入三个点，分别为这三个点与草图 2、草图 3 和草图 4 添加穿透关系；绘制一个矩形，为两条水平线与前两个点添加重合关系，一条垂直线与第三个点添加重合关系，另一条水平线与原点重合。退出草图绘制。

(6) 输入扫描命令。选择草图 5 为轮廓线，草图 1 为路径线，草图 3、草图 4、草图 5 为引导线。制作出的扫描特征如图 4-20(f)。

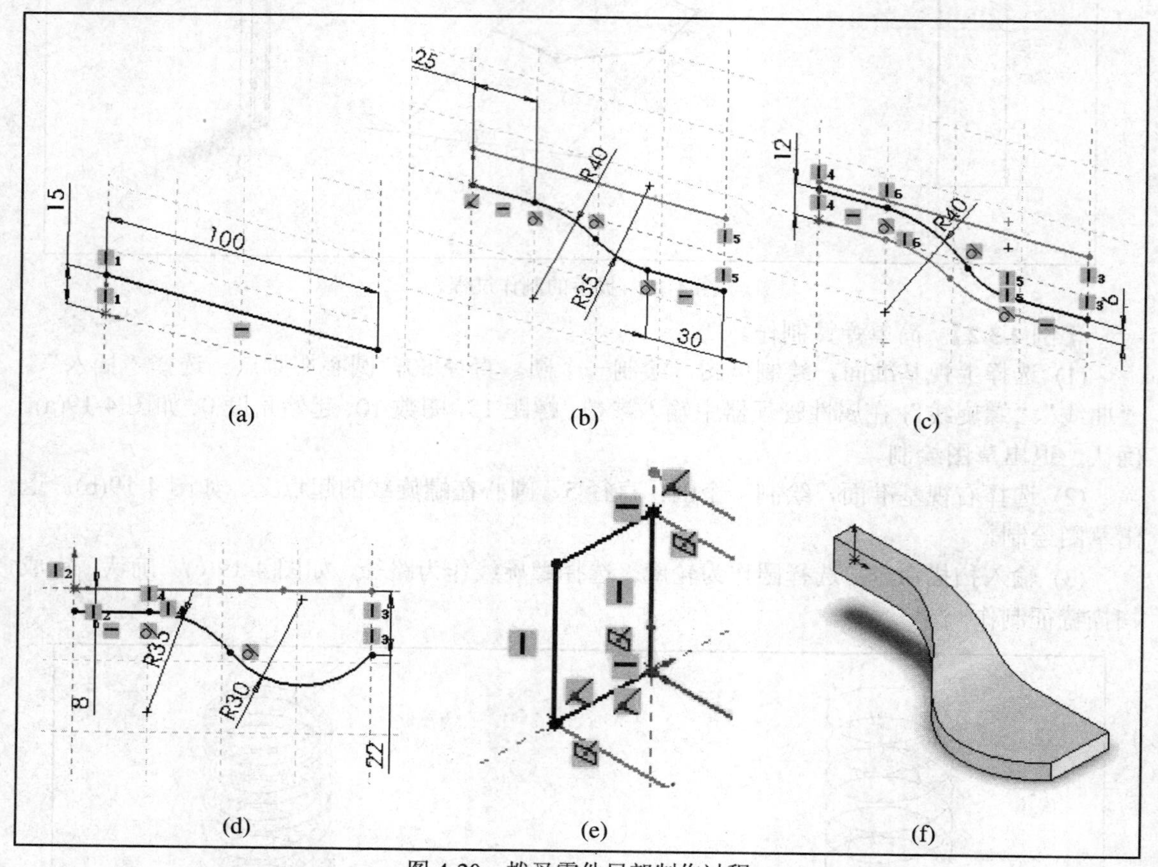

图 4-20　拨叉零件局部制作过程

【例 4.3.4】 3D 扫描。

(1) 绘制 2.6 节中绘制的 3D 草图，为每一个转折处添加 R30 的圆角，如图 4-21(a)。退出草图。

(2) 选择右视基准面，绘制草图，圆心在原点，直径为 20，如图 4-21(b)。退出草图。

(3) 输入扫描命令。选择圆为扫描轮廓，草图为扫描路径。完成的扫描特征如图 4-21(c)。

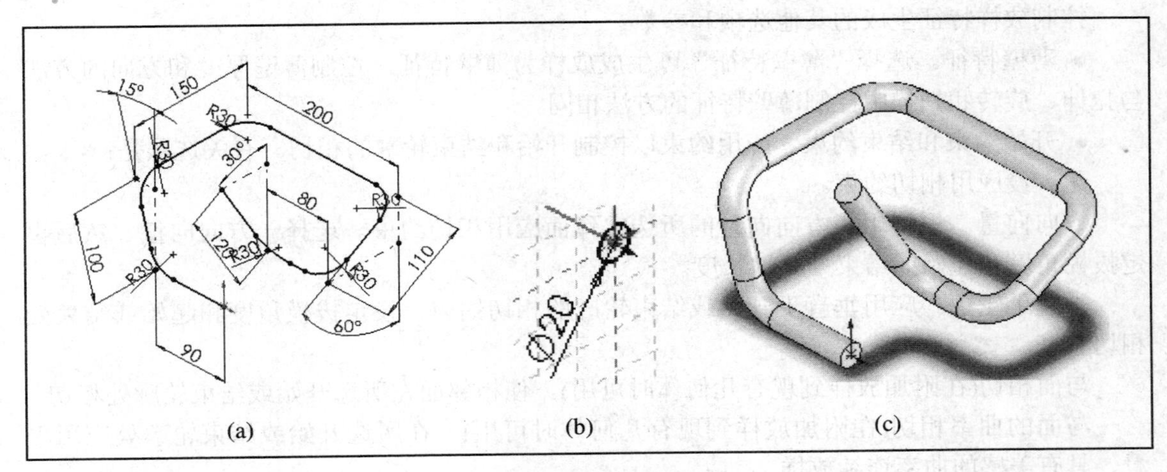

图 4-21 3D 扫描制作过程

4.4 放 样

放样通过连接若干个轮廓过渡生成特征。放样可以是基体、凸台或薄壁，也可以用来切除材料。

只利用数条轮廓线进行放样操作的是简单放样。还可利用中心线和引导线对放样特征的路径和形状变化进行控制。

4.4.1 简单放样特征制作

生成简单放样特征的步骤为：

(1) 绘制若干个草图。这些草图基准面可以平行，也可以不平行。用于放样的轮廓还可以是在立体表面形成的分割线等立体图形。可以使用两个或多个轮廓生成放样。仅第一个或最后一个轮廓可以是点，也可以这两个轮廓均为点。

(2) 输入放样命令。可以点击特征工具栏上的 或选择下拉菜单“插入”、“凸台/基体”、“放样”(添加材料操作)或“插入”、“切除”、“放样”(去除材料操作)，打开放样特征管理器，如图 4-22。

(3) 在放样特征管理器中，为“轮廓”框( )顺序选择放样使用的轮廓线。如果选择顺序出错，可选择需要调整的草图名称，使用 或 改变轮廓顺序。

(4) 点击 确认，或点击 放弃建立放样特征。

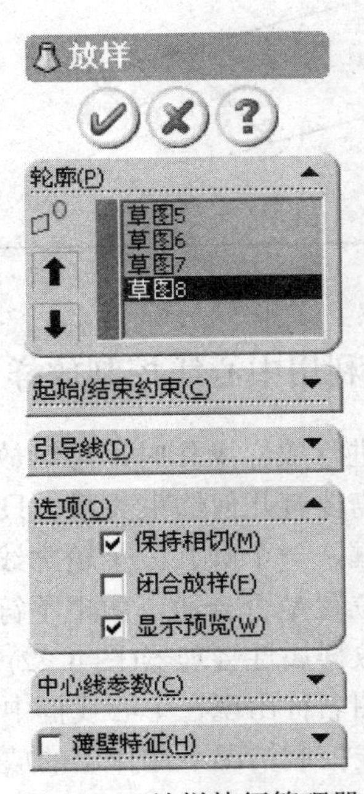

图 4-22 放样特征管理器

控制放样特征生成的其他选项和参数：

● 薄壁特征。选择“薄壁特征”可生成放样为薄壁特征。控制薄壁厚度和方向的方法与拉伸、旋转和扫描中控制薄壁特征的方法相同。

● 开始约束和结束约束。应用约束以控制开始和结束轮廓的相切。有关选项是：

无。没应用相切约束。

方向向量。根据用为方向向量的所选实体而应用相切约束。选择一方向向量，然后设定拔模角度和起始或结束处相切长度。

垂直于轮廓。应用垂直于开始或结束轮廓的相切约束。设定拔模角度和起始或结束处相切长度。

与面相切(在附加放样到现有几何体时可用)。使相邻面在所选开始或结束轮廓处相切。

与面的曲率相切(在附加放样到现有几何体时可用)。在所选开始或结束轮廓处应用平滑、具有美感的曲率连续放样。

【例 4.4.1】 天圆地方接头的制作。

(1) 选择上视基准面，绘制正方形，边长 100。注意中心处于原点。如图 4-23(a)。结束草图绘制。

(2) 插入基准面，在上视基准面上方偏移 70。如图 4-23(b)。

(3) 在新基准面上绘制一个圆，直径 70，圆心处于原点。如图 4-23(c)。结束草图绘制。

(4) 输入放样命令。顺序选择正方形和圆，在属性管理器上选择薄壁，厚度为 1。如图 4-23(d)。

(5) 确认，完成放样特征的制作。

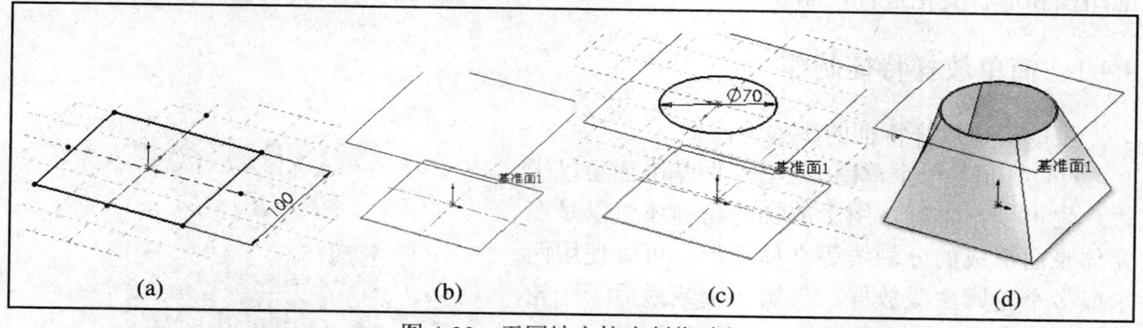

图 4-23　天圆地方接头制作过程

4.4.2　利用中心线控制放样

在进行放样操作时，可对放样特征添加中心线控制走势方向。添加的中心线与轮廓线之间不需要有几何约束关系，只要此中心线从轮廓线中穿过即可。图 4-24(a)所示为采用了两个方框、一个圆共三个轮廓线和一条中心线制作出的放样特征。选择轮廓线时应注意控制点的位置是否合适。如果不符合要求，可拖动控制点到需要的位置。选择中心线时，应先单击放样属性管理器(图 4-22)中的中心线参数，然后在图形中选择作为中心线的草图，确认该草图名称出现在中心线框中。图 4-24(b)为在中心线控制下的放样特征结果。比较图 4-25 无中心线控制情况下制作出的放样特征，可明显感觉到中心线对放样特征的控制作用。

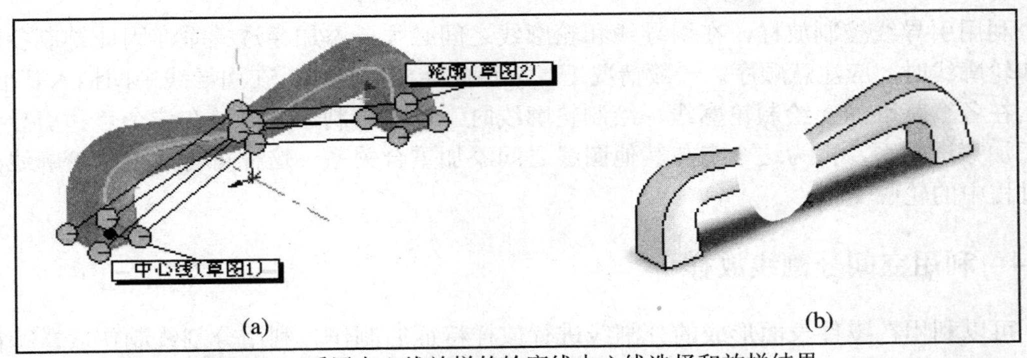

图 4-24　采用中心线放样的轮廓线中心线选择和放样结果

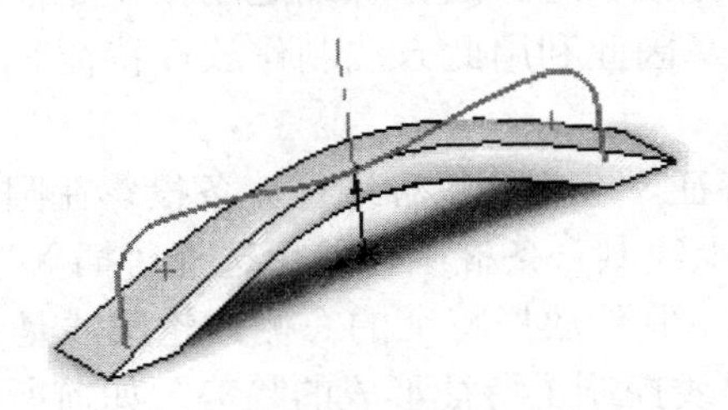
图 4-25　无中心线控制时的放样结果

4.4.3　引导线控制放样

制作放样特征时，可利用引导线控制放样特征的变化形态。图 4-26 所示为利用四条轮廓线和两条引导线进行放样的例证。这四条轮廓线中，中间两条为圆，两端的轮廓线为带有圆角的矩形。两条引导线中外面的一条为光滑连接的图线，内侧的中间部分带有三个凸起。制作出的放样特征如图 4-27 所示。

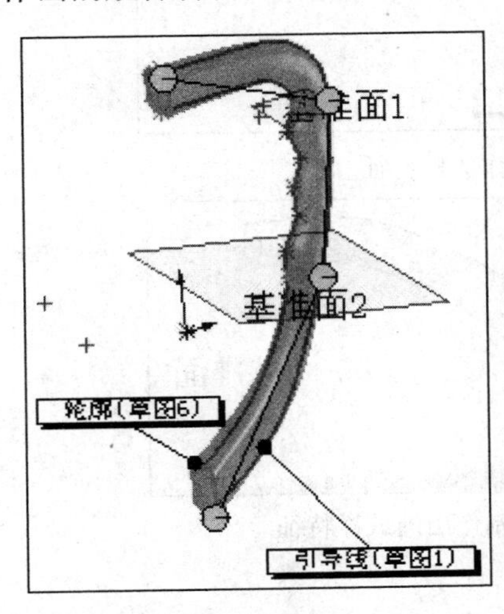

图 4-26　引导线放样轮廓线和引导线的选择

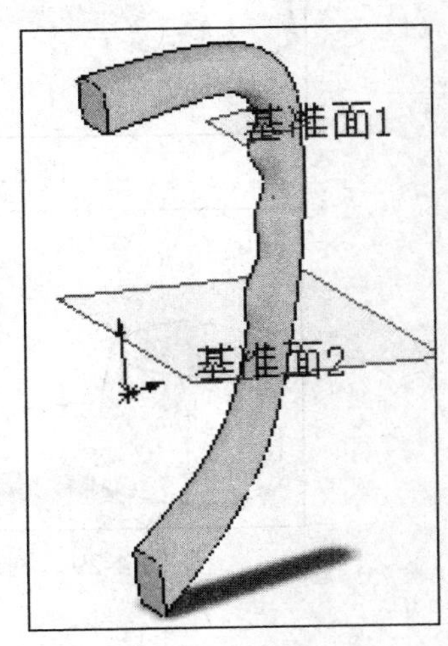

图 4-27　引导线控制放样结果

与利用中心线控制放样特征制作相比较，可以看出，引导线不仅可以控制放样特征的连接趋势，还可以有效控制截面轮廓的变化。如果利用中心线控制，是无法制作出如图 4-26 所示的特征中的三个凸起的。

利用引导线控制放样，在引导线和轮廓线之间必须要添加穿透关系。因此绘制各引导线和轮廓线时，应注意顺序。一般情况下，应该先绘制引导线，在引导线中间插入基准面，然后在各个基准面上绘制轮廓线。绘制轮廓线时，可先绘制一个点，在这个点和引导线之间添加穿透关系，再为这个点与其他图线之间添加重合关系。这样可有效控制轮廓线在放样过程中的轮廓变化。

4.4.4 利用空间分割线放样

可以利用在零件表面形成的分割线进行放样特征的制作。利用分割线制作放样特征与利用其他放样特征的不同之处在于选择的轮廓线是制作在零件表面的分割线，其他操作如同一般的放样特征操作一样。因此利用此方法制作放样特征时，必须事先在零件表面制作出分割线。

图 4-28 所示制作放样特征，左侧的轮廓线是一条投影在圆台表面的分割线。制作这条分割线时，可在右视基准面上绘制一条椭圆，然后选择“插入”、“曲线”、“分割线”命令，将这个椭圆投影在圆台面上。制作放样特征的右侧的轮廓线是一条绘制在与右视基准面平行的基准面 1 上的圆。中心线控制了特征形成的趋势，如前所述，此中心线不需要与轮廓线之间有几何关系，但必须从两个轮廓线的图形中穿过。从图 4-28 中也可以看出，此中心线的两端并不在绘制轮廓线的平面上，两端全部都是穿过图形轮廓。中心线的长度长与两轮廓线之间的距离。制作出的结果如图 4-29 所示。

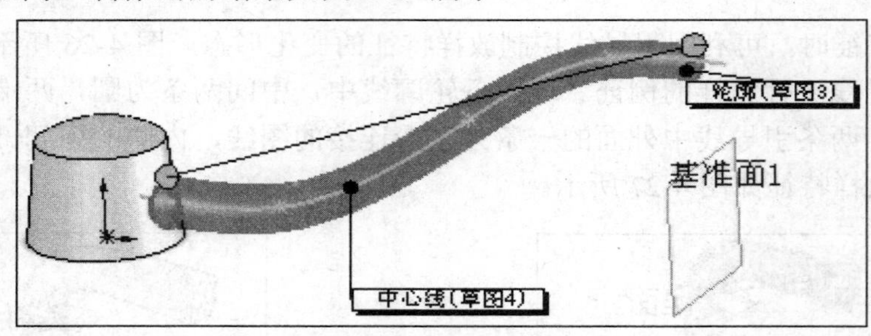

图 4-28 利用分割线制作放样特征

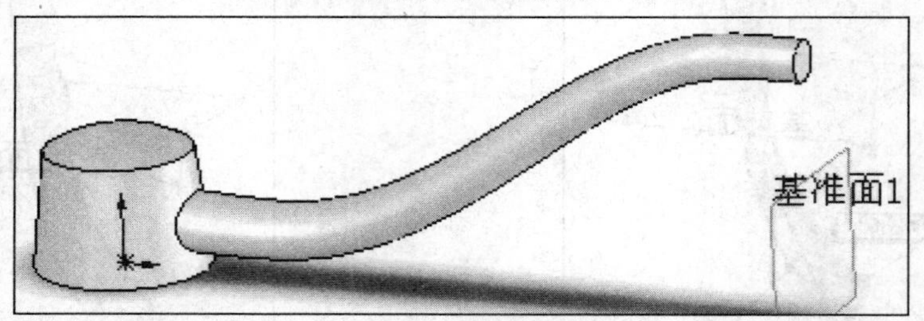

图 4-29 利用分割线和中心线制作出的放样特征

4.5 圆 角

使用圆角工具在零件上生成一个内圆角或外圆角。可以为一个面的所有边线、所选的多组面、所选的边线或边线环生成圆角。

4.5.1 圆角特征的类型

圆角特征的类型有：

- 等半径圆角。生成整个圆角的长度都有等半径的圆角，如图 4-30。
- 多半径圆角。生成有不同半径值的圆角，如图 4-31。多半径圆角操作是等半径圆角的一个选项。采用此选项时，每一个被选择圆角的棱都有各自的半径，可以分别选择每一个不同的棱，修改其半径，形成多个等半径圆角。

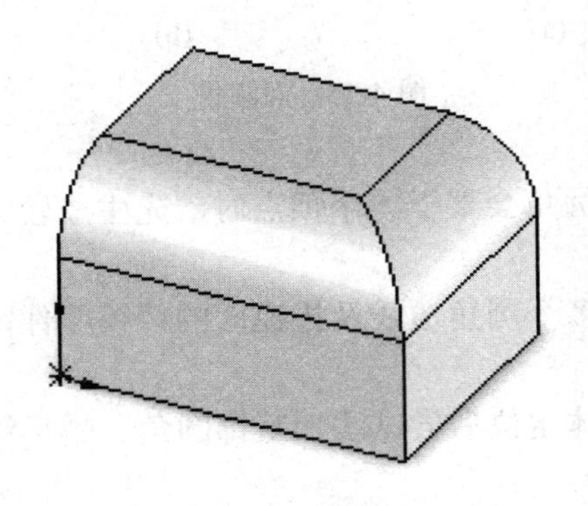

图 4-30 等半径圆角

图 4-31 多半径圆角

- 圆形角圆角。在本次圆角边线汇合处生成平滑过渡，如图 4-32。此操作只能在图 4-32 所示的阴角处使用，在图 4-30 所示的阳角处无法使用。圆形角圆角只是等半径圆角中的一个选项，操作时，只需注意选中此选项即可。
- 完整圆角。生成相切于三个相邻面组(一个或多个面相切)的圆角，如图 4-33。此类型圆角不需要输入圆角半径，只需选择三个相邻面组即可。进行此类型圆角操作时，属性管理器中有三个面组框，分别为边侧面组 1、中央面组和边侧面组 2。注意将三个面选择在各自不同的面组中即可，上下两个面可以随意选择，中间的面一定要选择在中央面组中。

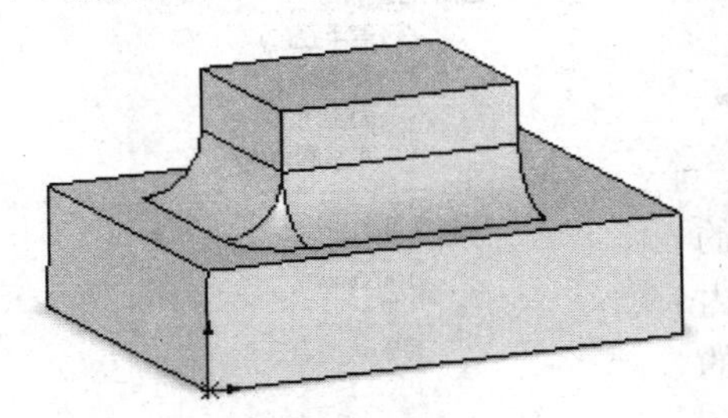

图 4-32 圆形角圆角

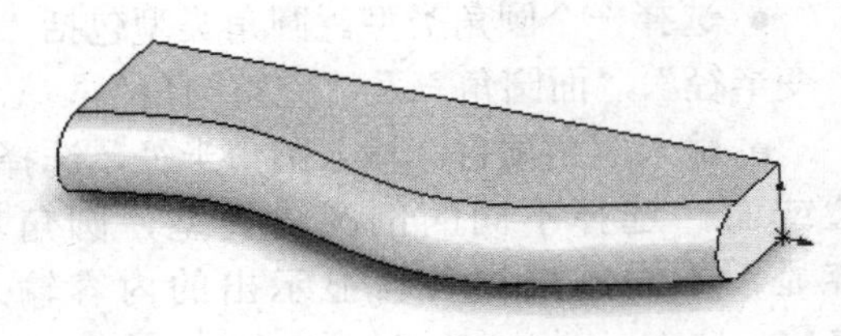

图 4-33 完整圆角

- 变半径圆角。生成带变半径值的圆角。使用控制点来帮助定义圆角。如图 4-34。采用此类型圆角，每选择一个棱，可在棱中看到有几个自动插入的控制点，点击其中的一个，可以输入在该点位置的半径。所有半径输入完毕之后，即可完成变半径圆角操作。
- 面圆角。混合非相邻、非连续的面，如图 4-35。添加圆角之前，V 形槽底部有一个矩形槽。添加圆角时分别选择两个斜面，即可将两个斜面延伸，形成圆角，矩形槽自动消失。注意，此时属性管理器中曲面分两组，应将两个曲面分别选择在两个不同的组中。

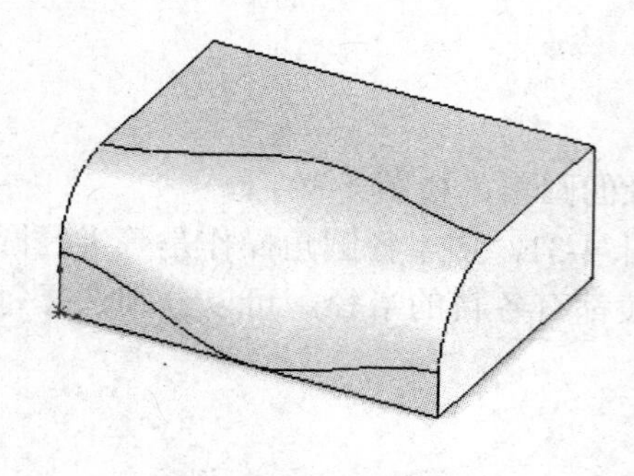

图 4-34　变半径圆角

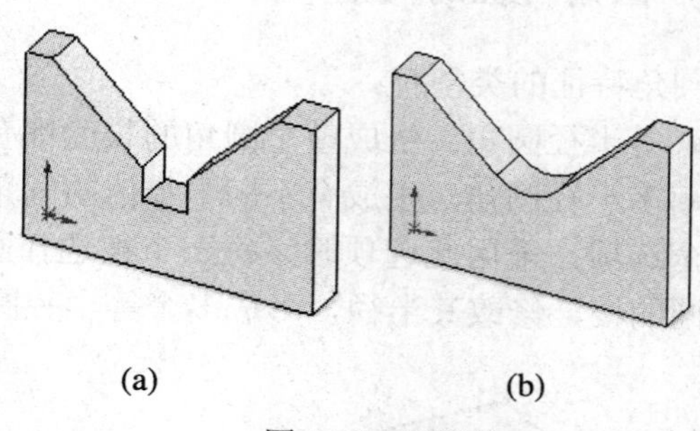

图 4-35　面圆角

一般而言，在生成圆角时最好遵循以下规则：

● 在添加小圆角之前添加较大圆角。当有多个圆角会聚于一个顶点时，先生成较大的圆角。

● 在生成圆角前先添加拔模。如果要生成具有多个圆角边线及拔模面的铸模零件，在大多数的情况下，应在添加圆角之前添加拔模特征。

● 最后添加装饰用的圆角。在大多数其他几何体定位后尝试添加装饰圆角。越早添加它们，系统需要花费越长的时间重建零件。

● 如要加快零件重建的速度，可以使用一个单一圆角操作来处理需要相同半径圆角的多条边线。当然，改变此圆角的半径，会使同一操作中生成的所有圆角全部改变。

4.5.2　圆角特征生成方法

生成圆角特征的步骤为：

(1) 单击特征工具栏上的图标或“插入”、“特征”、“圆角”，打开圆角特征属性管理器，如图 4-36。

(2) 在圆角特征属性管理器中选择和设置圆角类型、圆角项目等参数。

● 选择一个圆角类型。圆角类型包括“等半径”、“变半径”、“面圆角”及“完整圆角”。

● 输入圆角项目。输入圆角半径，选择倒圆角的边或面。选择不同的倒圆角类型，圆角项目的内容显示不同，根据各自显示出的内容输入不同的参数。

● 完全预览。显示所有边线的圆角预览。

● 部分预览。只显示一条边线的圆角预览。按 A 键来依次观看每个圆角预览。

● 无预览。可提高复杂模型的重建时间。

(3) 点击✓确认，或点击✗放弃建立倒角特征。

【例 4.5.1】　继续为利用拉伸和旋转特征制作出的手柄零件添加圆角。

图 4-36　圆角特征属性管理器

(1) 打开手柄文件。

(2) 选择圆角命令。选择“等半径”，输入半径值 2，点击选择手柄杆与手柄头之间的交线，确认，形成圆角，如图 4-37。

(3) 再次选择圆角命令。选择“等半径”，输入半径值 1，点击选择手柄头上端的圆柱边线，确认，显示错误信息，无法形成倒圆角。重新选择面圆角，输入半径值 1，属性管理器下方出现两个方框，分别表示为面组 1 和面组 2 选择的曲面。为面组 1 选择圆柱头的上表面，为面组 2 选择圆柱的侧面，确认，形成圆角，如图 4-38。

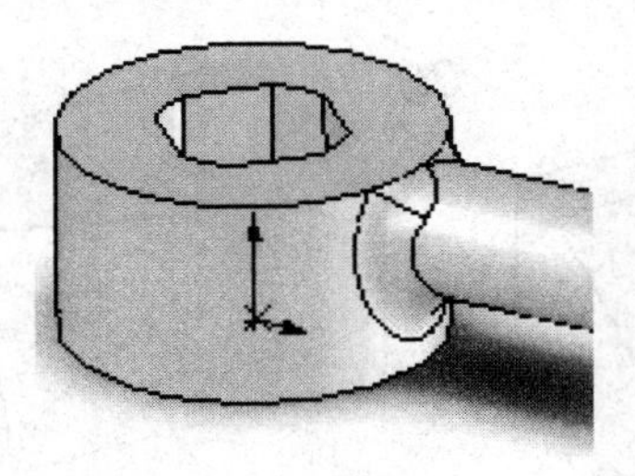

图 4-37 手柄圆角

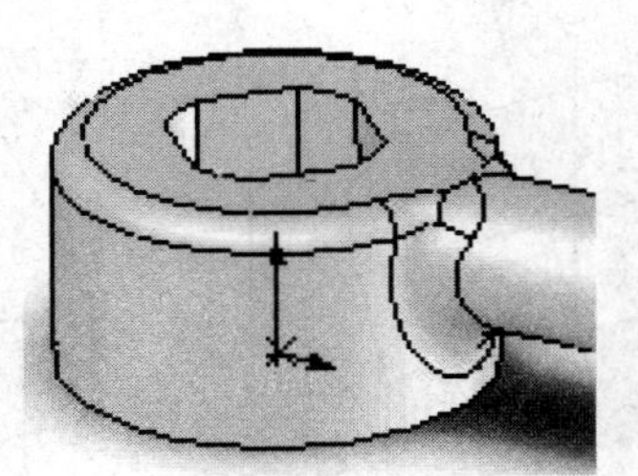

图 4-38 手柄面圆角

4.6 倒角

倒角工具在所选边线、面或顶点上生成一倾斜特征。

生成倒角的步骤为：

(1) 单击特征工具栏上的图标或“插入”、“特征”、“倒角”，打开倒角特征属性管理器，如图 4-39。

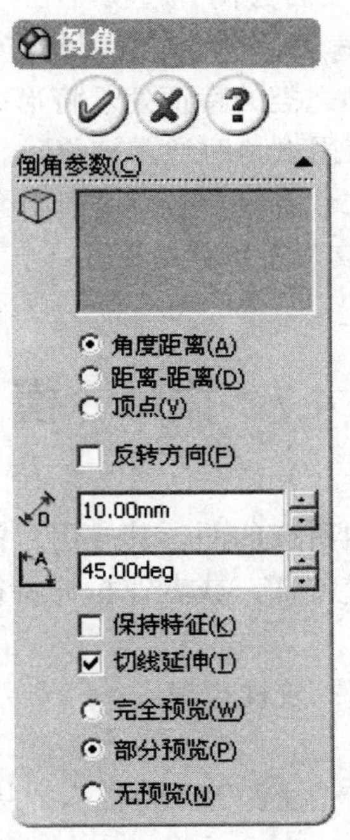

图 4-39 倒角特征属性管理器

(2) 在打开的倒角特征属性管理器中进行倒角参数选择和设置：

● 在图形区域中为边线和面或顶点选择一实体。

● 选择三个倒角参数类型之一：角度距离(如图 4-40(a))、距离-距离(如图 4-40(b))和顶点(如图 4-40(c))。

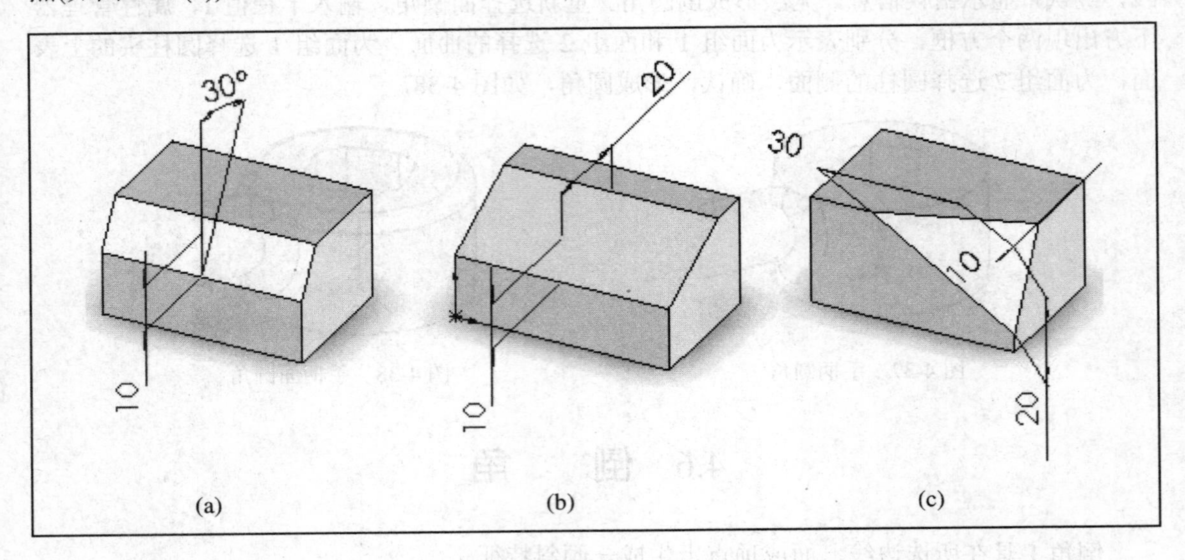

图 4-40　倒角的三种类型

每选择一个倒角类型，下方的参数输入框即跟随变化，可在其中输入参数。

● 当倒角角度不为 45° 时，“反转方向”选项可用于调整倒角棱两侧的顺序。以“距离-距离”方式倒角时，用调整数值输入顺序的方法调整方向。

● 在模型中如果有切除或拉伸之类的特征处于将形成倒角的区域内，选择“保持特征”可以保留这些特征。这些特征在应用倒角时通常被移除。

● 选择一预览模式。预览模式包括完全预览、部分预览和无预览。

(3) 点击✔确认，或点击✖放弃建立倒角特征。

4.7　拔　　模

拔模以指定的角度斜削模型中所选的面。其应用目的之一可使型腔零件更容易脱出模具。可以在现有的零件上插入拔模特征，或者在拉伸特征时进行拔模。可以将拔模应用到实体或曲面模型。

拔模类型有：中性面；分型线；阶梯拔模。

生成拔模特征的步骤为：

(1) 单击特征工具栏上的▣或“插入”、“特征”、“拔模”，打开拔模特征属性管理器，如图 4-41。

(2) 在拔模特征属性管理器中选择各项参数和输入数据。

● 在“拔模类型”中选择“中性面”、“分型线”或“阶梯拔模”。选择的拔模类型不同，属性管理器中将显示不同的内容供用户选择。

● 在“拔模角度”( )下，为度数设定一数值。拔模角度是垂直于中性面进行测量的。

● 如果选择“中性面”类型，为中性面选择一个面或基准面。如有必要，选择 向相反的方向倾斜拔模；如果选择“分型线”类型，在图形区域中选择事先已经制作好的分型线。若使用“分型线”类型拔模，在拔模方向下，还需要在图形区域中选择一条边线或一个面来指示起模的方向。

● 为“拔模面( )”在图形区域中选择要拔模的面。

(3) 点击 确认，或点击 放弃建立拔模特征。

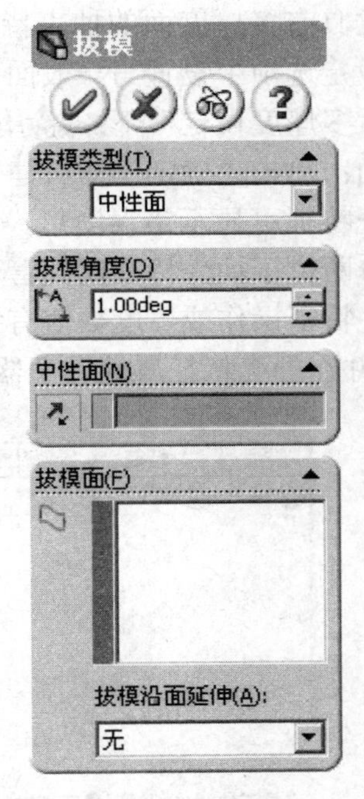

图 4-41 拔模特征属性管理器

4.8 抽 壳

抽壳工具会掏空零件。抽壳过程中选择的面被删除，在剩余的面上生成薄壁特征。如果没有选择模型上的任何面，抽壳形成外形封闭的空心实体零件。也可以使各个表面形成不同厚度来抽壳模型。

应在生成抽壳之前对零件应用任何圆角处理。

如果抽壳模型出现问题，可运行错误诊断。

生成一个统一厚度的抽壳特征的步骤为：

(1) 单击特征工具栏上的 或“插入”、“特征”、“抽壳”，打开抽壳特征属性管理器，如图 4-42。

(2) 在抽壳特征属性管理器中设置参数。

● 用来设定保留的面的厚度。

● 为要移除的面( )在图形区域中选择一个或多个面。如想生成掏空零件，不要移除任何面。

● 选择“壳厚朝外”来增加零件的外部尺寸。

● 选择“显示预览”来显示出抽壳特征的预览。

(3) 点击 确认，或点击 放弃建立抽壳特征。

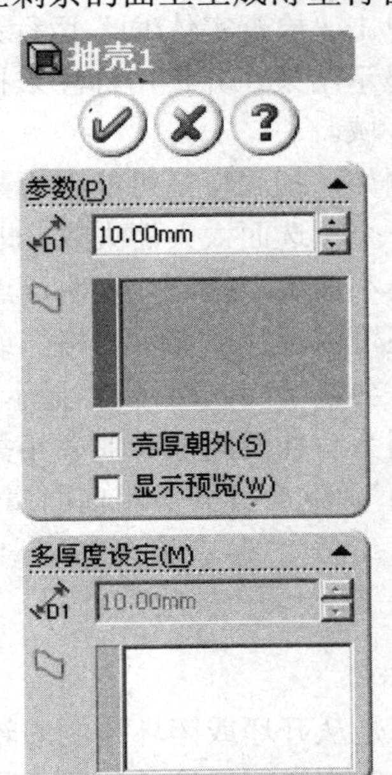

图 4-42 抽壳特征属性管理器

建立具有多厚度面的抽壳特征方法与建立统一厚度的抽壳特征方法基本相同，差别在多厚度设定选项中设置与一般面厚度不同的面选择和厚度选择。

在“多厚度设定”下：用来设定保留的面的特殊厚度；在多厚度面( )中选择一个或数个面；单击“确定”即可建立具有不同厚度的抽壳特征。

抽壳特征可显示错误消息，并附有工具帮助您确定抽壳特征失败的原因。新的诊断工具错误诊断位于抽壳特征属性管理器中。

抽壳特征操作或厚度数值有错，可能造成抽壳特征操作失败。此时将显示出错提示(如图 4-43)并在抽壳特征属性管理器中出现错误诊断选项(如图 4-44)。

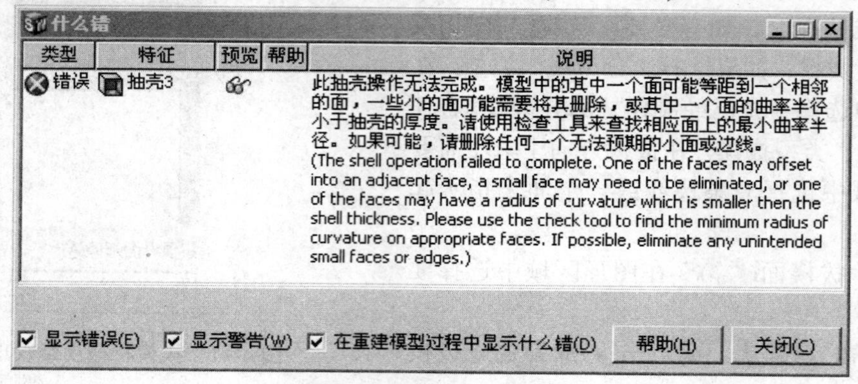

图 4-43 抽壳错误提示

在“错误诊断”框中：选择“整个实体”诊断模型中的所有区域并报告整个实体中的最小曲率半径；选择“失败面”诊断整个实体并只确定造成抽壳失败的面的最小曲率半径。

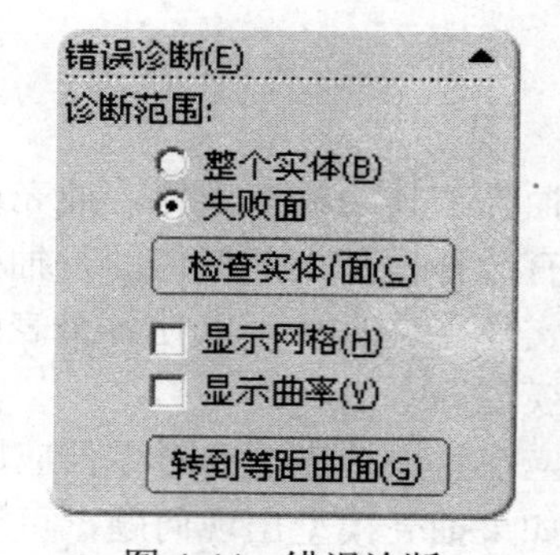

图 4-44 错误诊断

单击“检查实体/面”运行诊断工具。可在图形区域中显示结果，并使用标注来指明模型上需要纠正的特定区域。

例如，抽壳特征可能因为某一点上的厚度相对于其中一个所选面太大而失败。此时，会出现一条消息，显示最小曲率半径，并表明该点上的抽壳厚度太大。

还可以选择“显示网格”或“显示曲率”。“显示网格”会显示 uv 网格，“显示曲率”会显示实体的曲率图。

因为与曲面间隙和曲率相关的问题通常与曲面的不一致有关，所以可以单击“转到等距曲面”，这会打开等距曲面属性管理器，显示模型中的等距曲面。

4.9 筋

筋是从开环或闭环绘制的轮廓所生成的特殊类型拉伸特征。它在轮廓与现有零件之间添加指定方向和厚度的材料。可以使用单一或多个草图生成筋。生成筋特征时也可以采用拔模，或者选择一要拔模的参考轮廓。

生成筋的步骤为：

(1) 在基准面上绘制使用为筋特征的轮廓。轮廓不必封闭，只要轮廓与实体可以共同形成一个封闭轮廓即可，如图 4-46(a)。注意草图中只绘制了一条直线，而且这根直线两端也没有接触到实体。只要图线延伸后能够与实体形成封闭的轮廓，这样的草图即可使用。

(2) 单击特征工具栏上的或"插入"、"特征"、"筋"，打开筋特征属性管理器，如图 4-45。

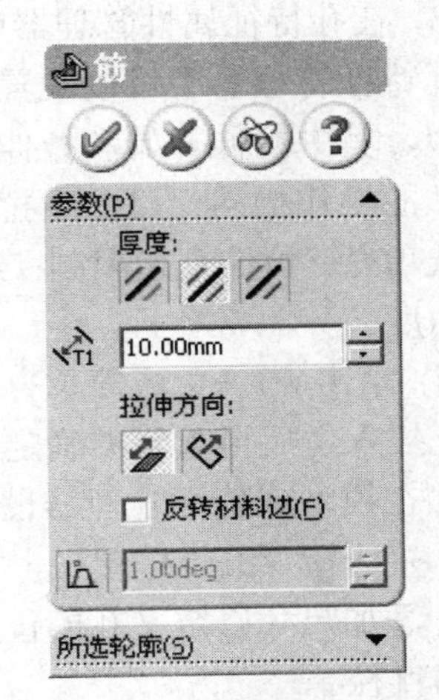

图 4-45 筋特征属性管理器

- 在筋特征属性管理器中设置厚度的方向和尺寸。图 4-46 中绘制的草图处于零件的中心，所以筋厚度使用的类型为两侧对称。生成的筋特征如图 4-46(b)。注意，当草图绘制在实体轮廓的边沿时，形成厚度的筋不能超出实体，否则无法生成筋特征。
- 缺省的筋厚度方向与草图平面垂直。如果需要，也可以选择拉伸方向改变为与草图平面平行。
- 预览图形中用一个箭头显示将填充的材料边。如果方向错误，可选择"反转材料边"，或直接点击图形区域中的箭头，反转填充区域。
- 选择"拔模"，可使制作出的筋特征具有拔模斜度。

(3) 点击确认，或点击放弃建立筋特征。

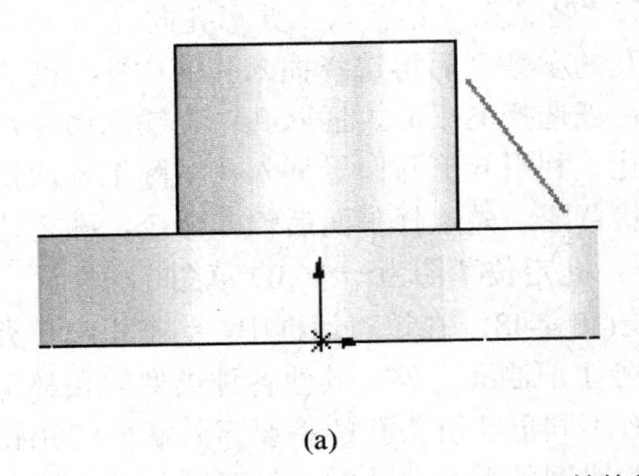
(a)

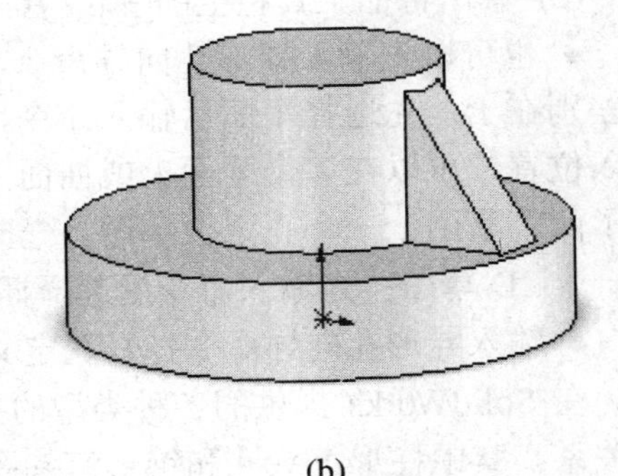
(b)

图 4-46 筋特征草图与筋特征

4.10 钻 孔

钻孔在模型上生成各种类型的孔特征。可以在平面上放置孔并设定深度。通过以后标注尺寸来指定它的位置。钻孔可以采用简单直孔或异型孔向导的方法。根据孔的类型和复杂程度，选择适当的方法可以使钻孔简单方便。

建议：一般最好在设计阶段将近结束时生成孔。这样可以避免因疏忽而将材料添加到现有的孔内。此外，如果准备生成不需要其他参数的简单直孔，可以使用简单直孔。需要其他参数的，可以使用异型孔向导。简单直孔可以提供比异型孔向导更好的性能。

生成简单直孔的步骤为：

(1) 选择要生成孔的平面。

(2) 单击或“插入”、“特征”、“钻孔”、“简单直孔”，打开孔特征属性管理器，如图 4-47。

(3) 在孔特征属性管理器中设定选项。

孔特征管理器中可以设置的选项与拉伸切除的选择相似，其中拉伸开始和拉伸结束的限制方式都与拉伸特征的操作相同，可参照拉伸特征的生成。可以选择的选项有：拉伸开始限制；结束的限制方式；直径；拔模角度。

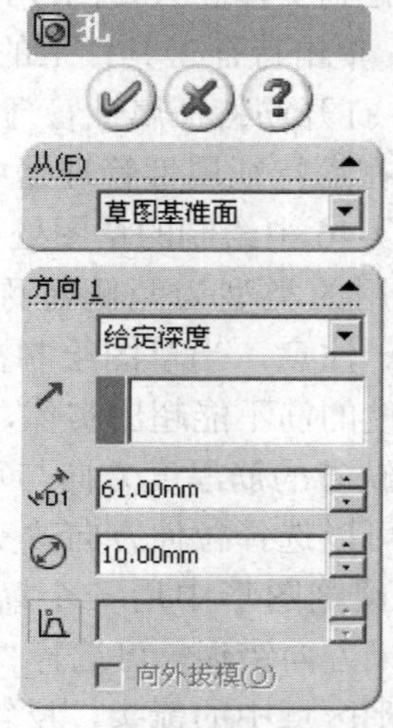

图 4-47　孔特征属性管理器

(4) 单击，生成简单直孔。

孔插入之后再重新准确定位：

● 在模型或特征管理器设计树中，用右键单击“孔特征”并选择“编辑草图”。

● 添加尺寸以定义孔的位置。还可以在草图中修改孔的直径。

● 退出草图或单击“重建”。

利用异型孔向导生成具有复杂轮廓的孔的步骤为：

(1) 在零件中选择一个平面。

(2) 单击特征工具栏上的或者“插入”、“特征”、“钻孔”、“异形孔向导”。

● 也可以先输入异形孔向导命令，调整孔的参数之后再选择插入孔的位置。两者之间的差别在于：先选择平面后输入命令，只能在被选择的平面上插入孔；先输入命令后选择插入位置，可以在多个平面上或曲面上插入孔。利用异形孔向导插入孔实际上一次操作制作了两个草图：一个孔定位草图，一个孔形状草图。先选择平面后输入命令，孔定位草图为一个 2D 草图；先输入命令后选择插入位置，孔定位草图为一个 3D 草图。

● 输入异形孔向导命令打开孔定义对话框(图 4-48)，在该对话框中，单击相应孔类型标签。在 SolidWorks 提供的各种类型的孔中，除了旧制孔之外，其他各种类型的孔都与螺纹有关系。其中柱形沉头孔和锥形沉头孔是具有不同形状沉头孔的将要穿入螺栓的光孔，此类孔直径与将要穿入的螺栓公称直径有一定的比例关系，钻孔时，只要输入螺栓的公称直径，SolidWorks 可以推算出需要钻孔的直径，沉头孔的大小和形状也是按照机械设计要求推算出来的，用户几乎不需要进行更改即可使用；孔、螺纹孔和管螺纹孔都是用来钻螺纹底孔的，螺纹孔和管螺纹孔还可以在钻孔的同时添加装饰螺纹线，这种装饰螺纹线可以在生成工程图时，自动绘制出标准规定的螺纹图形。用户可以选择下拉菜单“工具”、“选项”，打开选项对话框，在其中“文件属性”、“注解显示”中选择“上色的螺纹线”，这样生成的螺纹孔中将显示出螺纹图样。此图样只是将螺纹图案绘制在孔内，并不是生成真实的螺纹，这样可以减少造型的复杂程度，运行更加快捷。

孔的类型包括有：柱形沉头孔；锥形沉头孔；孔；螺纹孔；管螺纹孔；旧制孔。

● 选择的孔的类型不同，显示的选项及图形预览也不同。选择孔类型之后，可以决定适当的扣件。扣件会动态地更新相应参数。孔定义对话框(如图 4-48)界面使用三列格式(属性、参数 1、参数 2)，并显示基于终止条件和深度的全局图形预览。参数可能包括一个或两个数值，视用户选择的孔类型而定。在孔定义对话框中选择合适的标准、螺纹类型、尺寸、结束条件和深度、是否添加装饰螺纹线、螺纹深度等。孔定义对话框中的内容将会随不同的选择随时发生变化。如果要输入的内容在对话框中没有对应的位置，可能是某个选项的选择没有选对，注意重新选择。初学者对此应该有所理解。选择输入完毕之后，点击“下一步”打开钻孔放置对话框(如图 4-49)。

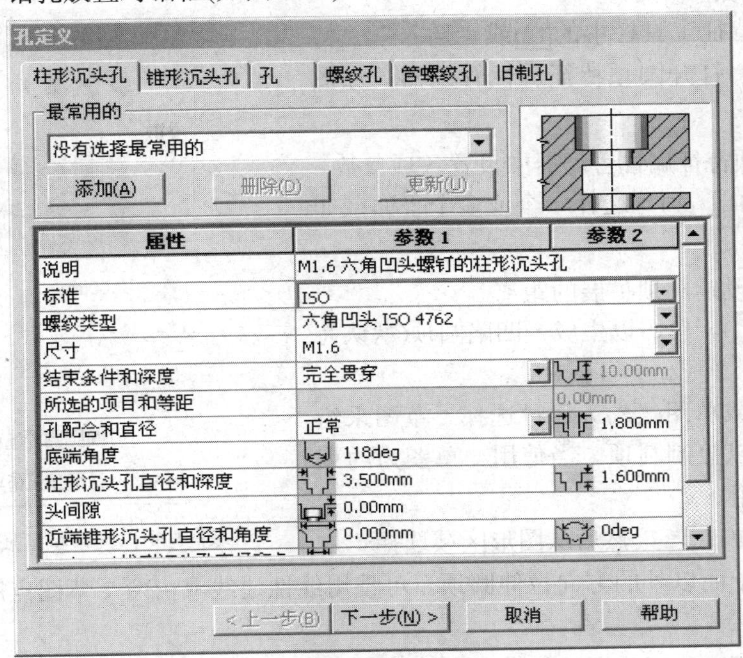

图 4-48　孔定义对话框

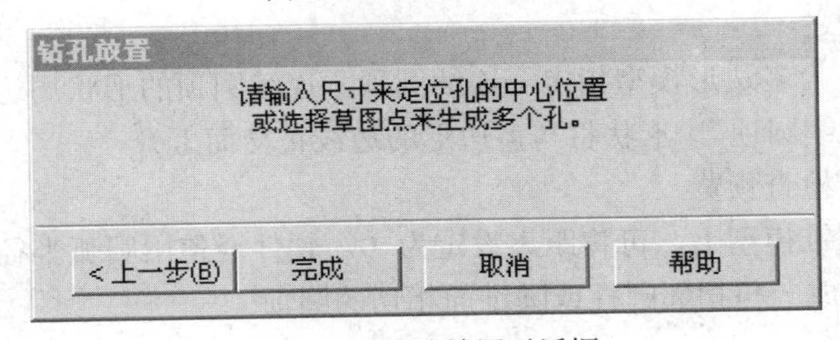

图 4-49　钻孔放置对话框

● 如果输入钻孔命令之前，已经选择了平面，现在可以继续在该平面上钻孔的大致位置点击，每点击一次输入一个点，此点位置将生成一个孔；如果输入钻孔命令之前，没有选择平面，现在可以在多个平面或曲面上点击，孔轴线将与选择的平面或曲面垂直。输入点之后，可以通过消除草图绘制工具工具栏上的工具，选择输入的点，将孔拖动到其大致位置。

(3) 使用草图几何关系工具栏上的“智能尺寸”或“添加几何关系”来放置和完全定义孔。

(4) 单击“完成”。

4.11 圆　顶

圆顶特征操作可在同一模型上同时生成一个或多个圆顶特征。

生成一圆顶的步骤为：

(1) 单击特征工具栏中的 或“插入”、“特征”、“圆顶”，打开圆顶特征属性管理器，如图4-50。

(2) 在圆顶特征属性管理器中设置各项参数。

● 圆顶的面( )。选择一个或多个平面或非平面。

● 距离。设定圆顶扩展的距离。

● 反向( )。单击以生成一凹陷圆顶(默认为凸起)。

● 约束点或草图( )。通过选择一草图来约束草图的形状以控制圆顶。当使用一草图为约束时，距离被禁用。

● 方向。单击 ，然后从图形区域选择一方向向量以垂直于面以外的方向拉伸圆顶。可使用线性边线或由两个草图点所生成的向量作为方向向量。

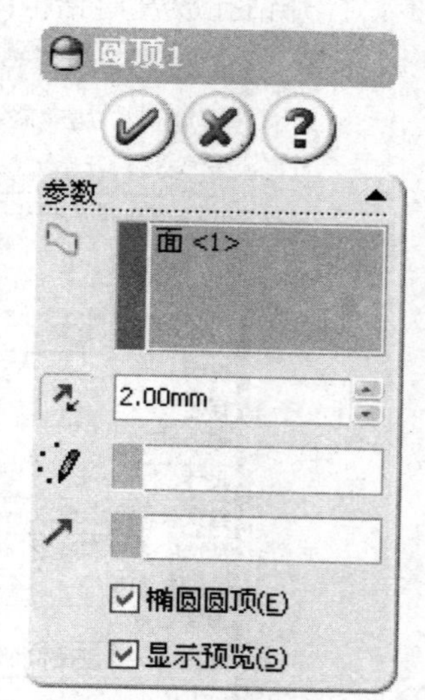

图 4-50　圆顶特征属性管理器

● 椭圆圆顶。为圆柱或圆锥模型指定一椭圆圆顶。椭圆圆顶的形状为一半椭面，其高度等于椭面的半径之一。

● 连续圆顶。为多边形模型指定一连续圆顶。连续圆顶的形状周边均匀向上倾斜。如果您消除选择“连续圆顶”，形状将与多边形的边线正交而上升。

● 显示预览。检查预览。

● 在圆柱和圆锥模型上，可将距离设定为 0。软件会使用圆弧半径作为圆顶的基础来计算距离。这将生成一与相邻圆柱或圆锥面相切的圆顶。

(3) 单击 。

【例 4.11.1】 为手柄端面制作圆顶特征。

(1) 打开如图 4-29 所示的零件，为手柄端面制作圆顶特征。

(2) 输入圆顶命令，选择手柄的对面为要制作圆顶的表面，如图 4-51(a)。

(3) 在“距离”框中输入隆起的距离。

(4) 选择“椭圆圆顶”，可使制作出的圆顶面与侧面相切。

(5) 预览符合要求时，单击 。

比较图 4-51(b)和(c)，可分辨出在零件端面制作圆顶特征的效果。

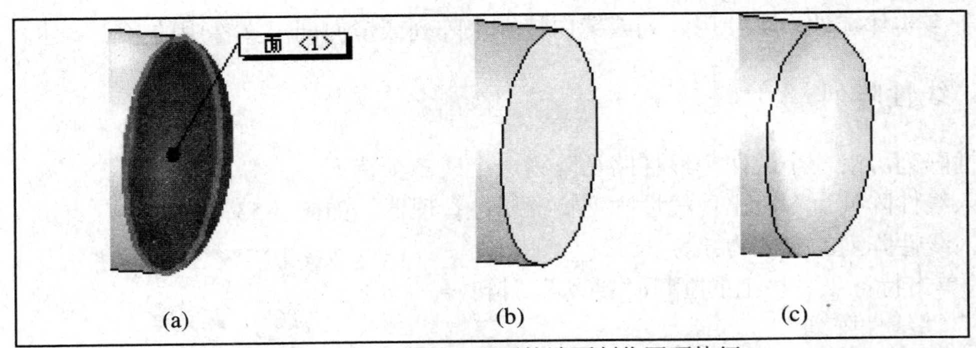

图 4-51 选择需要圆顶的端面制作圆顶特征

4.12 比 例

比例缩放特征可以相对于零件或曲面模型的重心或模型原点来进行缩放。比例缩放特征仅缩放模型几何体，在数据输出、型腔等中使用。它不会缩放尺寸、草图或参考几何体。对于多实体零件，可以缩放一个或多个模型的比例。

比例缩放特征与特征管理器设计树中的任何其他特征相似：它操纵几何实体，但不改变在添加之前所生成的特征的定义。如要暂时恢复模型为缩放前的大小，可以退回或压缩比例缩放特征。

缩放一个实体或曲面模型的步骤为：

(1) 在零件文件中单击特征工具栏上的或"插入"、"特征"、"比例缩放"，打开比例缩放特征属性管理器，如图 4-52。

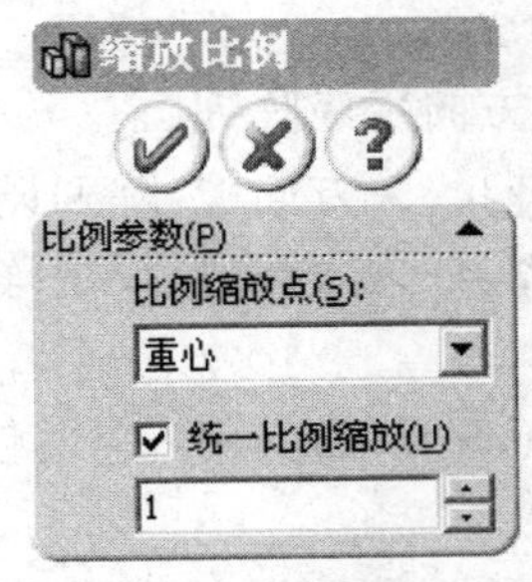

图 4-52 比例缩放特征属性管理器

(2) 在比例缩放特征属性管理器中设置比例参数。

- "比例缩放点"中可选择的项目有：重心；原点；坐标系。在特征管理器设计树中选择一坐标系。
- 在"要缩放比例的实体和曲面或图形实体"选项中(只有多实体零件才有此选项)选择要按比例缩放的实体。
- 选择"统一比例缩放"并设定统一的比例因子。清除选择"统一比例缩放"管理器将发生变化，可分别为 X 比例因子、Y 比例因子及 Z 比例因子设定单独数值。
- 点击确认，或点击放弃建立比例缩放特征。

4.13 阵 列

阵列按线性或圆周阵列复制所选的源特征。可以生成线性阵列、圆周阵列、曲线驱动的阵列，或使用草图点或表格坐标生成阵列。

镜向复制所选的特征或所有特征，将它们对称于所选的平面或面进行镜向。

对于多实体零件，可使用阵列或镜向特征来阵列或镜向同一文件中的多个实体。

4.13.1　线性阵列

线性阵列可沿一个或两个线性路径阵列一个或多个特征。

输入线性阵列命令时出现线性阵列特征属性管理器，如图 4-53。

插入线性阵列的步骤为：

(1) 单击特征工具栏上的▦或“插入”、“阵列/镜向”、“线性阵列”。

(2) 在线性阵列特征属性管理器中设置相关属性。

- 方向 1。

阵列方向。为方向 1 阵列设定方向。选择一线性边线、直线、轴或尺寸。如有必要，单击↗来改变阵列的方向。

间距(D1)。为方向 1 设定阵列实例之间的间距。

实例数(#)。为方向 1 设定阵列实例之间的数量。此数量包括原有特征或选择。

- 方向 2。

以第二方向生成阵列。

阵列方向。为方向 2 阵列设定方向。

间距(#)。为方向 2 设定阵列实例之间的间距。

实例数(#)。为方向 2 设定阵列实例之间的数量。

只阵列源。只使用源特征而不复制方向 1 的阵列实例，在方向 2 中生成线性阵列。这样生成的阵列只能排成横竖两条线，不能生成矩阵形的阵列。

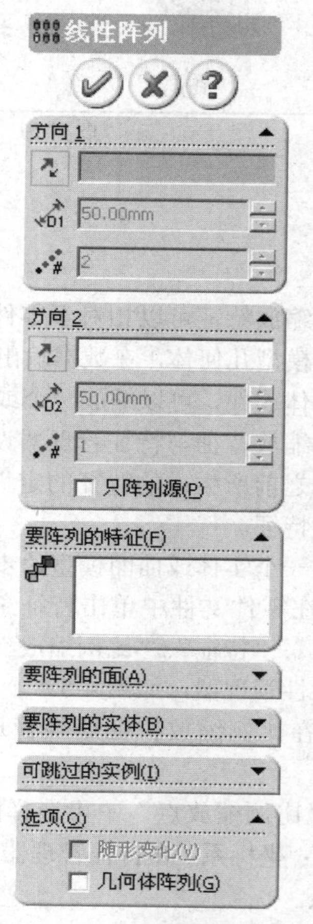

图 4-53　线性阵列特征属性管理器

- 要阵列的特征( )。所选择的特征作为源特征来生成阵列。
- 要阵列的面( )。

使用构成源特征的面生成阵列。在图形区域中选择源特征的所有面。这对于只输入构成特征的面而不是特征本身的模型很有用。

当使用要阵列的面时，阵列必须保持在同一面或边界内。它不能跨越边界。例如，横切整个面或不同的层(如凸起的边线)将会生成一条边界和单独的面，阻止阵列延伸。

- 要阵列的实体/曲面实体( )。

使用您在多实体零件中选择的实体生成阵列。

- 可跳过的实例( )。

在生成阵列时跳过在图形区域中选择的阵列实例。当鼠标移动到每个阵列实例上时，指针变为。单击以选择阵列实例。阵列实例的坐标出现在图形区域中及可跳过的实例之下。若想恢复阵列实例，再次单击图形区域中的实例标号。

● 选项。

随形变化。允许重复时阵列更改。如图 4-54，形体中的槽在阵列过程中高度随端面的倾斜变化。要做到能够随形变化，必须在制作槽的过程中注意：标注槽高度的尺寸必须从上端面的斜线开始，选择阵列方向时要选择定位槽横向位置的尺寸。

几何体阵列。只使用特征的几何体(面和边线)来生成阵列，而不阵列和求解特征的每个实例。“几何体阵列”选项可以加速阵列的生成及重建。对于与模型上其他面共用一个面的特征，不能使用“几何体阵列”选项。

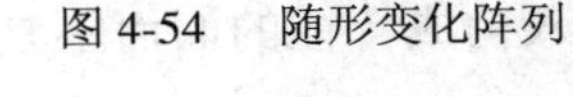

图 4-54　随形变化阵列

(3) 点击确认，生成线性阵列。

【例 4.13.1】 零件阀盖线性阵列孔阵列示例。

(1) 选择右视基准面绘制正方形，边长 65，拉伸 9，形成立方体。如图 4-55(a)。

(2) 倒圆角，半径 7。如图 4-55(b)。

(3) 插入第一个孔。直径 6.5，距离原点两个方向均为 25.5。如图 4-55(c)。

(4) 插入线性阵列。分别选择水平和竖直两个方向的边线作为阵列方向，选择孔作为阵列对象。输入两个距离均为 51，阵列个数都为 2。确认，生成线性阵列。如图 4-55(d)。

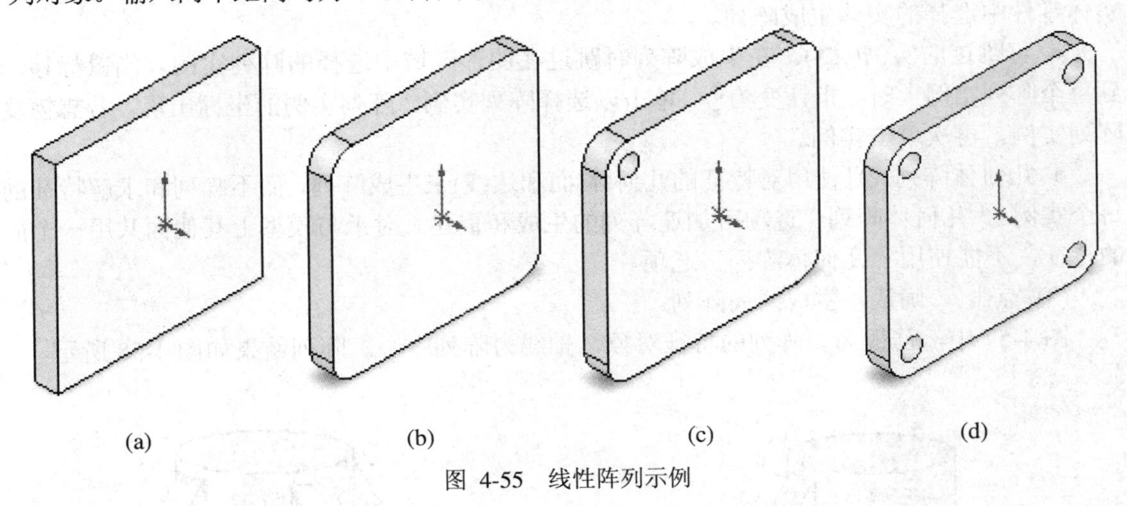

图 4-55　线性阵列示例

4.13.2　圆周阵列

圆周阵列操作可将一个或多个特征绕一轴线阵列。

插入圆周阵列的步骤为：

(1) 单击特征工具栏上的或“插入”、“阵列/镜向”、“圆周阵列”，打开圆周阵列特征属性管理器，如图 4-56。

(2) 在圆周阵列特征属性管理器中进行相关设置。

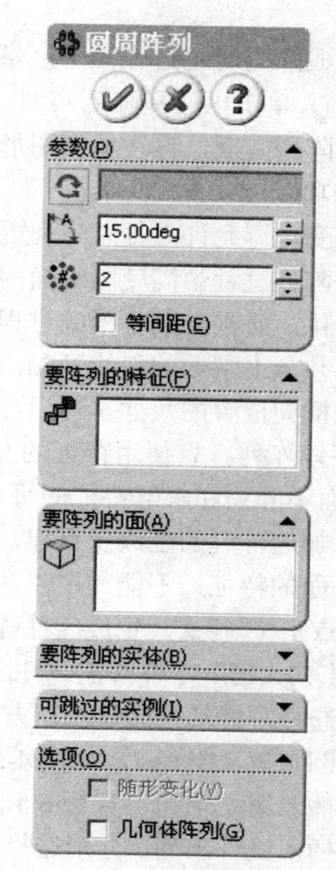

图 4-56　圆周阵列特征属性管理器

• 阵列轴。在模型区域中选择轴、模型边线或角度尺寸。阵列绕此轴生成。如有必要，单击来改变圆周阵列的方向。

• 角度()。指定每个实例之间的角度。

• 实例数()。设定源特征的实例数。

• 等间距。设定总角度为 360°，阵列项目均布。

• 要阵列的特征()。使用您所选择的特征作为源特征来生成阵列。

• 要阵列的面()。使用构成特征的面生成阵列。在图形区域中选择特征的所有面。这对于只输入构成特征的面而不是特征本身的模型很有用。

当使用要阵列的面时，阵列必须保持在同一面或边界内。它不能跨越边界。例如，横切整个面或不同的层(如凸起的边线)将会生成一条边界和单独的面，阻止阵列延伸。

• 要阵列的实体/曲面实体()。使用在多实体零件中选择的实体生成阵列。

• 可跳过的实例()。在生成阵列时跳过在图形区域中选择的阵列实例。当鼠标移动到每个阵列实例上时，指针变为。单击以选择阵列实例。阵列实例的坐标出现。若想恢复阵列实例，再次单击实例。

• 几何体阵列。只使用对特征的几何体(面和边线)来生成阵列，而不阵列和求解特征的每个实例。“几何体阵列”选项可加速阵列的生成和重建。对于与模型上其他面共用一个面的特征，不能使用“几何体阵列”选项。

(3) 点击确认，生成圆周阵列。

图 4-57 中，筋板为要阵列的特征对象，轴线为阵列中心。阵列结果如图 4-58 所示。

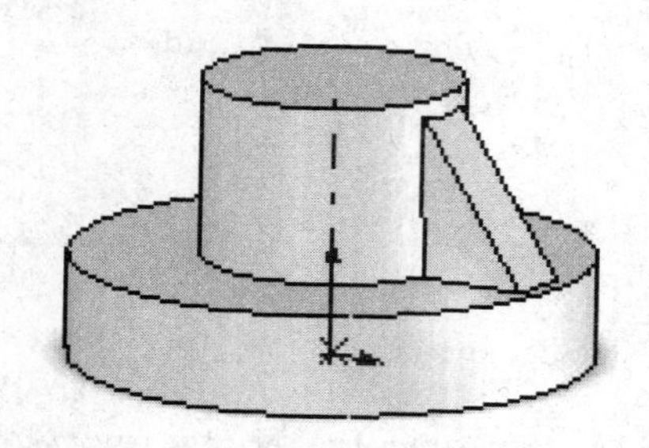
图 4-57　筋板阵列前

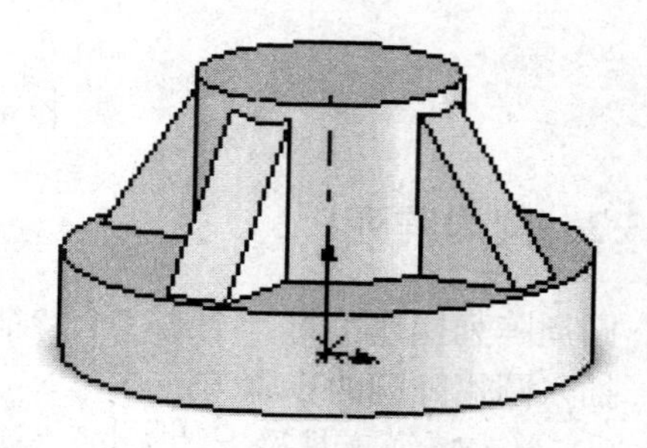
图 4-58　筋板阵列后

【例 4.13.2】 零件阀盖孔圆周阵列。

(1) 选择零件的圆平面插入第一个孔。如图 4-59。

(2) 点击“视图”、“临时轴”，显示临时轴。如图 4-60。

(3) 输入圆周阵列。选择临时轴为阵列轴线，孔为阵列对象，选择等间距，阵列个数为 4。确认，完成圆周阵列。如图 4-61。

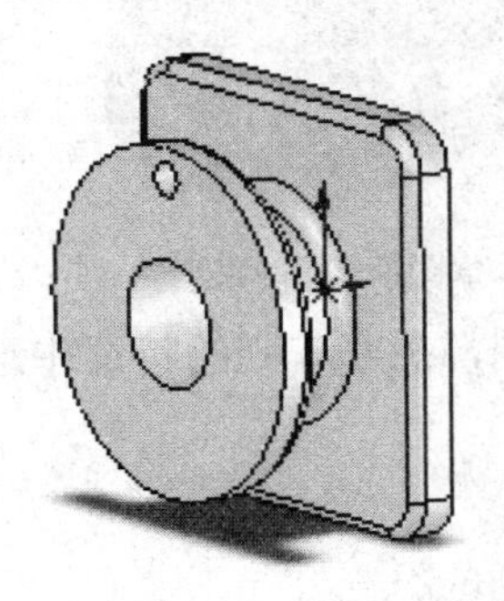

图 4-59　插入第一个孔

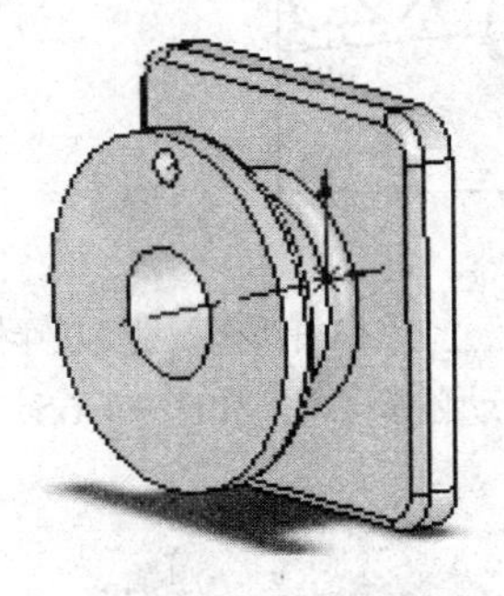

图 4-60　显示临时轴

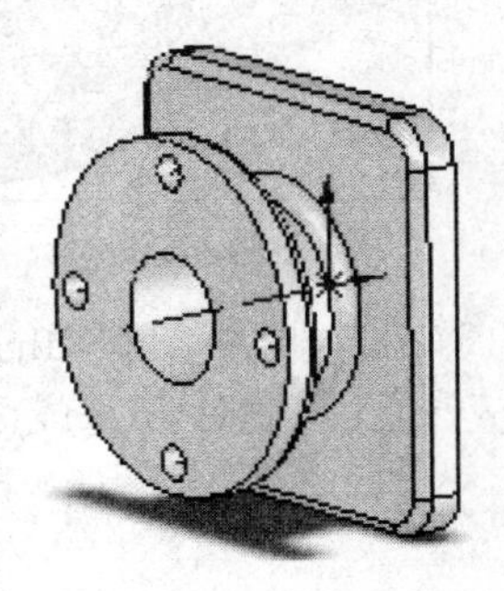

图 4-61　阵列孔

4.13.3　由草图驱动的阵列

使用草图中的草图点可以指定特征阵列。源特征在整个阵列扩散到草图中的每个点。可以对于孔或其他特征实例使用由草图驱动的阵列。

对于多实体零件，可以在要阵列的实体选择框中选择一单独实体来生成草图驱动的阵列。

建立由草图驱动的阵列步骤为：

(1) 在零件的面上打开一个草图。

(2) 在模型上生成源特征。

(3) 单击特征工具栏上的或“插入”、“阵列/镜向”、“由草图驱动的阵列”，打开由草图驱动的阵列属性管理器，如图 4-62。

(4) 在图 4-62 所示的属性管理器中的“选择”下，执行如下操作：

使用弹出的特征管理器设计树来选择参考草图(出现在选择框)，以用作阵列。

单击“重心”来使用源特征的重心或所选点以使用另一个点来作为参考点。

在图形区域为“要阵列的特征”选择特征。

根据需要同样可以选择要阵列的面或实体。

(5) 单击确定，生成草图阵列，由草图驱动的阵列出现。

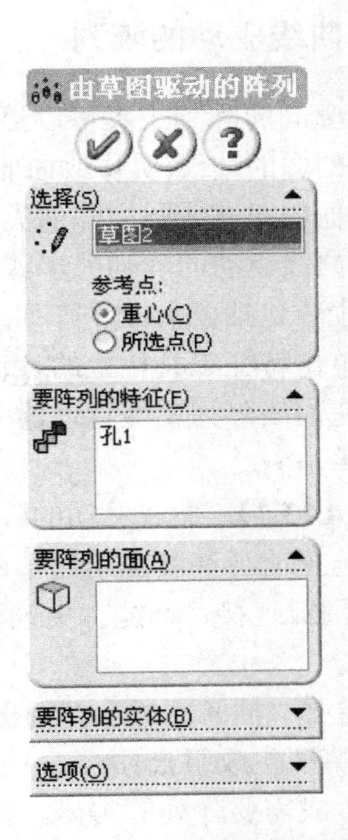

图 4-62　由草图驱动的阵列属性管理器

【例 4.13.3】 在平板上插入由草图驱动的阵列。

(1) 在零件平面上绘制草图。注意在每个要插入孔的位置上都要插入一个点。如图 4-63。

(2) 插入第一个孔。注意孔中心与草图上的点重合。如图 4-64。

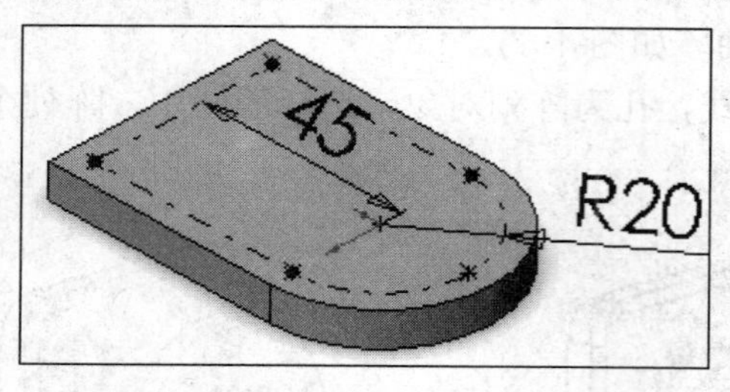

图 4-63　驱动阵列的草图

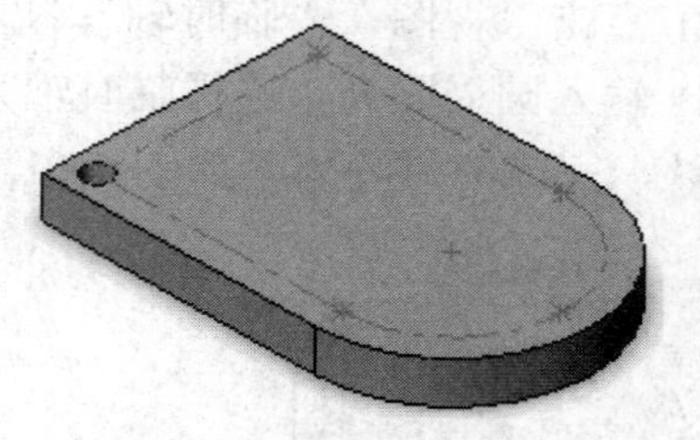

图 4-64　草图驱动阵列对象

(3) 插入由草图驱动的阵列。在选择框中输入驱动阵列的草图，在要阵列的特征中选择要阵列的孔。确认，完成由草图驱动的阵列。如图 4-65。

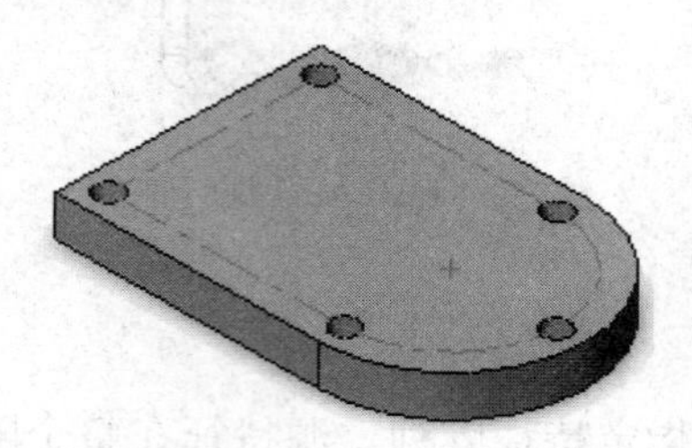

图 4-65　草图驱动的孔阵列

4.13.4　曲线驱动的阵列

曲线驱动的阵列工具可以沿平面曲线生成阵列。若想定义阵列，可使用任何草图线段或沿平面的面的边线(实体或曲面)。可以将阵列基于开环曲线或者闭环曲线，如圆、圆弧等。

像其他如线性或圆周阵列类型一样，可以跳过阵列实例及从一个或两个方向阵列。

生成曲线驱动的阵列的步骤为：

(1) 生成包括要沿曲线阵列的特征的零件。

(2) 单击特征工具栏上的图标或“插入”、“阵列/镜向”、“曲线驱动的阵列”。

(3) 在曲线阵列属性管理器中设定选项。

(4) 单击✔。

【例 4.13.4】 曲线驱动的阵列举例。

(1) 选择前视基准面绘制草图。整个草图必须用圆弧连接，不能有尖锐转折。退出草图。

(2) 选择“插入曲线”、“组合曲线”，选择绘制的草图生成组合曲线。

(3) 生成需要阵列的实体。如图 4-66。

(4) 选中组合曲线，选择“插入”、“阵列\镜向”、“曲线驱动的阵列”，在曲线阵列属性管理器(如图 4-67)中选择各种选项。

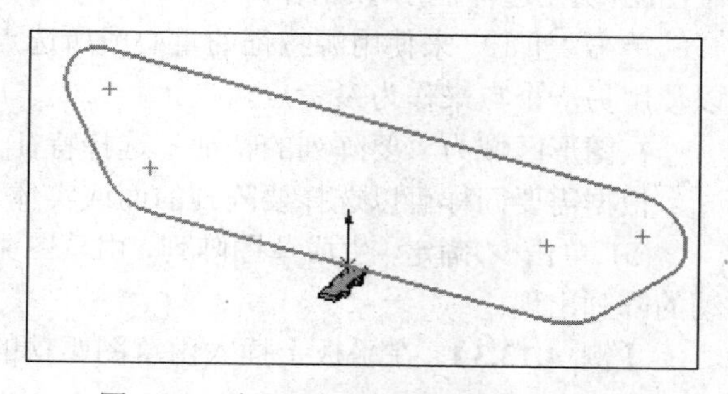

图 4-66　建立组合曲线和要阵列的实体

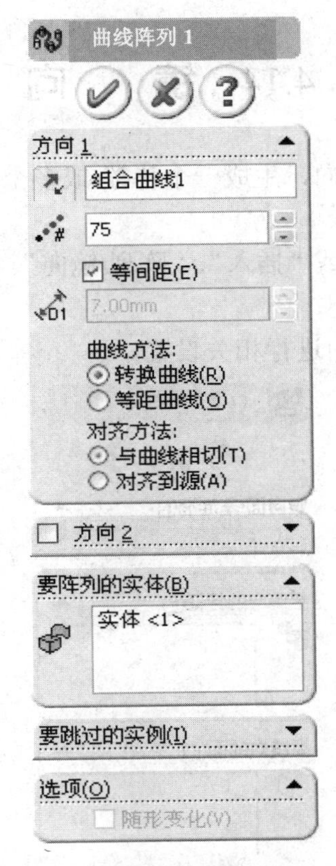

图 4-67 曲线阵列属性管理器

由于输入命令前选择了“组合曲线”，此时组合曲线自动出现在“方向 1”框中。

(5) 输入组合实体数目。

(6) 选择“转换曲线”和“与曲线对齐”。

(7) 展开要阵列的实体，在方框中点击，然后选择要阵列的实体。

(8) 单击✔，完成曲线驱动的阵列。如图 4-68。

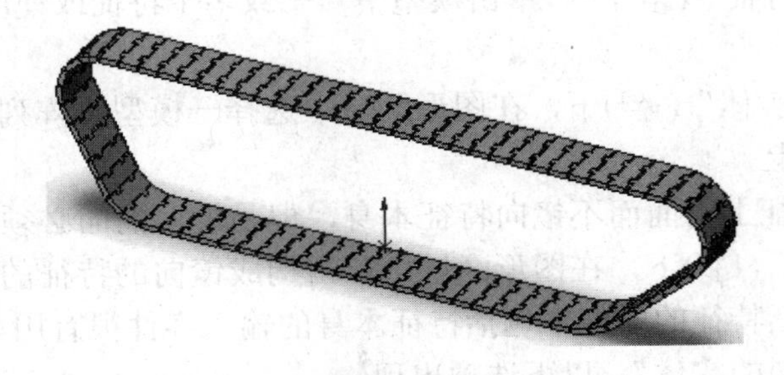

图 4-68 曲线驱动的阵列实体

使用此方法时，应注意选择阵列的是实体，不是特征，如果选择错误，可能阵列失败。

从阵列出的形体可以看出来，使用此方法可以制作出挖掘机的履带、手表的表带等沿某条曲线排列的实体。这些实体排列形成的是一个零件，装配时，这些零件是不能沿曲线运动的。初学者对此应该有所理解。

4.14 镜　向

镜向特征可沿面或基准面镜向，生成一个特征(或多个特征)的复制。

镜向特征的步骤为：

(1) 单击特征工具栏上的 或“插入”、“阵列/镜向”、“镜向”，打开镜向特征属性管理器，如图 4-69。

(2) 在镜向特征属性管理器中进行相关设置。

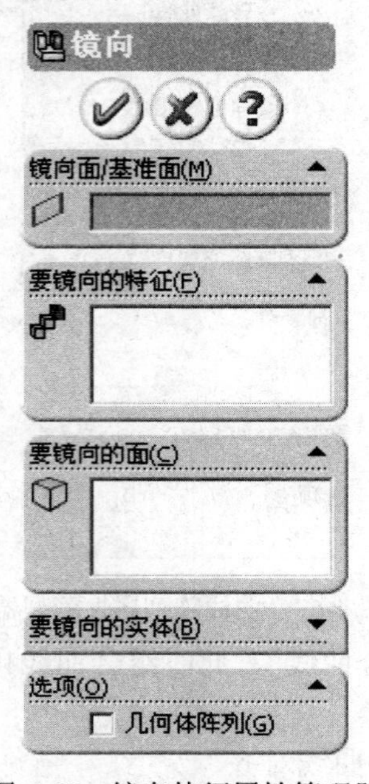

图 4-69　镜向特征属性管理器

- 在“镜向面/基准面”( )下，在图形区域选择一个面或基准面。
- 在“要镜向的特征”( )下，单击模型中一个或多个特征或使用 FeatureManager 设计树中弹出的部分。
- 在“要镜向的实体”( )下，在图形区域中选择一模型可阵列整个模型。镜向的模型附加到所选择的面上。
- 可以只镜向特征上的面而不镜向特征本身，但是镜向的面必须要形成一个封闭的实体。在“要镜向的面”( )下，在图形区域中单击构成镜向的特征的面。要镜向的面对于在输入过程中如果包括特征的面但不包括特征本身的输入零件很有用。

如果选择“要镜向的实体”，以下选项出现。

合并实体。在实体零件上选择一个面并消除“合并实体”复选框时，可生成附加到原有实体但为单独实体的镜向实体。如果选择“合并实体”，原有零件和镜向的零件成为单一实体。

缝合曲面。只有在被镜向的对象中包括曲面时，才起作用。如果选择通过将镜向面附加到原有面但在曲面之间无交叉或缝隙来镜向曲面，可选择“缝合曲面”将两个曲面缝合在一起。

如果仅想镜向特征的几何体(面和边线)，而并非想求解整个特征，请选择“几何体阵列”。几何体阵列只可用于要镜向的特征和要镜向的面。

(3) 单击✔。

【例 4.14.1】 镜向耳板。

(1) 生成零件的中心部分。

(2) 制作零件一侧的耳板。如图 4-70。

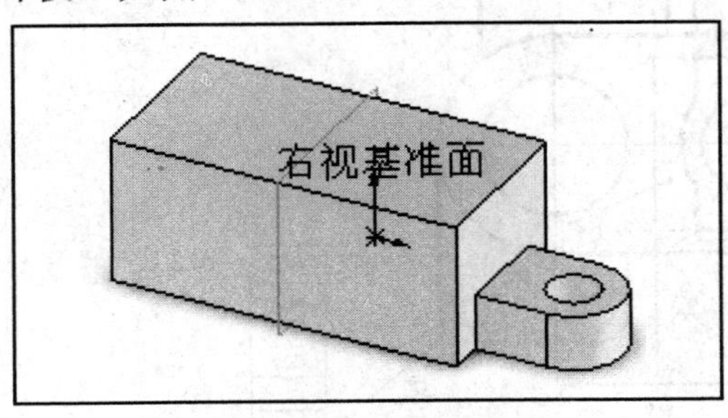

图 4-70 特征镜向前

(3) 输入镜向命令。选择一个镜向基准面和镜向项目耳板。这里选择的镜向基准面为右视基准面。对于不同的零件可能选择的基准面不同。镜向基准面如果被隐藏，可将其显示出来再选择，也可以直接从模型树中选择。如果镜向对称面位置没有一个平面，可插入一个基准面。

(4) 确认，完成镜向。如图 4-71。

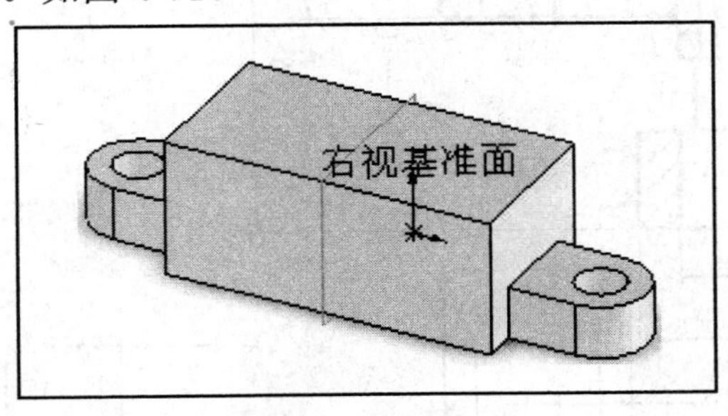

图 4-71 特征镜向后

练 习 题

1. 用以下方法体会草图对特征制作的影响：

● 绘制一个简单草图(比如方框)，拉伸一个立体。

● 删除立体，重新编辑方框草图，将其中的一条直线删除，重新绘制一段直线，注意不要将草图封闭，重新进行拉伸操作，观察草图带来的影响。

● 重新编辑草图，绘制封闭的方框，有意在一条直线上再绘制一段直线。再次进行拉伸操作，观察草图带来的影响。

2. 将课本中的例题在计算机上重新制作一遍。

3. 制作练习图 4-1～练习图 4-7 中各图形的立体。

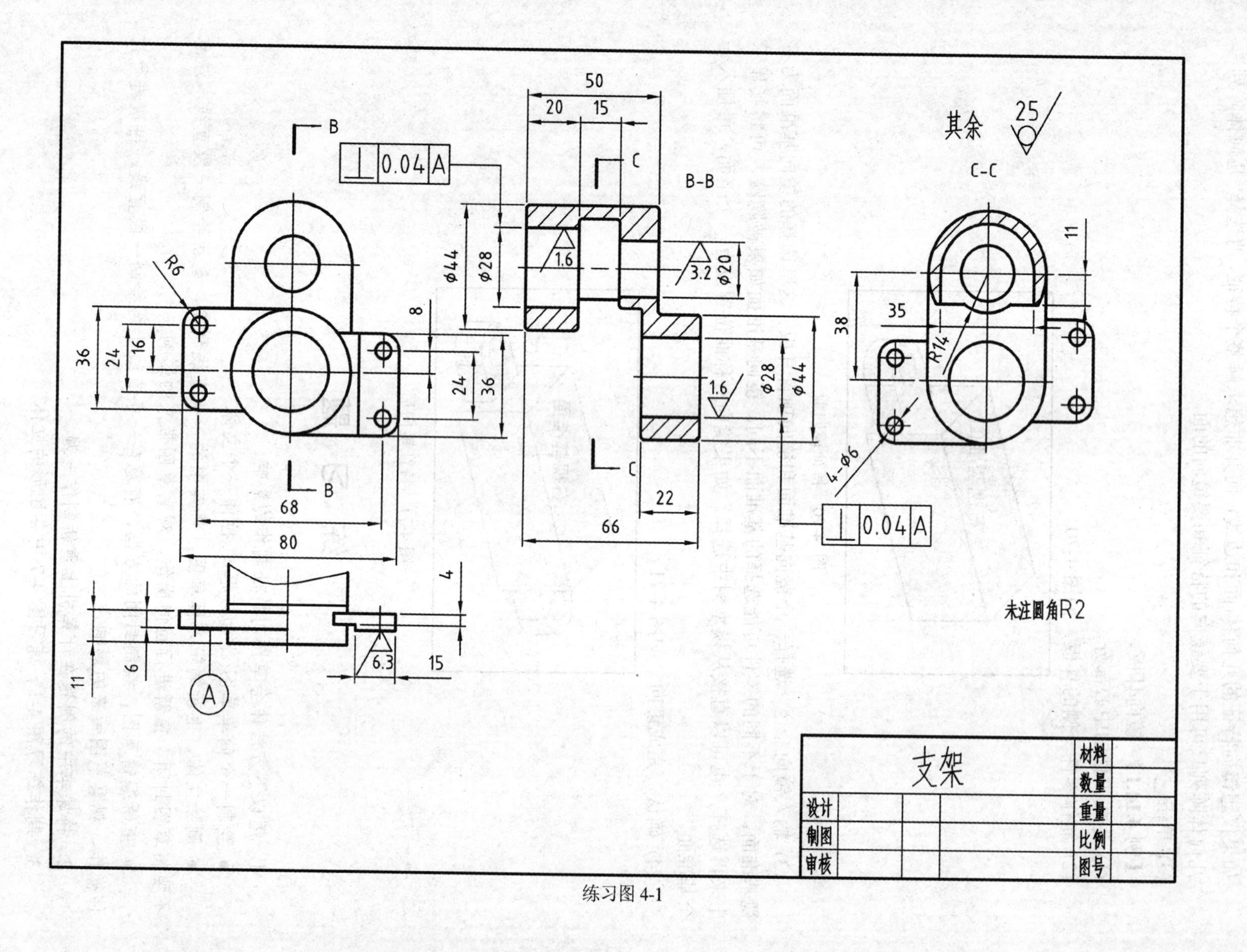
B-B
C-C
其余 25
未注圆角R2
支架
设计
制图
审核
材料
数量
重量
比例
图号
⊥ 0.04 A
4-φ6
R14
R6
φ44
φ28
φ20
3.2
1.6
6.3
A
练习图 4-1

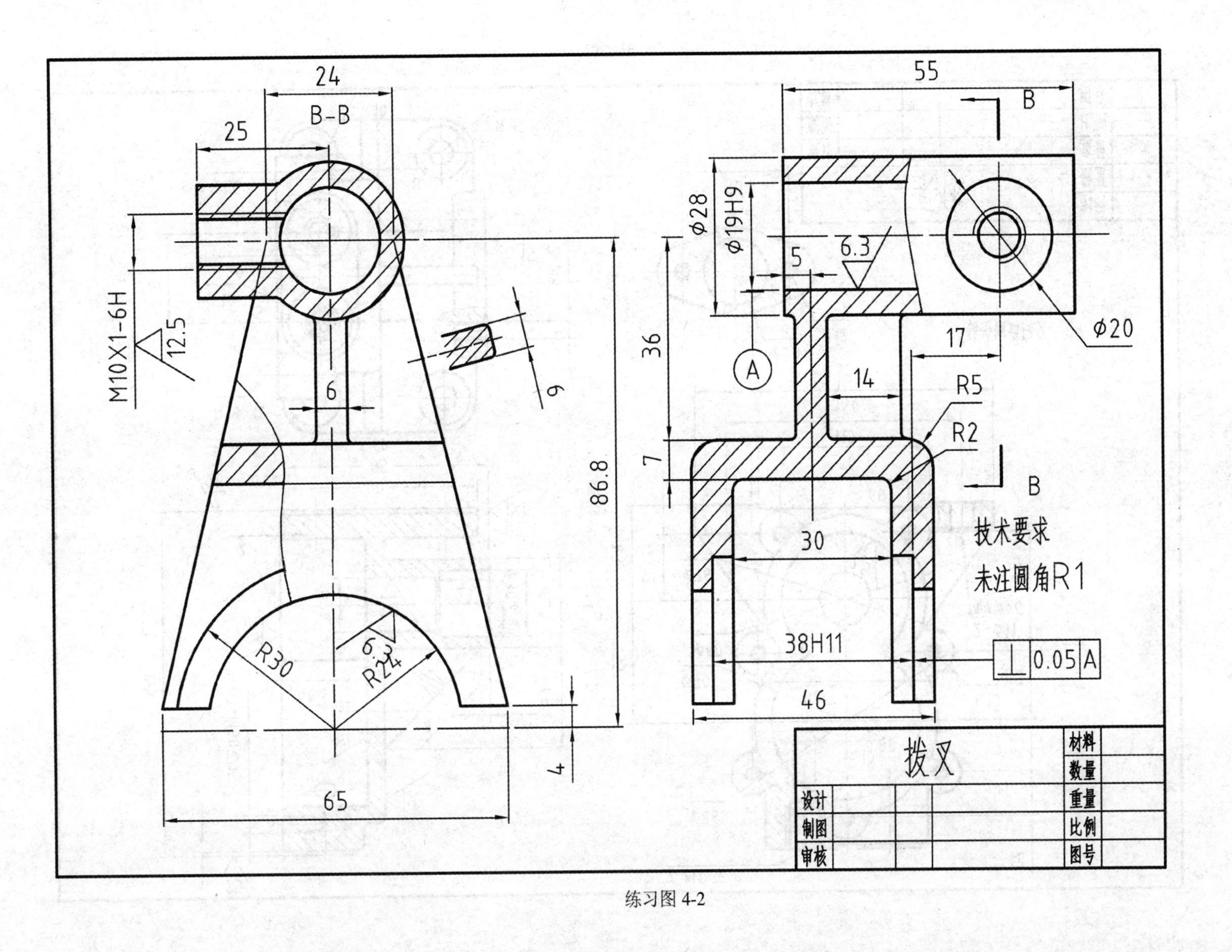

24
B-B
25
M10X1-6H
12.5
6
9
86.8
R30
6.3
R24
4
65
55
B
Φ28
Φ19H9
5
6.3
Φ20
36
A
17
14
R5
R2
7
B
30
技术要求
未注圆角R1
38H11
⊥ 0.05 A
46
拨叉
材料
数量
重量
比例
图号
设计
制图
审核

练习图 4-2

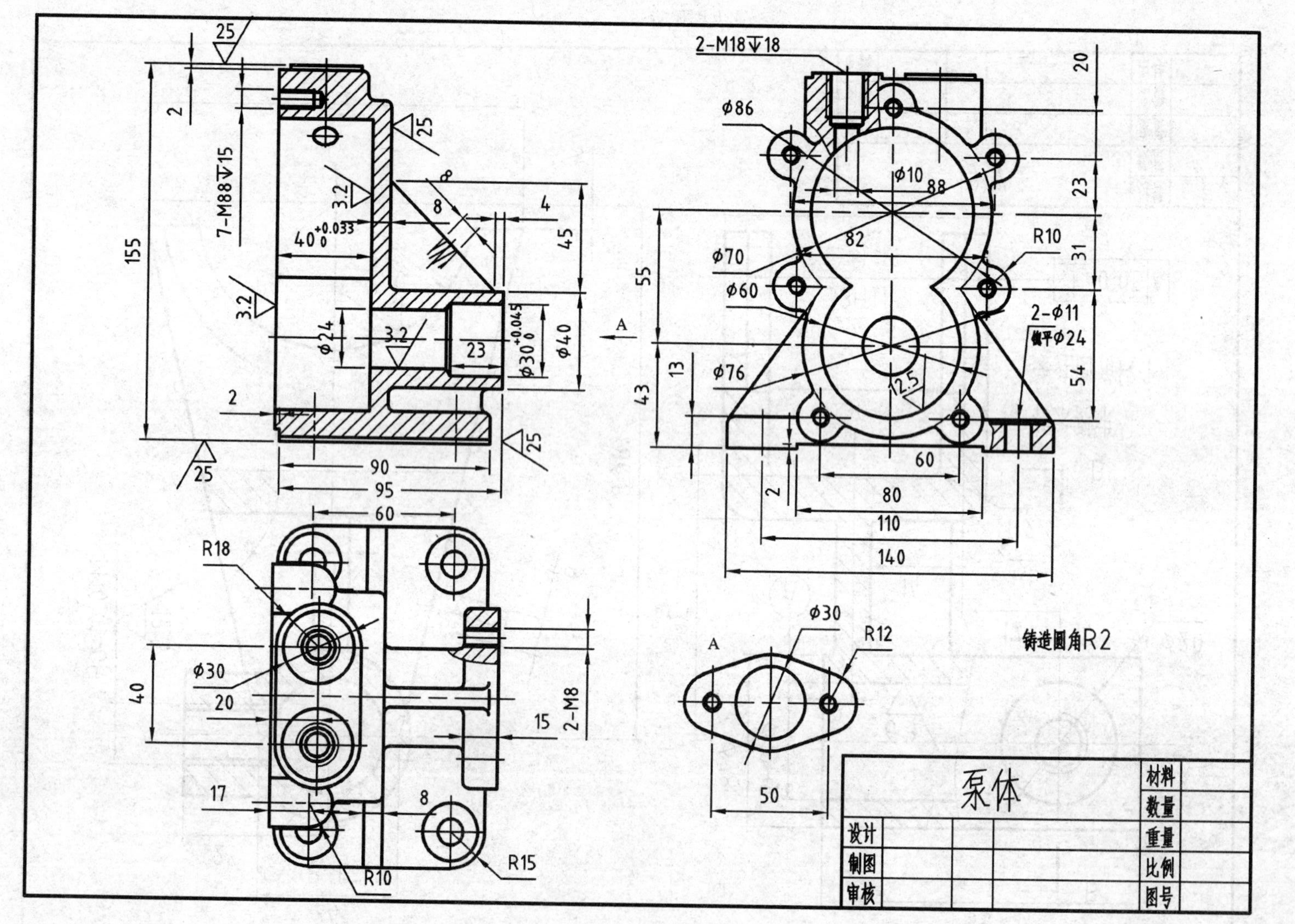

练习图 4-3

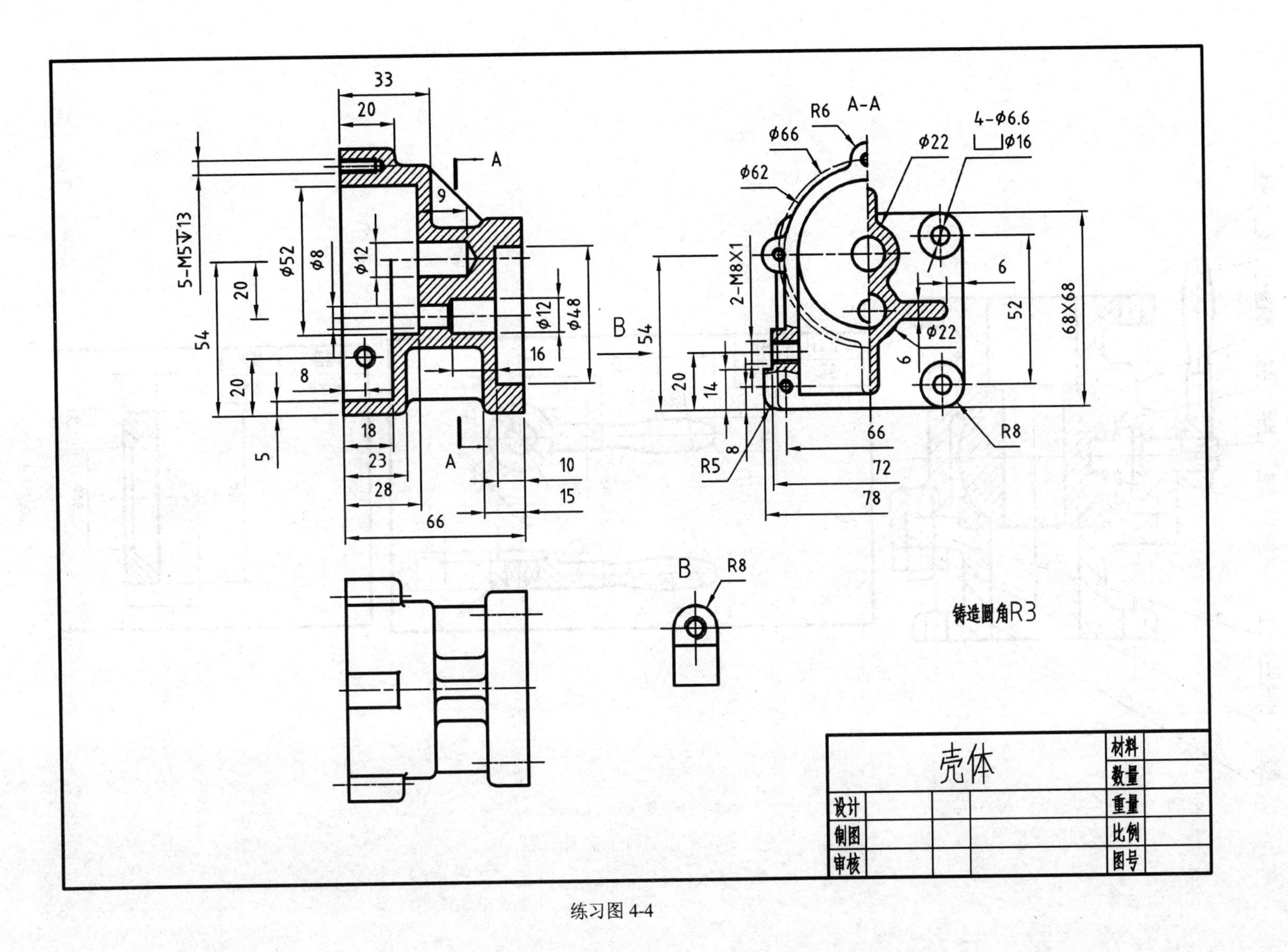
A-A
B
A
R6
φ66
φ62
φ22
4-φ6.6
φ16
2-M8X1
6
52
68X68
R8
R5
66
72
78
33
20
9
5-M5↧13
φ52
φ8
φ12
φ48
54
16
8
18
23
28
10
15
5
14
铸造圆角R3
壳体
材料
数量
重量
比例
图号
设计
制图
审核

练习图 4-4

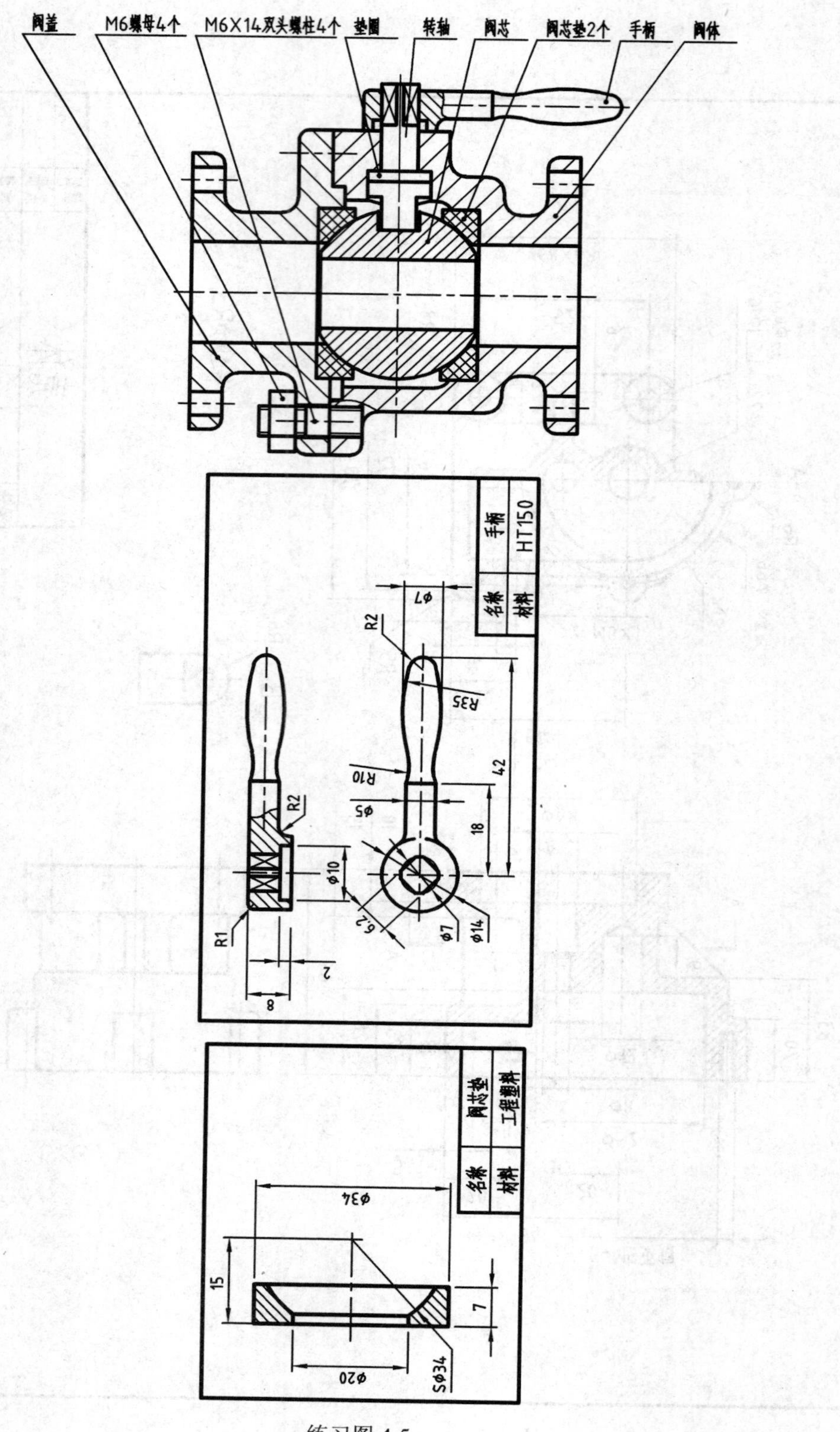
阀盖
M6螺母4个
M6X14双头螺柱4个
垫圈
转轴
阀芯
阀芯垫2个
手柄
阀体
名称
手柄
材料
HT150
名称
阀芯垫
材料
工程塑料

练习图 4-5

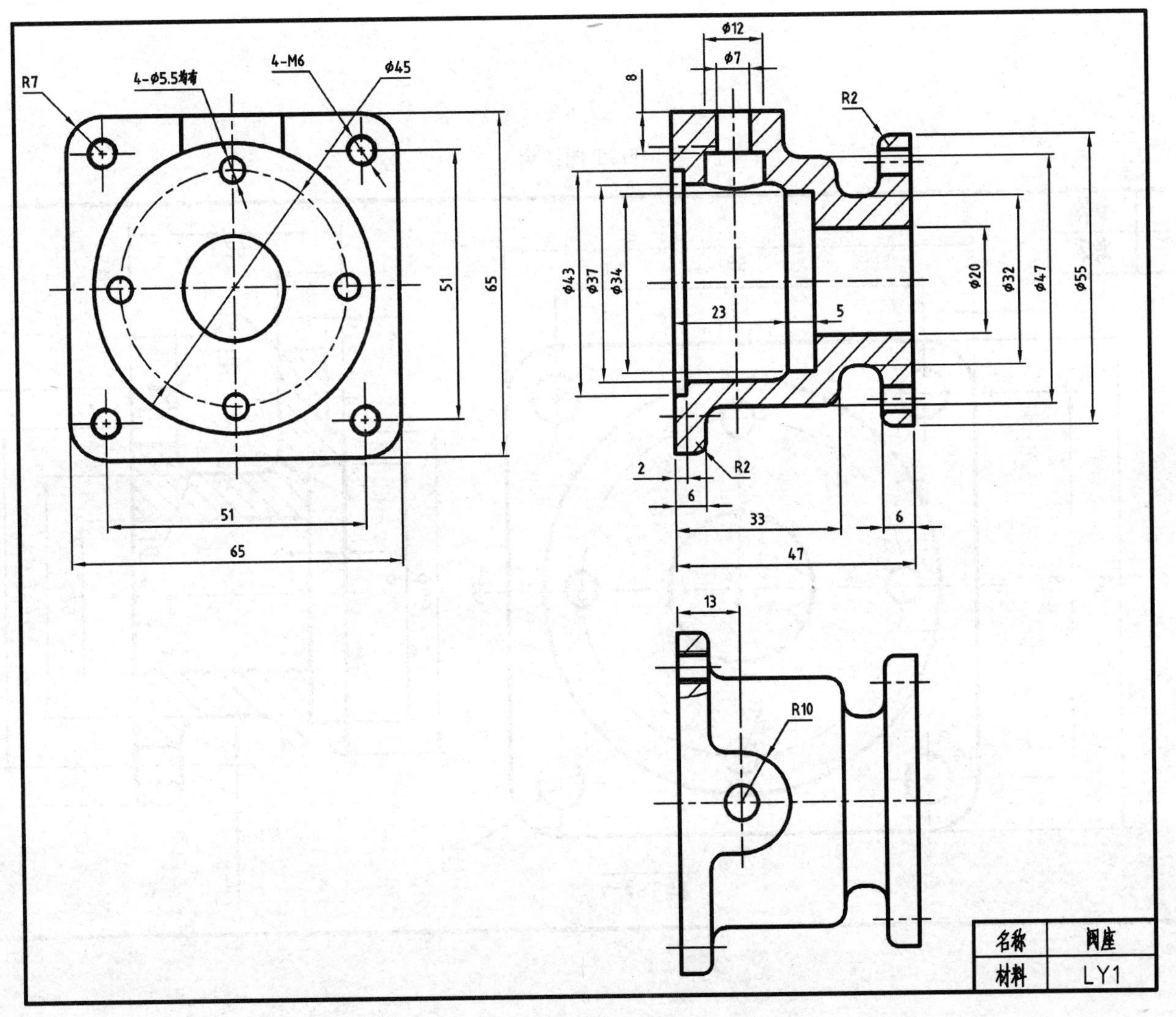
R7
4-Φ5.5均布
4-M6
Φ45
51
65
51
65
Φ12
Φ7
8
R2
Φ43
Φ37
Φ34
23
5
Φ20
Φ32
Φ47
Φ55
2
6
R2
33
6
47
13
R10
名称
阀座
材料
LY1

练习图 4-6

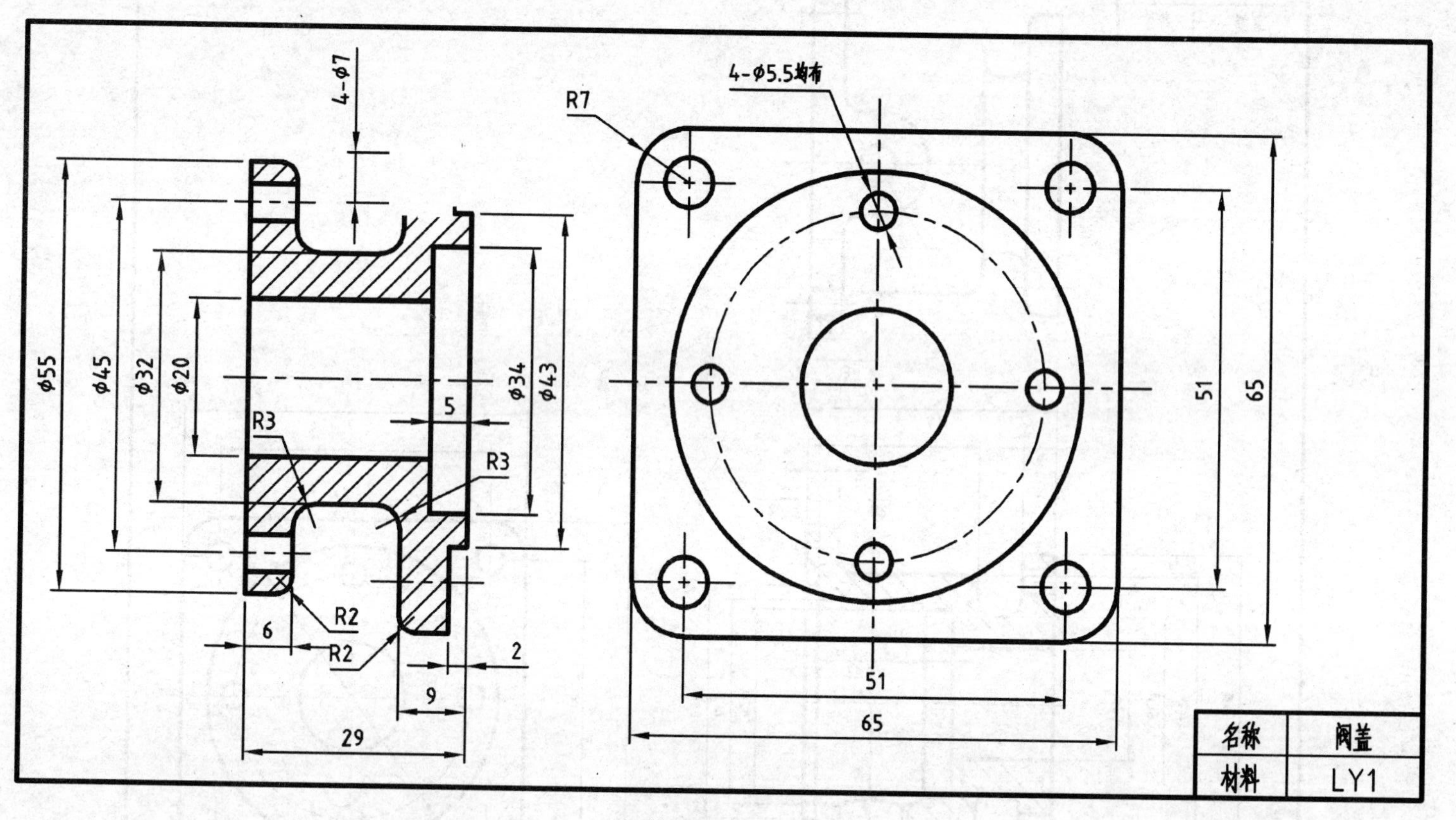
4-φ7
φ55
φ45
φ32
φ20
R3
5
R3
φ34
φ43
R2
6
R2
2
9
29
R7
4-φ5.5均布
51
65
51
65
名称 阀盖
材料 LY1

练习图 4-7(a)

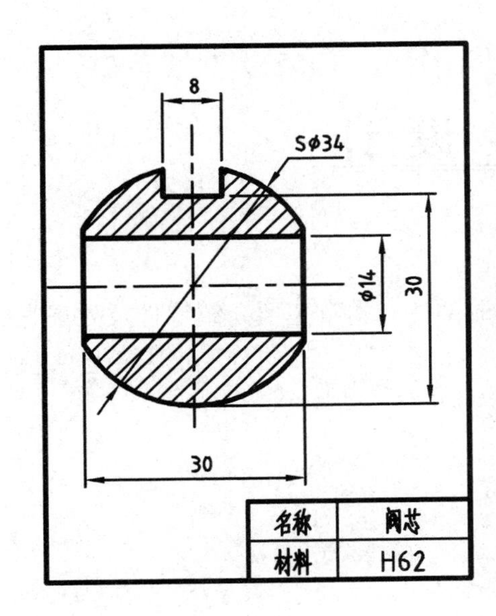

8
Sφ34
φ14
30
30
名称
阀芯
材料
H62

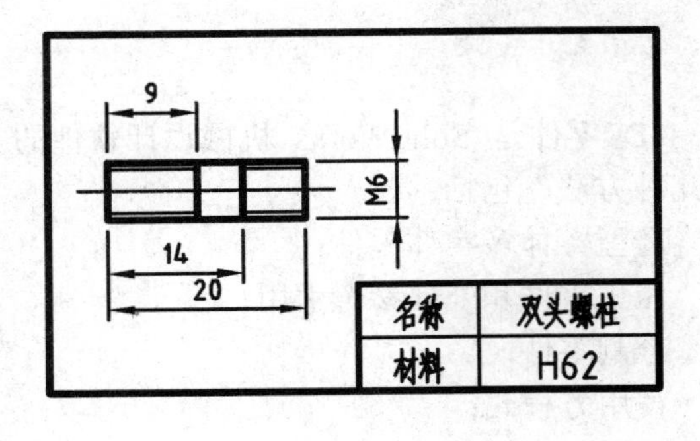

9
M6
14
20
名称
双头螺柱
材料
H62

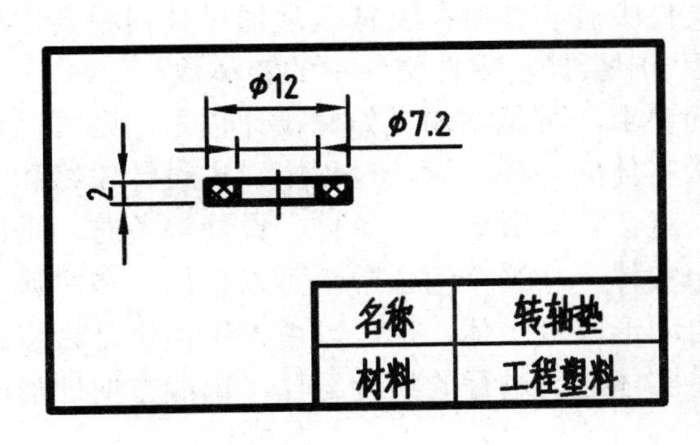

φ12
φ7.2
2
名称
转轴垫
材料
工程塑料

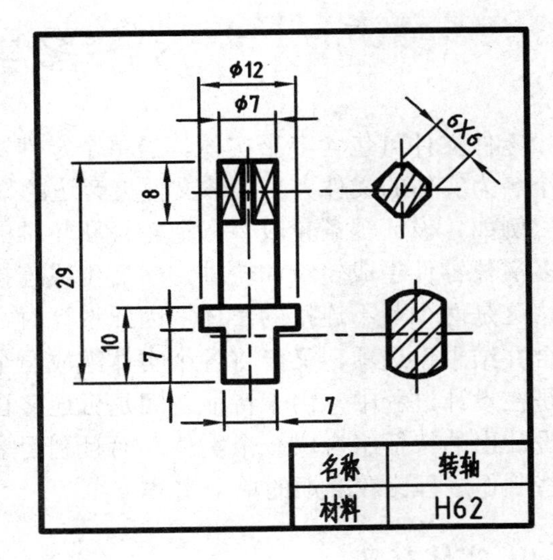

φ12
φ7
6X6
8
29
10
7
7
名称
转轴
材料
H62

练习图 4-7(b)

第5章　零件设计

3D 零件是 SolidWorks 机械设计软件的基本组成部件。本章主要介绍零件及处理它们的几种方法，包括：

造型实体多实体零件；

派生零件和外部参考引用；

分割零件；

使用方程式；

使用压缩和解除压缩进行从属关系编辑。

5.1　多实体零件

零件文件可包含多个实体。当单个零件文件中有实体时，特征管理器设计树中会出现一个名为实体的文件夹。实体文件夹旁边的括号中会显示零件文件中的实体数。

例如，设计辐条轮时，知道轮缘和轮轴的要求，可是不知道如何设计辐条，则可以使用多实体零件生成轮缘和轮轴，然后生成连接实体的辐条。设计过程中，先设计轮缘和轮轴，这是两个互不连接的实体，因此设计时，就会自动形成两个实体。设计辐条时，采用“合并结果”选项，又会将各个实体组成一个实体。从这个例子中，可以看出，多实体零件是在设计过程中，由于特征之间是否连接自动形成多实体，也可以由人工决定是否将各个设计出的特征组合成一个实体。而且利用多实体之间进行的组合运算，也能方便地形成一些制作过程比较麻烦的单个实体。

5.1.1　实体交叉

使用交叉多实体技术，是采用更少操作而生成复杂零件的快速方法，从而提高设计效能。操作可接受相互重叠的多个实体，只留下实体的交叉体积。对于可由两个或三个工程视图完全表示的大部分模型，此技术可通过交叉两个或三个拉伸的实体而使用。图 5-1(a) 所示为分别采用前视图和俯视图拉伸的两个实体。拉伸时取消了“合并结果”选项。注意，这两个实体相交位置没有轮廓线。单击“插入”、“特征”、“组合”，打开组合特征属性管理器，如图 5-2，在操作类型中选择“共同”，在图形区域选择两个拉伸实体，形成共同部分的造型，如图 5-1(b)。造型生成的是一个连杆中的连接部分。此方法避免绘制 3D 草图进行扫描，使造型简单方便。

利用组合特征造型必须注意开始设计的零件中有多个实体，否则组合特征命令不能使用。

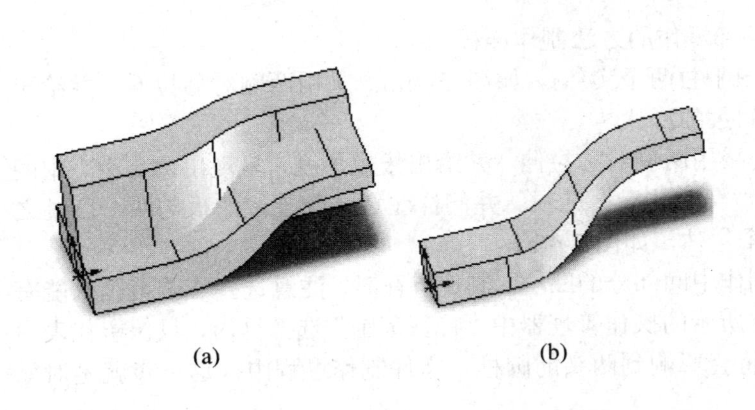

(a)　　　　　　　　　　(b)

图 5-1　多实体求交

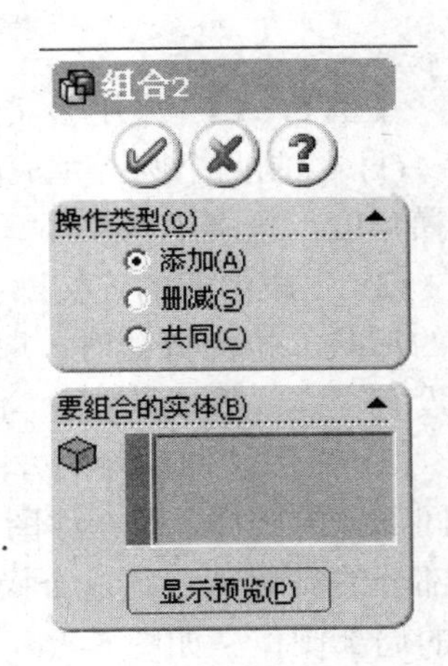

图 5-2　组合特征属性管理器

利用组合特征还可以对多实体进行合并(添加)和切除(删减)操作。

5.1.2　桥接

桥接是在多实体环境中经常使用的技术。桥接生成连接多个实体的实体。在首先生成部分模型，然后生成连接几何体时，此技术很有用。

图 5-3 显示了设计油壶轮廓的制作过程。图 5-3(a)表示先分别设计油壶体和油壶口两个分离的实体，然后利用放样命令，选择油壶体的上表面和油壶口下表面为放样轮廓，连接两个实体，制作出完整的油壶实体，如图 5-3(b)。

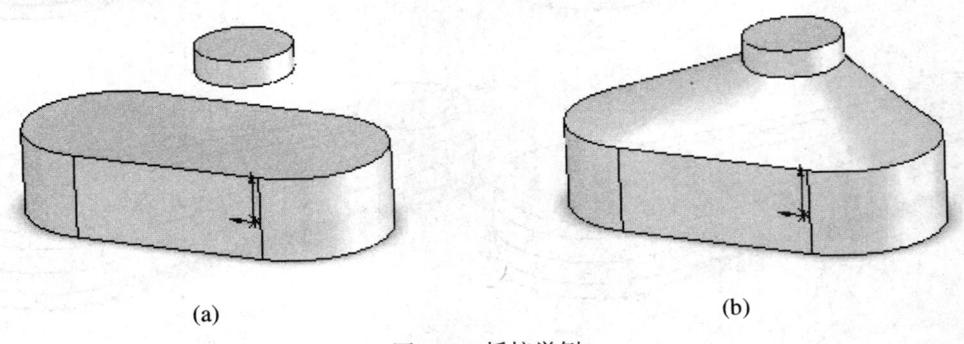

(a)　　　　　　　　　　(b)

图 5-3　桥接举例

5.1.3　局部操作

当需要在多实体模型的某些部分进行操作，而在其他部分不进行操作时，可以使用局部操作。例如，设计一个连杆时，需要在连杆中部制作一个凹坑，这个特征可以使用拉伸切除的办法得到。但是这个操作对连杆两头的圆柱部分不能有影响。为此，可以在生成连杆两头的圆柱和连杆中部的连接部分时，各自生成单独的实体，不要合并结果。由于圆柱部分和连接部分不是一个实体，拉伸切除时可选择只对连接部分进行切除。这样切除的结果就对圆柱部分没有影响。拉伸切除之后，可以利用组合的方法将多个实体合并在一起成为一个统一的实体。

【例 5.1.1】 采用多实体局部操作的方法制作连杆。

(1) 绘制两个圆，生成两个圆柱(两个实体)，如图 5-4(a)。采用两侧对称拉伸，并给出拔模角度，呈现出两头小、中间大的形状。

(2) 生成中间的连接部分，采用两侧对称拉伸，并给出拔模角度，呈现出两头小、中间大的形状。拉伸特征时，取消“合并结果”选项。并同样注意这个连接的板与两个圆柱之间没有交线。形成的实体为三个实体，如图 5-4(b)。

(3) 采用拉伸切除的方法制作中间部分的凹坑。制作特征时，注意选择影响范围只能有中间部分的实体，即在如图 5-5 所示的操作管理器中“特征范围”选择框内，只保留代表中间部分的实体，否则这个操作将会影响到两头的圆柱。零件制作过程中，这一步就是对零件的局部操作。如图 5-4(c)。

(4) 镜向凹坑特征。如图 5-4(d)。

(5) 选择“插入特征组合”命令，选择其中的“添加”，形成一个统一的实体。结果如图 5-4(e)。

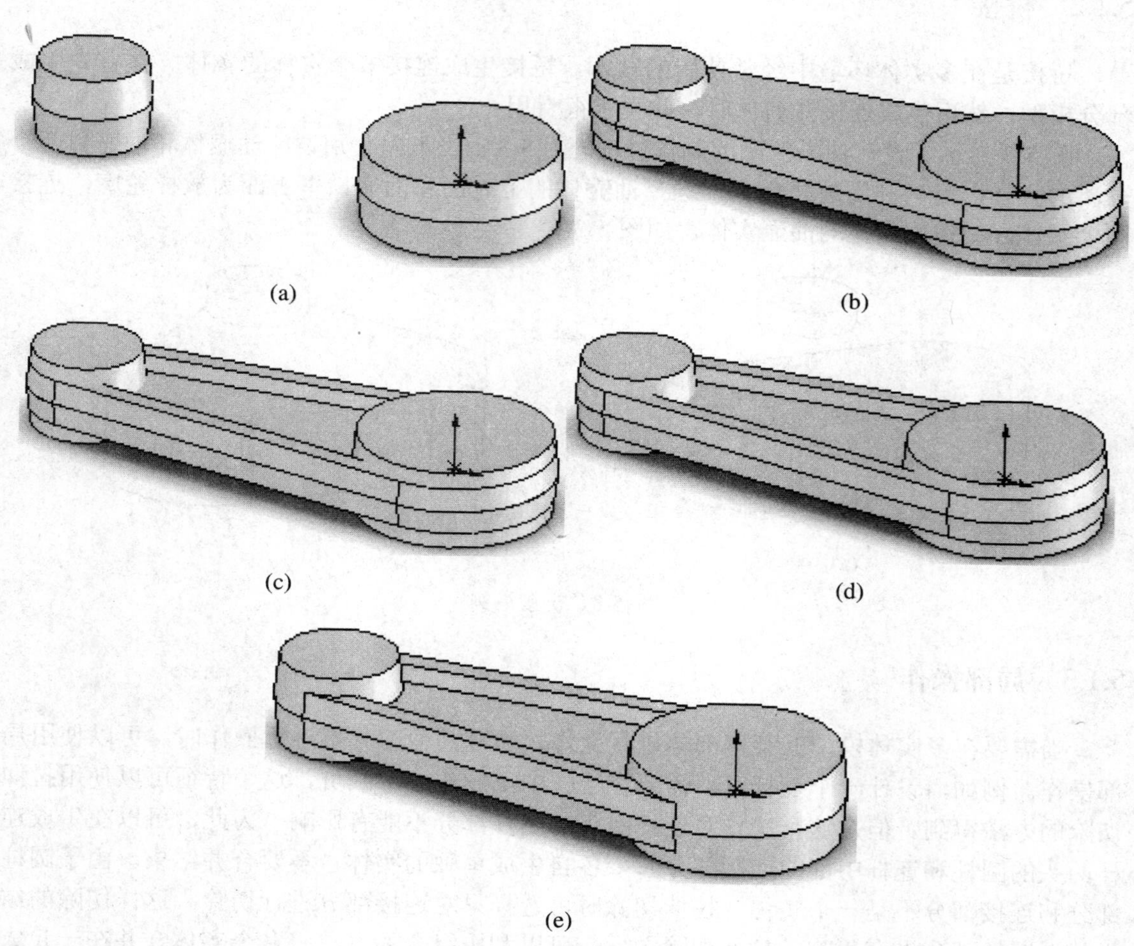

图 5-4 局部操作示例

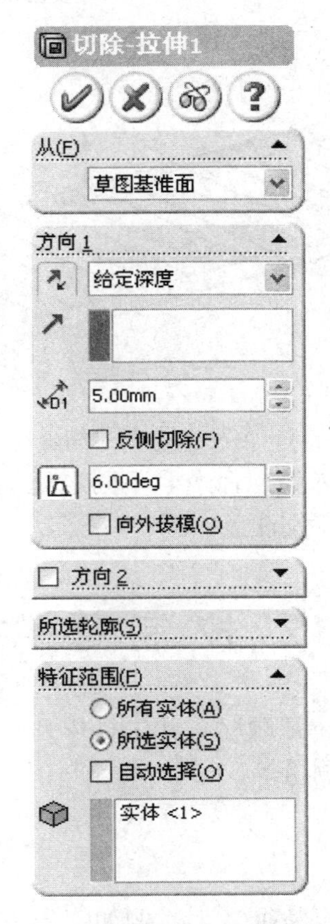

图 5-5　局部操作实体选择

5.1.4　对称造型

对称造型可简化对称零件的制作过程，减少此类型零件的设计时间。在此设计方法中，制作一对称实体，阵列这些实体以获取其余的几何体，然后使用组合特征将所有实体粘胶在一起。可以使用多个阵列并组合特征来生成整个模型。

如图 5-6 所示的零件，设计过程中造型只需要设计对称的一半，另一半利用镜向即可轻松制作出来，完成整个模型的制作，如图 5-7。

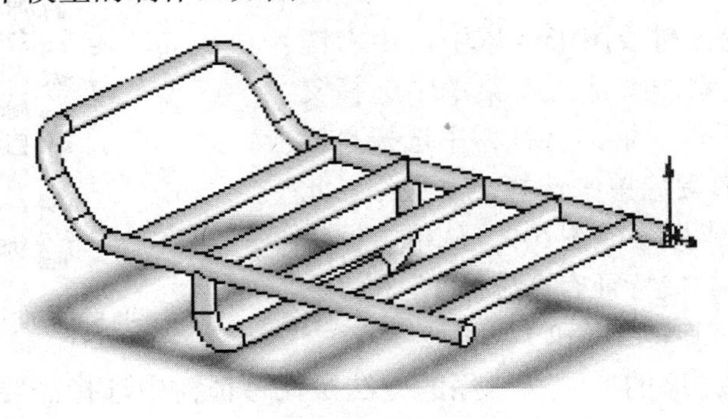

图 5-6　对称造型实体

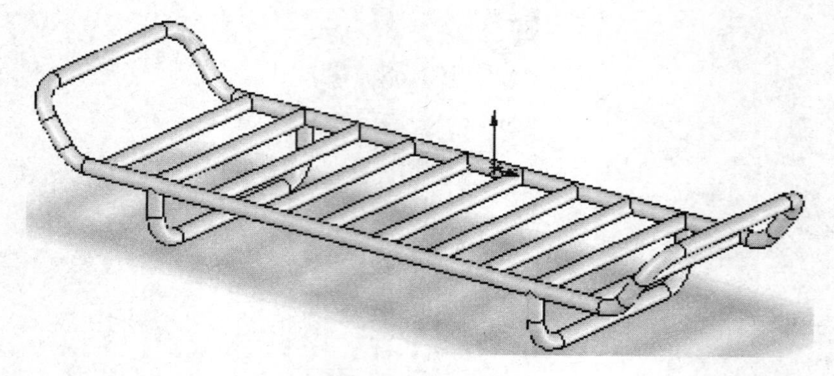

图 5-7　对称造型结果

这种设计方法也利用的是插入镜向命令。不同之处是镜向的对象不是特征，而是整个模型实体，在选择镜向对象时要特别注意。

5.2　控制零件

控制零件包括对生成零件的特征顺序重新进行排列，给各个尺寸之间利用方程式添加关系，对数值的共享，对零件的测量等。

5.2.1　父子关系

某些特征通常生成于其他现有特征之上。例如，先生成基体拉伸特征，然后生成附加特征(如凸台或切除拉伸)。原始基体拉伸称为父特征；凸台或切除拉伸称为子特征。子特征依赖于父特征而存在。

父特征是其他特征所依赖的现有特征。父子关系具有以下特点：

只能查看父子关系而不能进行编辑；

不能将子特征重新排序在其父特征之前。

查看父子关系的方法为：

在特征管理器设计树或图形区域中，用右键单击想要查看父子关系的特征，在菜单中选择父子关系。 例如，在零件手柄的特征树中选择“旋转 1”，如图 5-8，在右键菜单中选择父子关系。此时，弹出父子关系报告框，如图 5-9。从报告框中可以看出，“旋转 1”的父特征有“拉伸 1”和“原点”，子特征包括有“旋转 2”和“圆角 2”等。

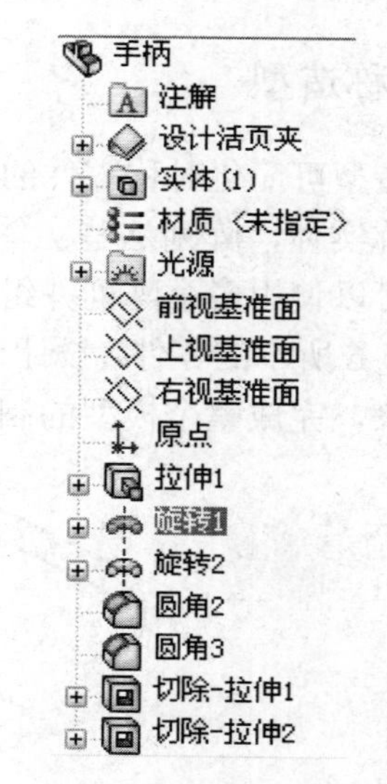

图 5-8　父子关系特征树

特征是可以重新排序的。重新排序的方法是在特征树中选择需要移动的特征，拖动到新的位置放开即可。例如，可以选择“切除-拉伸 1”，将其移动到“旋转 1”之前，如图 5-10。

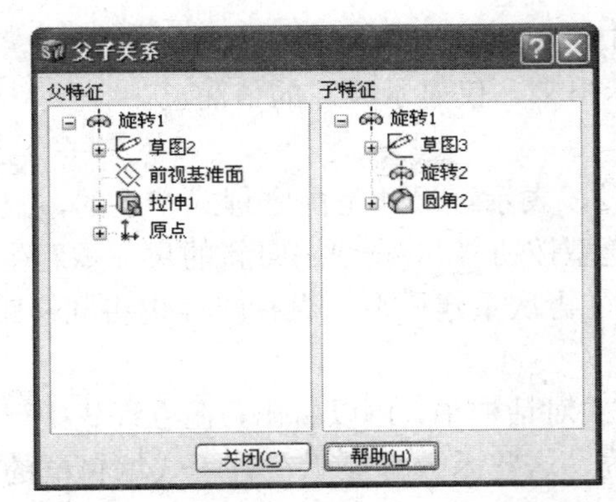

图 5-9　父子关系报告框

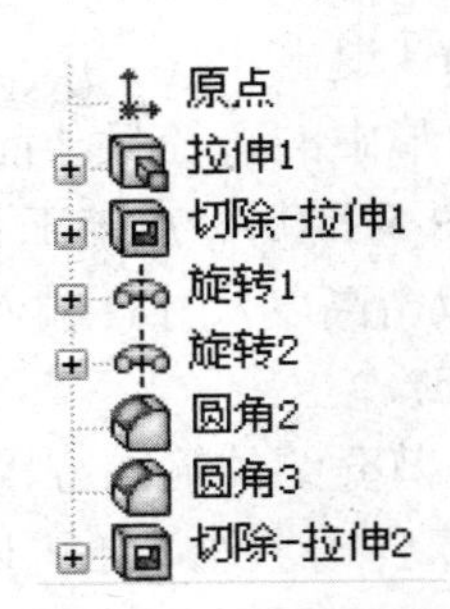

图 5-10　特征重新排序

特征的父子关系决定了特征之间能否重新排序。由于子特征是在父特征基础上建立的，因此子特征不能排列在父特征之前。

5.2.2　方程式(Equations)

在模型尺寸之间生成数学方程式，使用尺寸名称作为变量。当在装配体中使用方程式时，可以在零件之间或零件和子装配体之间以配合尺寸等设定方程式。

在 4.2 节曾经说明过方程式的使用方法。当时说明的方程式是为草图中的尺寸建立的方程式。在模型建立过程中，也可以为草图和其他特征尺寸建立方程式。

例如，如图 5-11(a)所示的一个圆柱，可以利用方程式来控制圆柱直径与高之间的关系。随便制作一个圆柱之后，在特征树上右击“注解”，选择显示特征尺寸，如图 5-11(a)，添加方程式的方法与 4.2 节中介绍的相同。

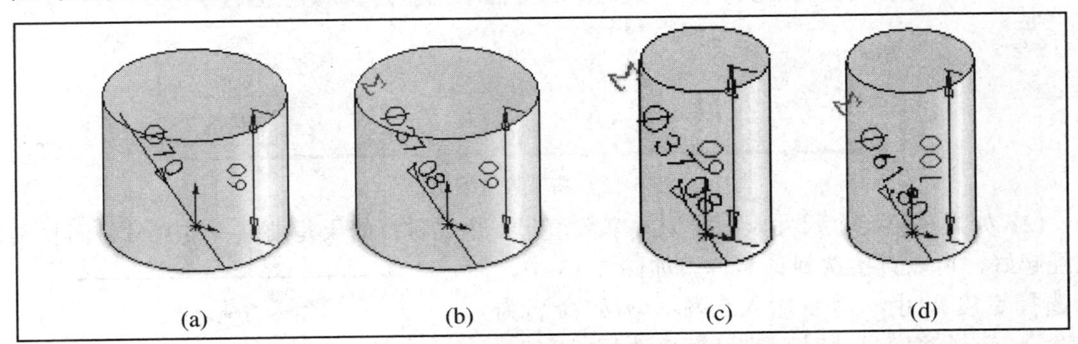

图 5-11　为特征尺寸之间添加方程式

(1) 选择“工具”、“方程式”，弹出方程式对话框。

(2) 选择“添加”，在弹出的方程式编辑框中，输入尺寸名称和关系式即可。用到某个尺寸，只需在图形中点击该尺寸，即可将该尺寸的名称输入到方程式中。例如本次输入为：点击直径尺寸，然后输入“=0.618*”，再点击高度尺寸。注意输入时只输入双引号内的部分，不包括双引号。方程式编辑框中显示：

“D1@草图 1” =0.618* “D1@拉伸 1”

其中“D1@草图 1”和“D1@拉伸 1”都是点击尺寸时自动添加的尺寸名称，包括双引号在内。练习时如果制作的顺序不同，可能尺寸名称不同，只要点击选择顺序正确即可。

从此例中可以看出，在设计特征过程中，每添加一个尺寸或制作一个特征，系统都会为每个尺寸命名一个名称，只不过没有显示出来，仅显示尺寸的值而已。

(3) 确认退出。

(4) 图形中的直径尺寸前加有符号“Σ”，表示该尺寸是由方程式产生的，尺寸值不能修改，如图 5-11(b)。点击工具栏中的重建模型按钮，模型按照新的尺寸重新生成，如图 5-11(c)。双击高度尺寸，输入新的尺寸 100，再次重建模型，直径尺寸也将同样跟随变化，如图 5-11(d)。

从 4.2 节介绍的输入方程式的编辑方程式对话框中，可以看出，在方程式中可以应用的除了有计算公式之外，还可以包括一些函数，这些函数都显示在方程式编辑框的面板上，使用者可以方便地从中选择。

5.2.3 共享数值

使用共享数值可以使用命名变量链接尺寸数值，使多个尺寸具有共同的数值。共享数值可以不使用多个方程式或几何关系而设定几个尺寸值相等。当尺寸用这种方式链接起来后，该组中任何成员都可以当成驱动尺寸来使用。改变链接数值中的任意一个数值都会改变与其链接的所有其他数值。如图 5-12 中的各项尺寸，可以让宽度和深度尺寸共享，利用同一个尺寸值。

共享数值的步骤为：

(1) 选择“尺寸”右击，在弹出菜单中选择“链接数值”，打开共享数值编辑框。如图 5-12。

图 5-12　共享数值编辑框

(2) 如果是第一个尺寸，需要为共享数值起一个名称；如果是要共享的尺寸，而且名称已经起好，可以直接选择该名称。如图 5-13 中，先选择宽度尺寸，需要输入名称，例如命名为“宽”。选择深度尺寸时，就可直接选择“宽”，建立尺寸之间的数值共享。共享的尺寸前面有一个符号“∞”。

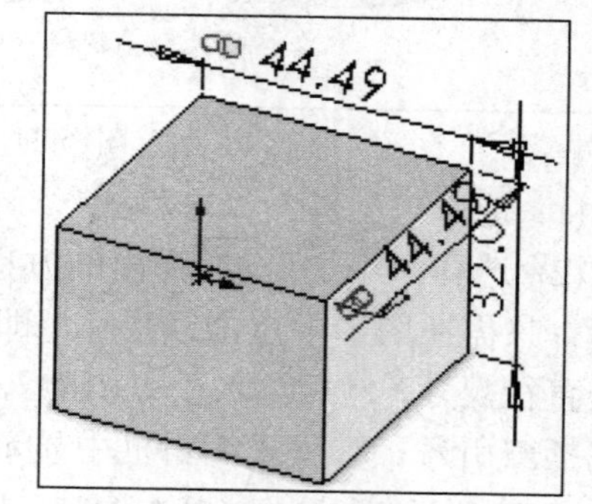

图 5-13　共享数值模型

(3) 选择工具栏中的重建模型按钮，模型按照新的尺寸重建。

(4) 选择共享数值尺寸中的任意一个双击，修改尺寸值，所有的尺寸都会同时改变数值。再次选择工具栏中的重建模型按钮，模型按照新的尺寸重建。

已经建立共享数值的尺寸也可以解除链接尺寸值，方法为：用右键单击“尺寸”，然后选择“解除链接数值”。

5.2.4 测量

使用测量工具可以测量草图、3D 模型、装配体或工程图中直线、点、曲面、基准面的距离、角度、半径大小，以及它们之间的距离、角度、半径或尺寸。当测量两个实体之间的距离时，delta x、y 和 z 的距离会显示出来。当选择一个顶点或草图点时，会显示其 x、y 和 z 坐标值。

当测量工具未激活时，所选实体常使用的测量在状态栏中显示。

使用测量工具的步骤为：

(1) 单击工具栏上的 或“工具”、“测量”，打开测量对话框。

注意，当测量对话框在适当位置时，可以在不同的文件之间切换而不必关闭对话框。当前激活的文件名会显示在测量对话框的标题栏中。如果激活一个已选择项目的文件，测量信息会自动更新。

(2) 根据需要选择各种选项。

例如选择两个圆弧或圆，可选择中心到中心、最小距离、最大距离等。

可以选择显示测量单位/精度对话框，在此指定使用自定义测量单位和精度。

显示 XYZ 测量。选择以在图形区域中在所选实体之间显示 dX、dY 及 dZ 测量。消除以只显示所选实体之间的最小距离。

(3) 单击 ，关闭对话框。

5.3 零件的配置

5.3.1 零件配置的作用

有一些零件形状基本相同，只是在一些细小的结构上有一些区别。对于这样的零件，可以采用在同一个零件中设置不同配置的方法来解决。用此方法可以减少重新设计零件的麻烦，以及每一个零件建立一个文件保存，造成存储量太大的不利情况。

例如图 5-14 所示的两个零件，不同的部分只有上面圆筒切除的部位不一样。因此像这样的两个零件只需要制作一个零件即可，设计两个不同的配置，一个配置选择切除三个切口(图 5-14(a))，另一个配置选择切除两个切口(图 5-14(b))。插入到装配体中，选择不同的配置，即可成为不同的两个零件。

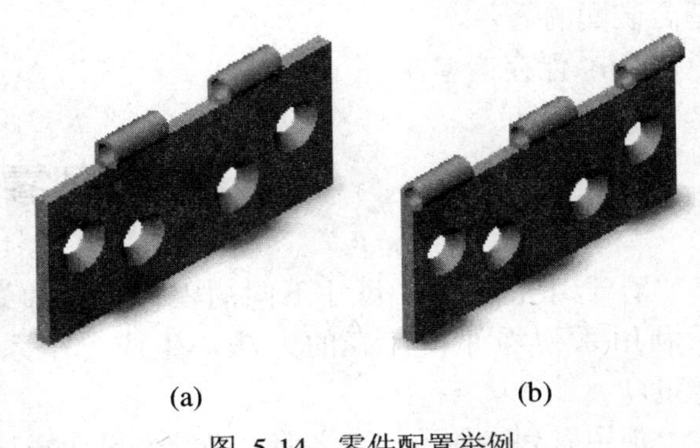

(a) (b)

图 5-14 零件配置举例

可以利用对零件的不同配置，制作不同的工程图。例如对于齿轮，国家标准规定绘制齿轮工作图时是不绘制轮齿部分的，只需要绘制出齿顶圆、分度圆和齿根圆即可。可是，如果绘制立体图不绘制轮齿的话，无论如何也不像齿轮。因此，为了能利用一个齿轮模型制作出不同的工作图，可以制作不同的配置，一个包括轮齿部分，另一个不包括轮齿部分。制作工程图时，选择不同的配置，即可生成各自需要的图形。

5.3.2 零件配置的生成方法

下面通过实例说明零件配置的生成方法。

【例 5.3.1】 配置生成方法。

(1) 采用拉伸切除的方法生成三处切除，如图 5-14(a)。在模型树中点击新生成的拉伸切除，选择“压缩”，切除部分从模型中消失。再用同样的方法生成两处切除，如图 5-14(b)。也选择新生成的拉伸切除压缩。

(2) 首先生成外部切除配置。

(3) 单击左窗格顶部的 ConfigurationManager 标签，切换到 ConfigurationManager。

(4) 右击 ConfigurationManager 树顶部的零件名称并选择“添加配置”。

(5) 为配置名称键入外部切除，然后单击“确定”。

(6) 单击左窗格顶部的 FeatureManager 设计树标签，切换回 FeatureManager 设计树。注意设计树顶部零件名称旁边的配置名称：合页(外部切除)。

(7) 右击先生成的三处切除特征，选择“解除压缩”。

(8) 单击 ConfigurationManager 标签。

(9) 右击 ConfigurationManager 树顶部的零件名称并选择“添加配置”。

(10) 为配置名称键入内部切除，然后单击“确定”。

(11) 切换回到 FeatureManager 设计树。注意配置的名称：合页(内部切除)。

(12) 右击两处切除特征，选择“解除压缩”。

(13) 单击左窗格顶部的 ConfigurationManager 标签，切换到 ConfigurationManager。

(14) 双击外部切除配置名称，观察模型变化。

(15) 双击内部切除配置名称，观察模型变化。

此零件中有两个不同的配置，插入到装配体中，选择不同的配置，可呈现不同的形状，适合装配的需要。

(16) 保存该零件。

5.4 系列零件设计表

对于外形相同、尺寸不同的零件，比如螺母、螺栓等，可以只设计一个零件，然后利用系列零件设计表的方法，生成一个系列零件。这样可大量减少设计工作的劳动量。

使用系列零件设计表之前，必须先设计好基础零件。比如，图 5-15 所示的销轴。

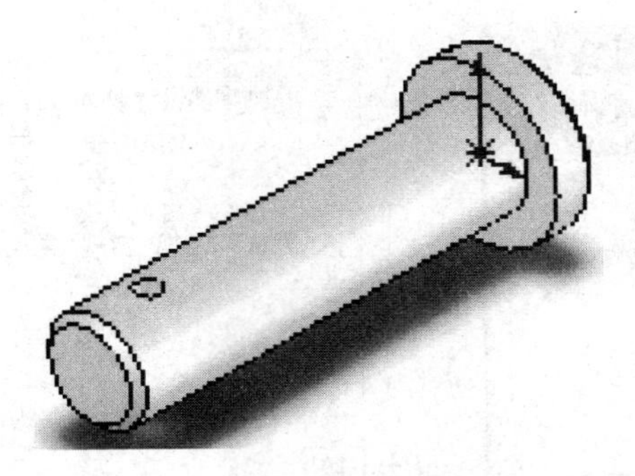

图 5-15　设计系列零件的基础零件

5.4.1　插入系列零件设计表

基础零件设计好之后，选择“插入”、“系列零件设计表”，打开系列零件设计表管理器，如图 5-16。

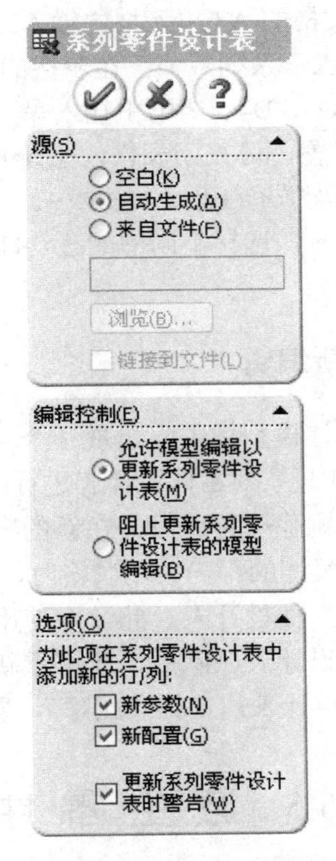

图 5-16　系列零件设计表管理器

在系列零件设计表管理器选择适合的选项。比如，可选择“自动生成”。

Solidworks 自动扫描后，打开“尺寸”选择框，如图 5-17。从中选择尺寸，被选择的尺寸将被插入到系列零件设计表中。在此框中如果要选择多个尺寸，可按下 Ctrl 键选择。

选择完毕后，可自动插入一个 excel 表格，如图 5-18，其中有各个尺寸的名称和常规值。双击其中的“常规”，可显示常规表示的数值。

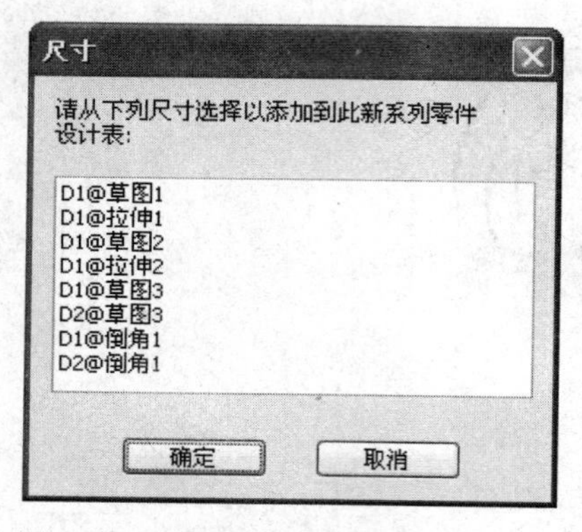

图 5-17　系列零件设计表选择尺寸框

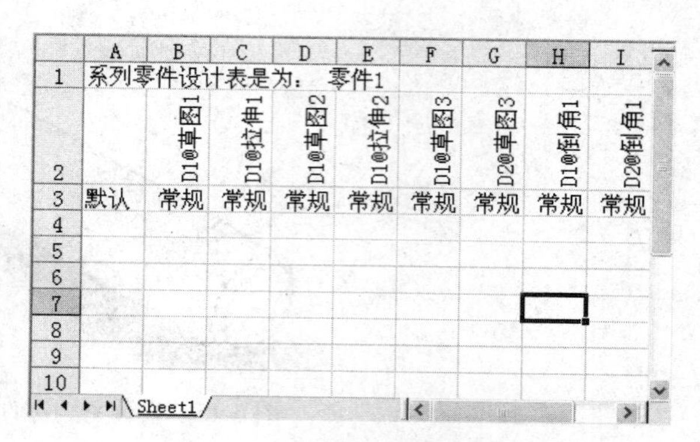

图 5-18　系列零件设计表表格

5.4.2　编辑系列零件设计表

在插入的系列零件设计表中，填写不同的配置名称和尺寸值，可生成不同尺寸的系列零件。例如，在如图 5-18 所示表格的 A3 单元格中输入一个新的配置名称，比如输入 120，然后给 B3、C3、D3、…框中输入一系列数值；在表格的 A4 单元格中输入一个新的配置名称，比如输入 150，然后给 B4、C4、D4、…框中输入另一系列数值。可输入若干行尺寸值。输入完毕后，点击表格外其他位置，可关闭表格，系统自动生成一系列以填写在第一列中的名称命名的配置。比如生成的配置有 120、150、…。

将来向装配体中插入此销轴时，选择不同的配置，即可插入尺寸不同的如图 5-15 所示的销轴零件。

5.4.3　系列零件设计表的重新编辑

系列零件设计表插入后，设计模型树中将出现一个系列零件设计表的标签。可右击此项目，选择“编辑表格”，重新打开系列零件设计表进行编辑。

可在表格中修改数字或添加删除配置。只需在新的一行中填写尺寸，关闭时即可自动生成新的配置。删除已经填写了尺寸的行，关闭表格时，可自动删除该行对应的配置。

一个零件只能插入一个系列零件设计表。此命令使用之后，无法再选择插入系列零件设计表。只有将原有的系列零件设计表删除后，才可重新插入系列零件设计表。删除的方法是：右击模型树中的系列零件设计表，选择“删除”，即可将系列零件设计表删除。

5.5　派生零件

可以直接从现有的零件生成新零件。此新零件称为派生零件，它以原始零件作为第一特征，并通过外部参考方式接到原来的零件。这意味着对原始零件所做的任何更改都将反映到派生零件中。

当零件具有外部参考引用时，在 FeatureManager 设计树中该零件的名称后跟有一个箭头 ->。如要查看外部参考文件的名称、位置和状态，请用右键单击“派生的零件”，然后选择“显示外部参考引用”。

有三种类型的派生零件：插入零件；镜向零件；派生零部件。

5.5.1 插入零件

使用插入零件将一个或多个基体多次插入到零件文件。如果若干个零件中有共同的特征基本形状，可将这些基本形状特征制作成一个零件。制作这些具有共同特征基本形状的零件时，只要将这个基本零件插入，即可马上生成这些共有的特征，有效提高设计速度。例如，图 5-19 所示的零件结构在多个零件中重复出现，可将此结构设计成一个零件单独保存。设计这个零件时，可设计多个配置，以适应不同的尺寸要求。

插入零件的步骤为：

(1) 在一个零件文件打开时，单击特征工具栏上的“插入零件”或“插入”、“零件”。

(2) 浏览至零件文件，然后单击“打开”。此时插入零件属性管理器出现，如图 5-20。

(3) 在“转移”下，选择以下任何组合。

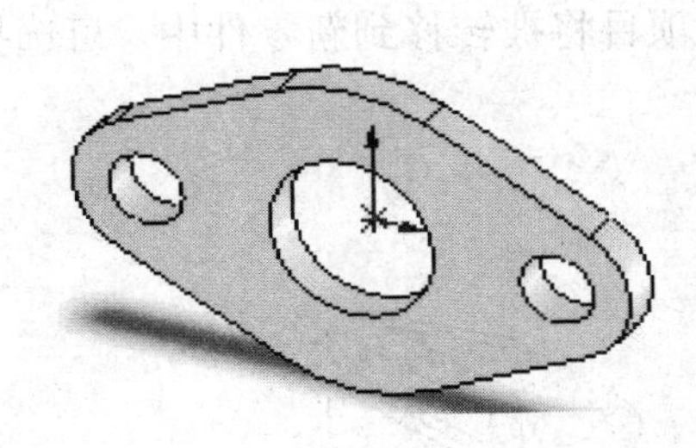

图 5-19　要插入的零件

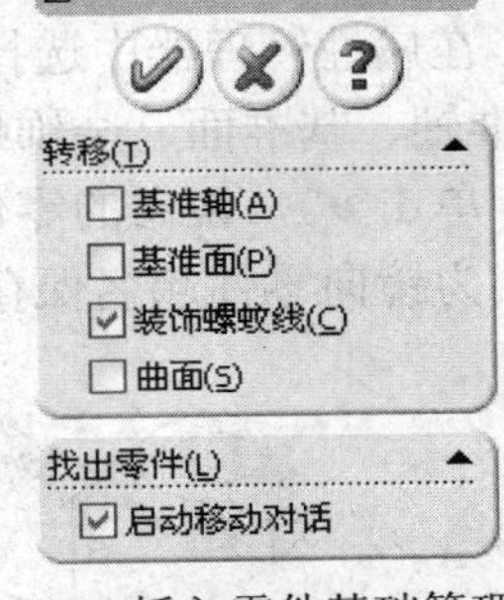

图 5-20　插入零件基础管理器

基准轴。转移基准轴信息。

基准面。从原有零件转移所有基准面。

装饰螺纹线。转移装饰螺纹线。

曲面。转移曲面。

在“找出零件”下选择插入零件属性管理器上的“启动移动对话”复选框为插入的零件定义位置。当插入一个以上零件时，定位零件属性管理器自动出现。

(4) 单击 ✓。

零件插入后，模型树中出现被插入的零件的名称(图 5-21)。此名称后带有->符号，表示这是从外部插入的零件特征。如果要进行编辑，必须打开该零件才能进行编辑。

插入零件之后，该零件出现在新的其他零件中(图 5-22)。

图 5-21　插入零件特征树排列

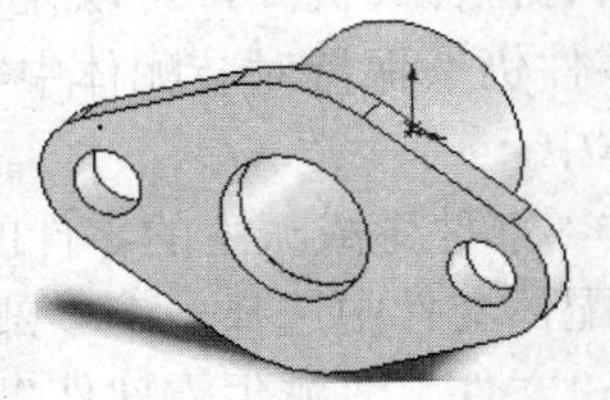

图 5-22　插入零件到其他零件

可以根据需要更改插入的零件的配置：

用右键单击“零件”，然后选择“显示外部参考引用”。

选择“使用命名的配置”，从清单中选择一配置，然后单击“确定”。

插入零件与原有的零件仍然是不同的实体，可根据需要对这些实体进行合并或剪裁等操作。

5.5.2 镜向零件

镜向零件生成现有零件的镜向零件。这是生成左右方向相反的两个零件的好方法。因为镜向的零件是从原始零件派生的，所以两个零件总是匹配的。

此类型的镜向与使用镜向阵列所产生的结果不同。

生成镜向的派生零件的步骤为：

(1) 在打开的零件文件中，在一个模型面或基准面上单击，将相对于此面镜向零件。如图 5-23(a)中选择零件的前端面。

(2) 单击“插入”、“镜向零件”，一新零件窗口出现。

(3) 在属性管理器中选择一项或多项，被选择的项目将被转移到新零件中。可选择的项目有基准轴、基准面、装饰螺纹线、曲面等。

(4) 单击✓，镜向的零件出现，如图 5-23(b)。

(5) 为镜向零件起名保存。

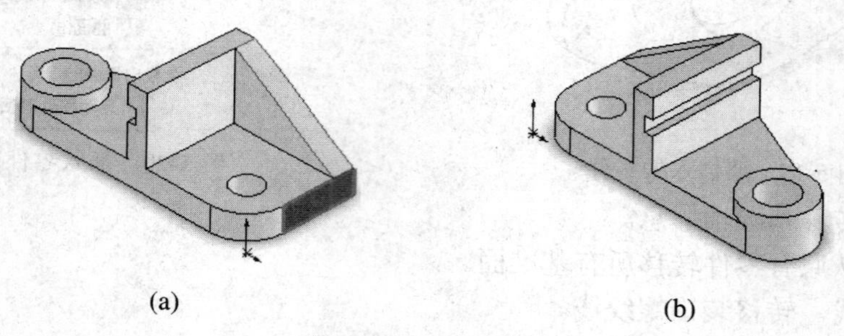

(a) (b)

图 5-23 镜向零件

镜向零件是根据原零件生成的，对原零件进行的改动，打开镜向零件时，改动也将出现在镜向零件中。

5.5.3 派生零部件

派生零部件由装配体零部件生成零件。使用这种方法生成的派生零件包括在装配体关联中生成的所有特征。例如，可以在模具装配体中生成型腔，然后派生并切除模具的各部分。派生的零件仍然保持对装配体中零部件必要的参考。但是，不能将派生的零部件重新插入到装配体中。

从装配体零部件生成派生的零件的步骤为：

(1) 在装配体文件中选择一个零部件。

(2) 单击“文件”、“派生零部件”，派生的零件就会打开在新零件的窗口中。

提示：如果需要包括装配体特征，请使用“派生的零部件”。否则，应使用“基体零件”

以优化系统性能。

有关派生零部件的制作方法和其他作用，可参考第 9 章。

5.6 分割并保存实体

使用分割特征可从现有零件生成多个零件。分割出的部分可以生成单独的零件文件，再用新零件形成装配体。可将单个零件文档分割成多实体零件文档。例如，图 5-24 所示的是一个空心手柄，要直接注塑成型这样的零件是很困难的。因此，需要将这个零件分割成两部分，分别注塑成型，然后再装配形成一个完整的零件。

分割零件的步骤为：

(1) 设计出需要分割的零件。如图 5-24。

(2) 插入用于分割的曲面。如图 5-25。

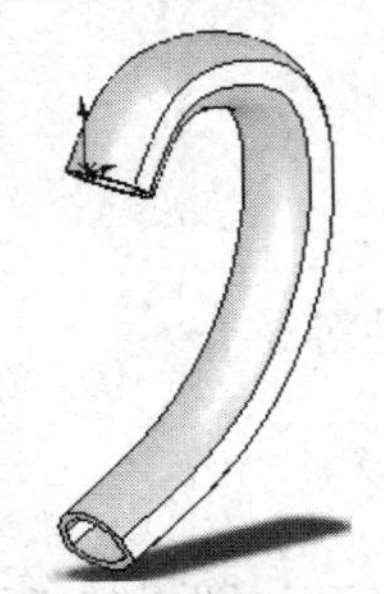

图 5-24 被分割的零件

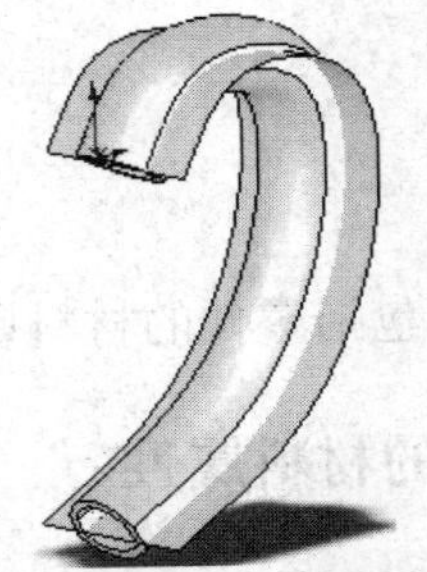

图 5-25 插入用于分割的曲面

(3) 单击特征工具栏上的或“插入”、“特征”、“分割”。

(4) 在分割特征管理器(如图 5-26)中，在“剪裁工具”下选择“剪裁曲面”。可以选择一个或多个以下项：

参考基准面(基准面在各个方向无限延伸)。

平面模型面(面在各个方向无限延伸)。

(5) 所产生实体框中自动显示用当前选择的曲面可将实体分割产生的实体个数，并自动编号，如图 5-27 所示。可双击属性管理器中文件下面的名称编号，为要生成的新零件命名。

(6) 选择“切除零件”，自动生成新的零件，原零件中显示的只有用于分割的曲面。

新生成的零件如图 5-28(a)和(b)。

(7) 单击。

建立一个新的装配体文件，将新生成的零件插入到装配体中，即可完成零件的设计。

新的零件是派生的，它们包含对父零件的参考。每个新零件包含一个单一特征，命名为 Stock-<父零件名>-n->。

如果更改原始零件的几何体，新零件也将更改。

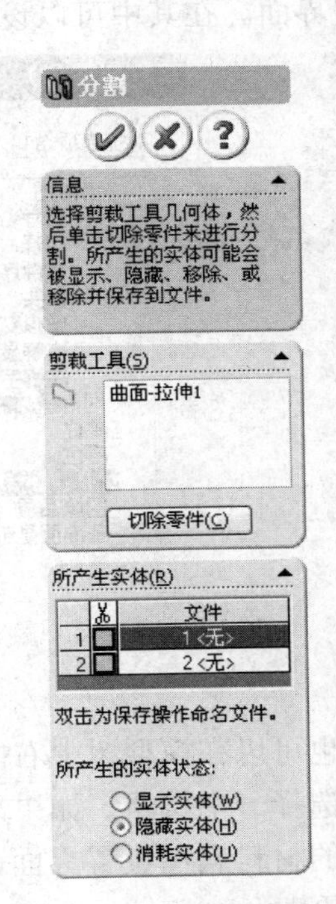

图 5-26 分割特征管理器

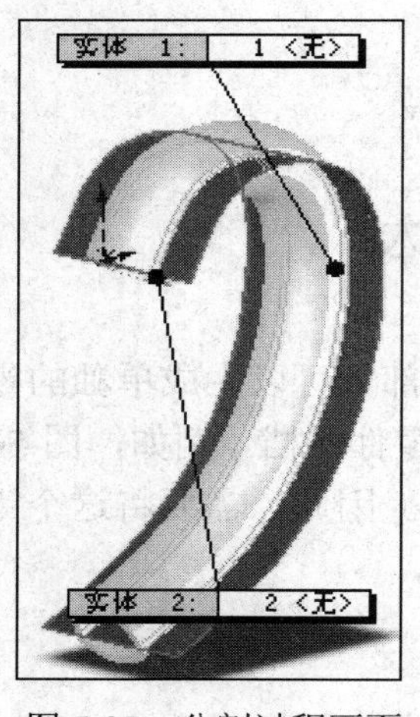

图 5-27　分割过程画面

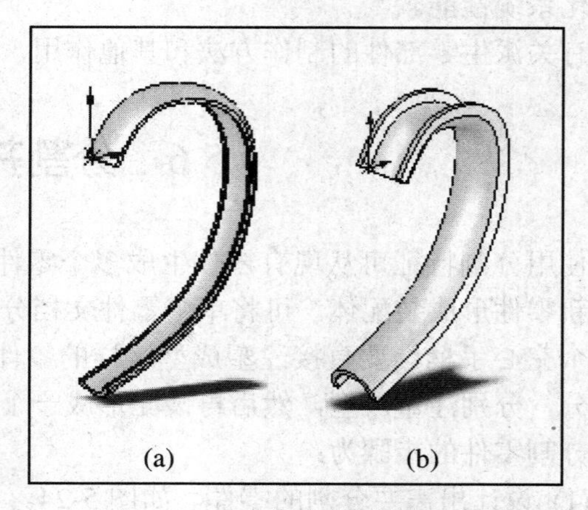

图 5-28　分割实体形成的新零件

5.7　零 件 属 性

零件属性包括零件的材料属性、颜色属性以及其他的属性等。

5.7.1　零件的材料属性

可以选择“工具”、“选项”、“文件属性”、“材料属性”，打开如图 5-29 所示的材料属性设置界面。在其中可以设计零件材料的密度、零件剖面线的样式等。

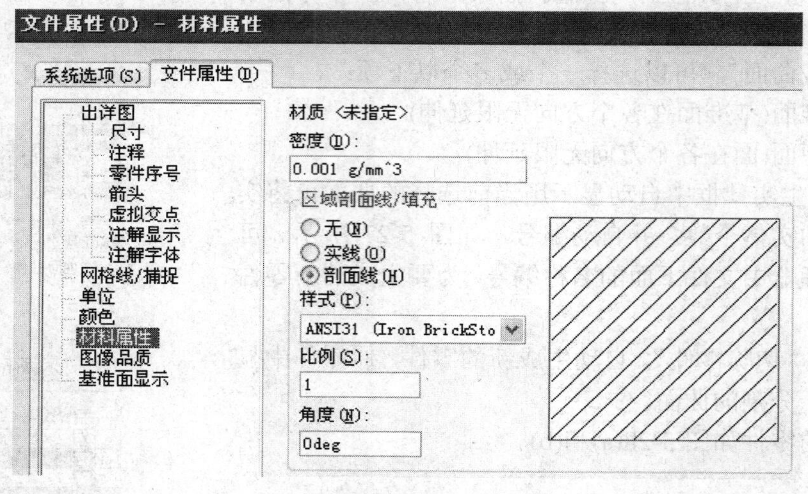

图 5-29　材料属性设置界面

也可以在模型树中右击“材质”，选择“编辑材质”，打开材质编辑器(如图 5-30)。可在其中选择一个材质，如果采用上色显示，零件立即显示出材料的颜色。再次打开如图 5-29 所示的材料属性设置界面，可以看到，零件已经被赋予材质，材料的密度也成为灰色的，不可更改。

设计好的零件，可以显示其质量属性。具体操作方法为：单击工具栏上的[图标]或“工具”、“质量特性”，显示出零件质量特性报告框，如图 5-31，其中显示了零件的材料密度、质量、体积、表面积、重心等零件质量特性。主轴和质量中心以图形形式显示在模型中。如果是多实体零件，可以选择其中的一个或多个实体报告质量。单击“关闭”，可关闭此对话框。

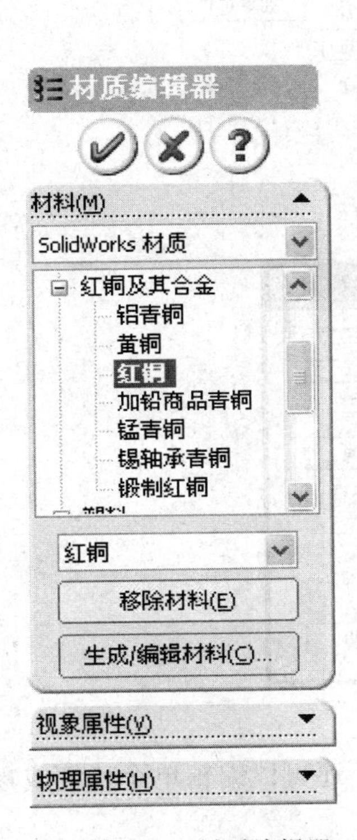

图 5-30　材质编辑器

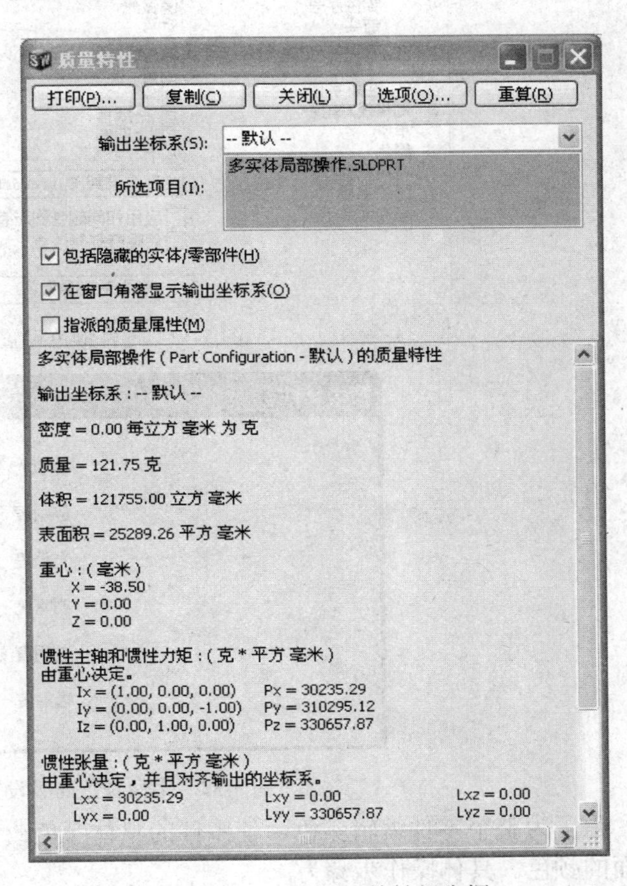

图 5-31　零件质量特性报告框

5.7.2　零件的颜色属性

零件的颜色可以用赋予材质的方法显示，也可以另外编辑颜色，赋予整个零件或赋予单个特征或面。这样使零件表面显示出的颜色和花纹有所不同。

选择“工具”、“选项”、“文件属性”、“颜色”、“上色”，可为零件编辑不同的颜色。在如图 5-32 显示的界面中，选择“编辑”，即可在打开的颜色编辑框中为零件选择颜色。

直接选择编辑的颜色如果不够满意，可选择“高级”，打开高级属性编辑框编辑零件的颜色，如图 5-33。可在其中设置环境光源、散射度、光泽度、明暗度、透明度和辐射度等。拖动按钮即可改变对应参数的值。点击“应用”，零件以新设置的颜色显示出来。

注意，其中透明度不可设置成完全透明，这样可能导致零件不可见。

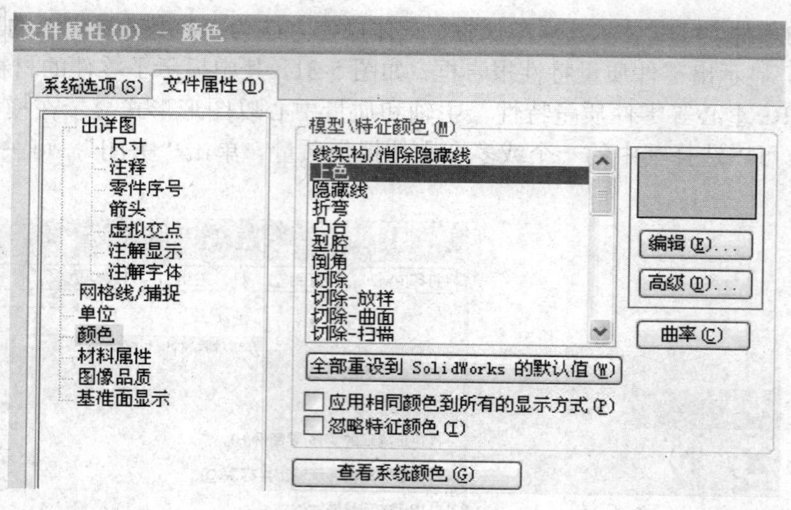

图 5-32　零件颜色设置界面

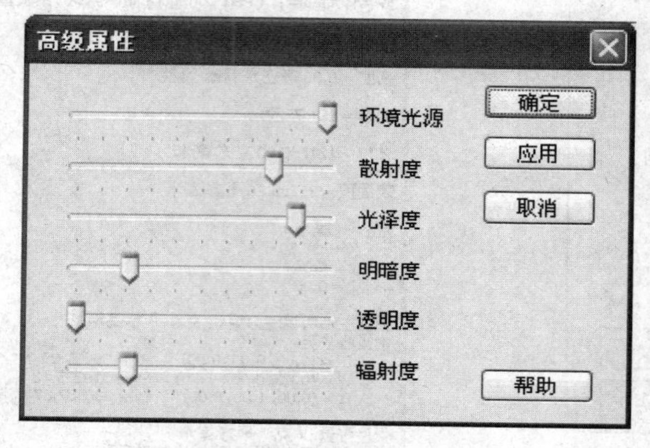

图 5-33　零件颜色高级设置界面

除了为整个零件编辑颜色，使零件的整体颜色改变之外，还可以编辑单个特征或零件表面的颜色。具体操作步骤为：

(1) 选择要另外赋予颜色的零件表面。

(2) 点击工具栏中的▦，打开颜色编辑选择管理器，从中选择适合的颜色即可。

如图 5-34 所示，这是一个为整体零件赋予了一种颜色，为零件的加工表面赋予了另外一种颜色的结果。

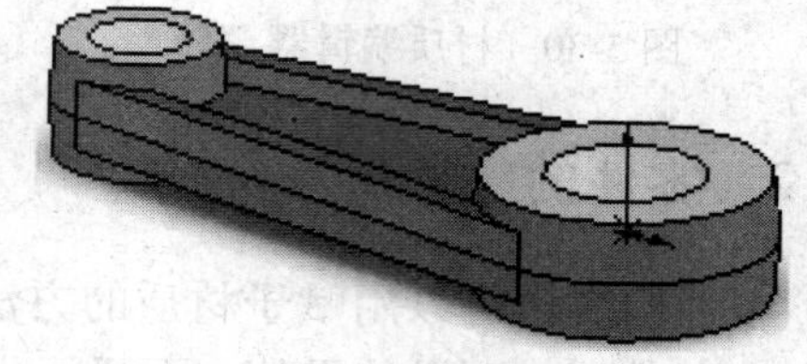

图 5-34　为零件表面编辑不同的颜色

练 习 题

1. 将课本中的举例说明和例题在计算机上制作一遍，没有尺寸的可自行估计尺寸。
2. 制作练习图 5-1～练习图 5-6 各图形中的零件。

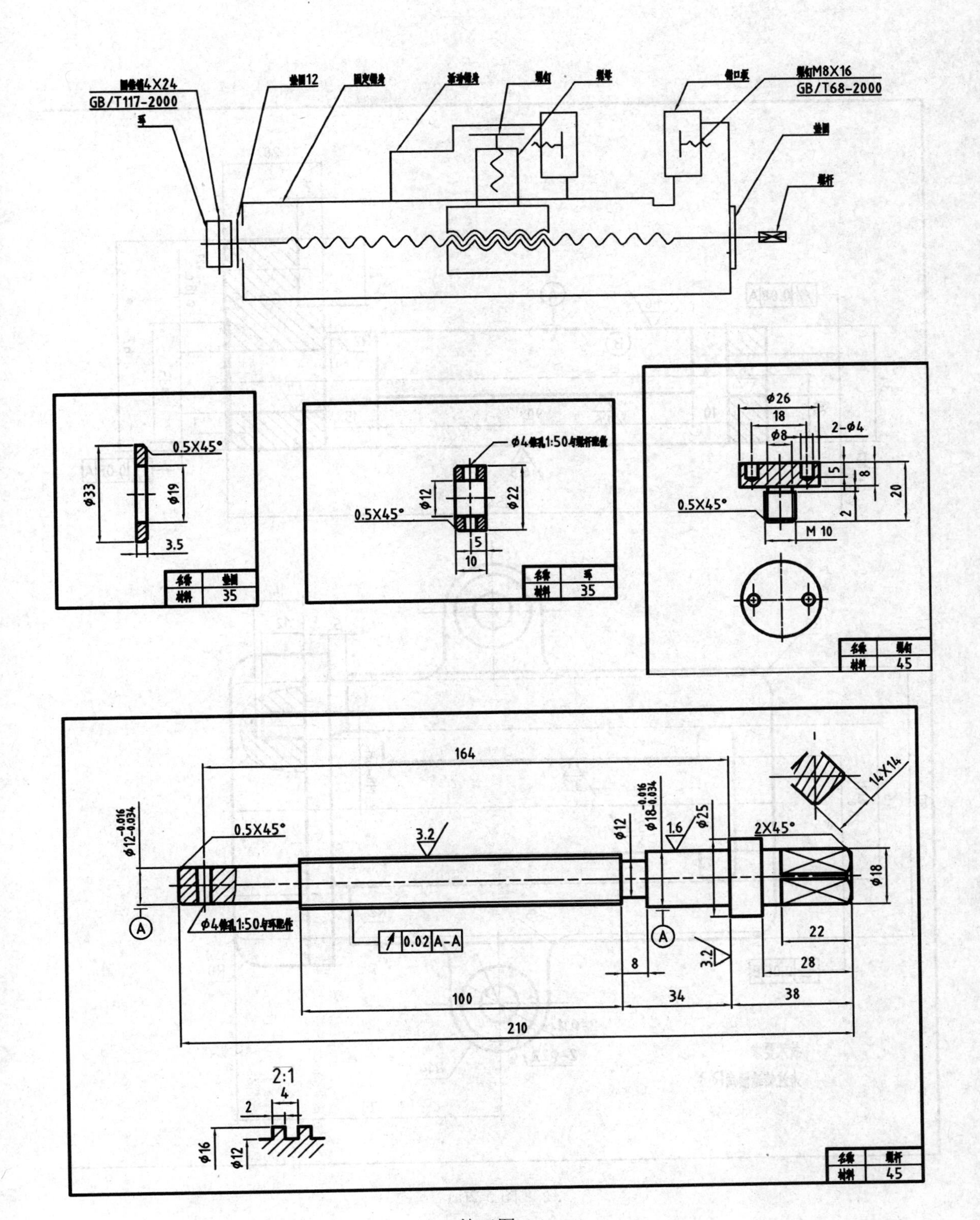
圆柱销4X24
GB/T117-2000
环
垫圈12
固定钳身
活动钳身
螺钉
钳块
钳口板
螺钉M8X16
GB/T68-2000
垫圈
螺杆
0.5X45°
φ33
φ19
3.5
名称 垫圈
材料 35
φ4锥孔1:50与螺杆配做
0.5X45°
φ12
φ22
5
10
名称 环
材料 35
φ26
18
φ8
2-φ4
5
8
20
0.5X45°
2
M 10
名称 螺钉
材料 45
164
14X14
0.5X45°
3.2
φ12
1.6
φ25
2X45°
φ18
φ4锥孔1:50与环配作
0.02 A-A
22
28
8
34
38
100
210
2:1
4
2
φ16
φ12
名称 螺杆
材料 45
练习图 5-1

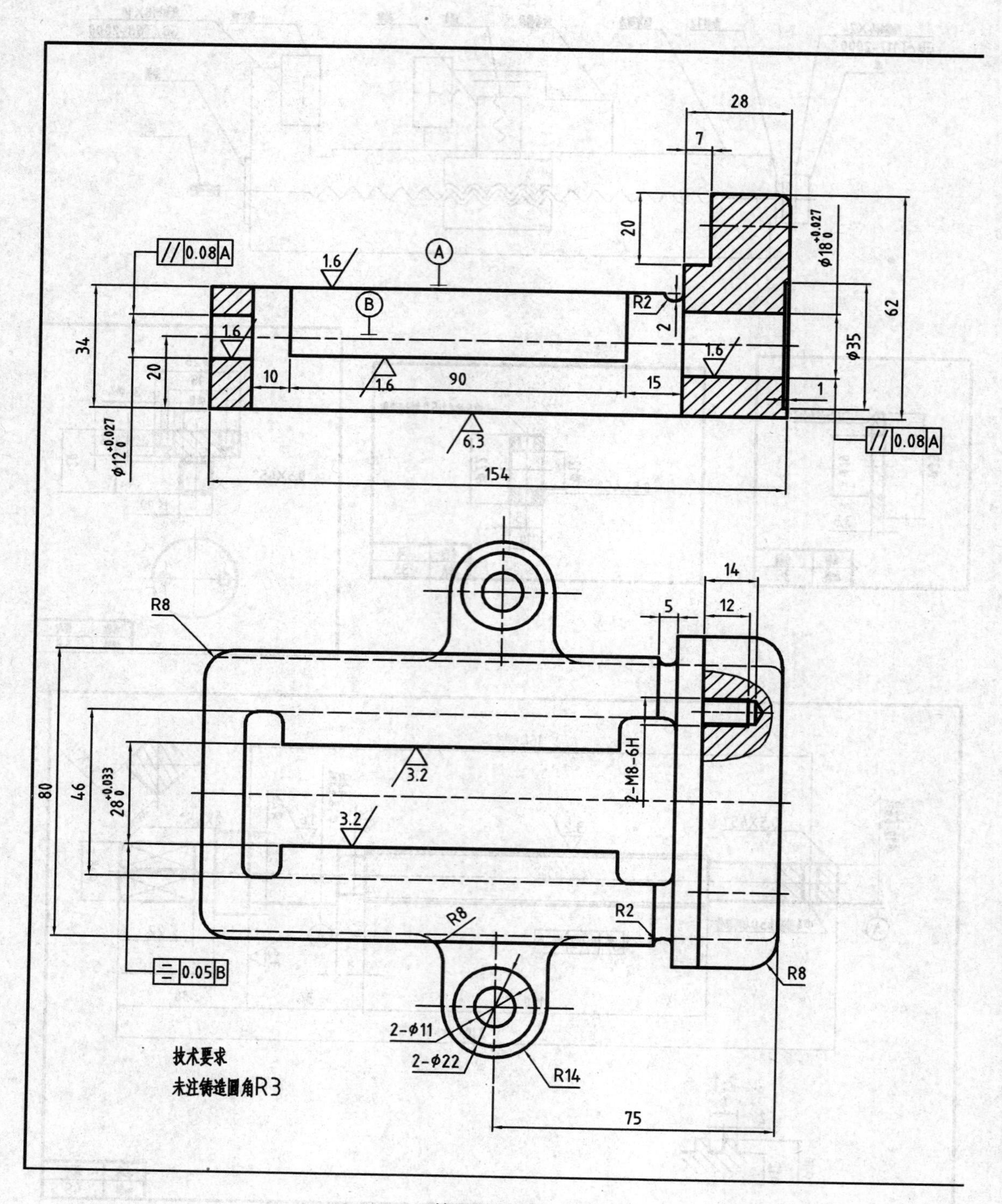
28
7
20
$\phi18^{+0.027}_{0}$
62
R2
2
$\phi35$
1.6
15
1
//0.08 A
1.6
A
B
//0.08 A
34
20
10
90
6.3
154
$\phi12^{+0.027}_{0}$
14
5
12
R8
80
46
$28^{+0.033}_{0}$
3.2
2-M8-6H
R2
R8
=0.05 B
2-ϕ11
2-ϕ22
R14
75
技术要求
未注铸造圆角R3

练习图 5-2(a)

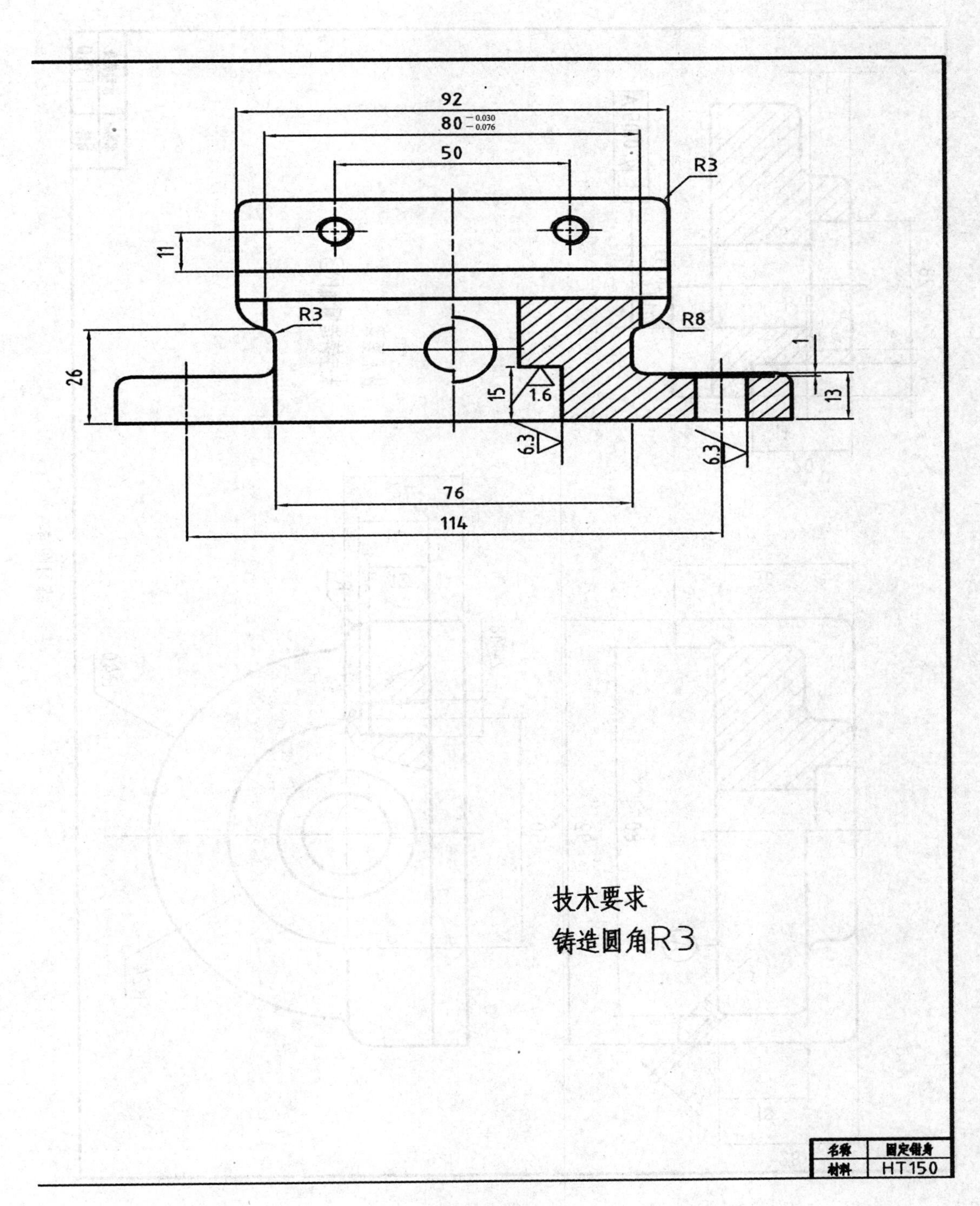
92
80 −0.030 −0.076
50
R3
11
R3
R8
26
15
1.6
1
13
6.3
6.3
76
114
技术要求
铸造圆角R3
名称
固定钳身
材料
HT150

练习图 5-2(b)

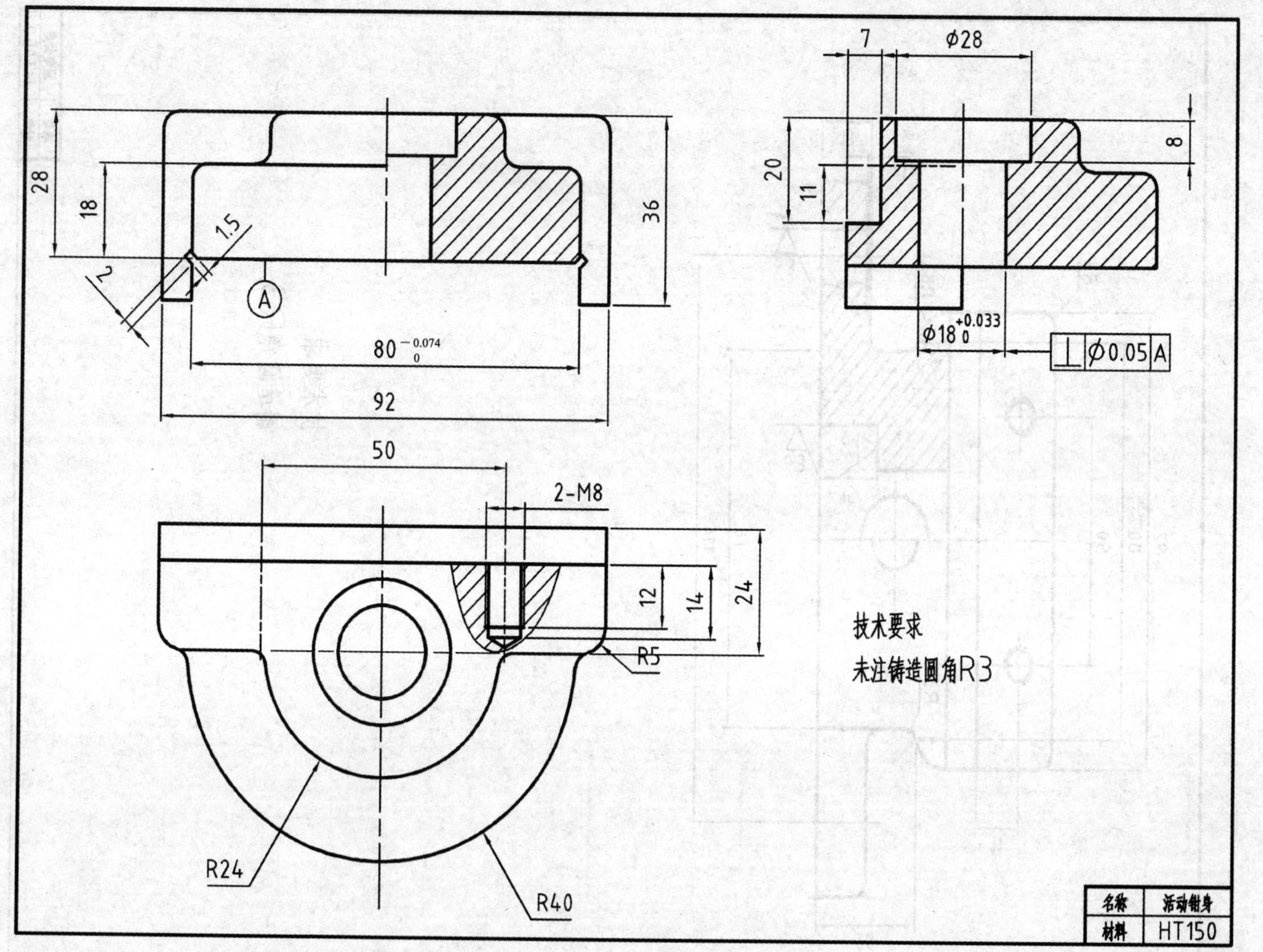
7
Φ28
8
20
11
$\phi 18^{+0.033}_{0}$
⊥ Φ0.05 A
28
18
1.5
2
A
36
$80^{\ 0}_{-0.074}$
92
50
2-M8
12
14
24
R5
R24
R40
技术要求
未注铸造圆角R3
名称 活动钳身
材料 HT150

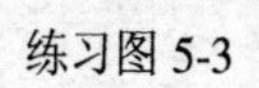
练习图 5-3

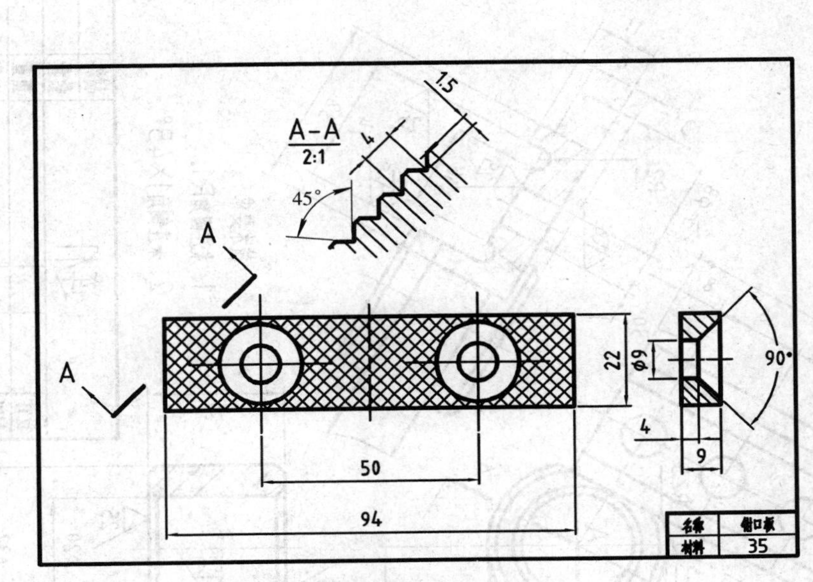
A-A
2:1
1.5
4
45°
A
A
22
φ9
90°
4
9
50
94
名称 | 钳口板
材料 | 35

练习图 5-4

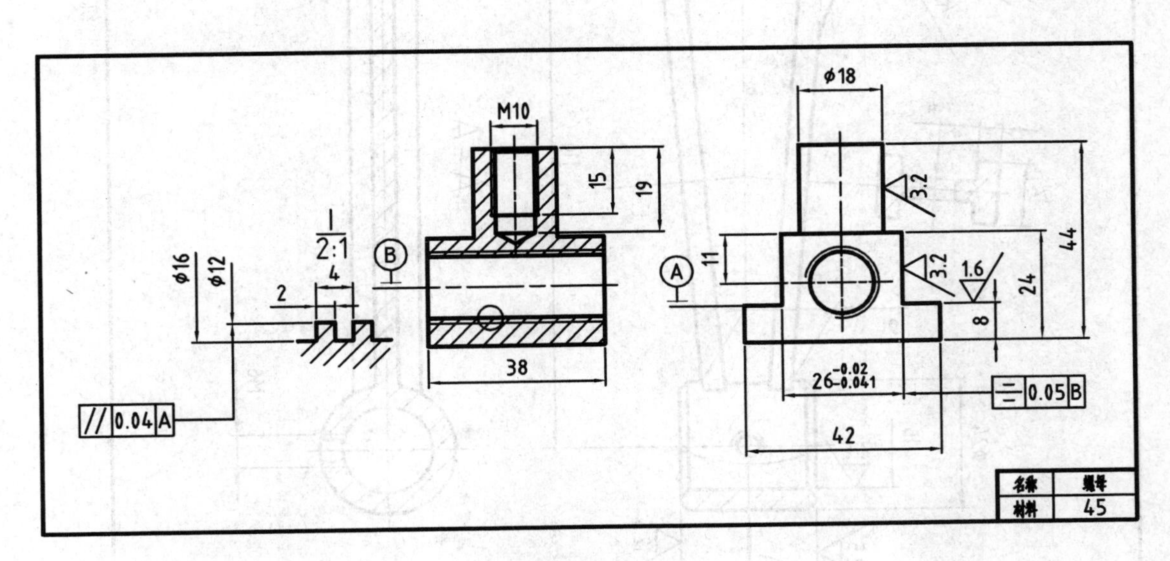
M10
15
19
φ18
3.2
2:1
4
2
φ16
φ12
B
A
11
3.2
1.6
24
44
8
38
26-0.02 -0.041
0.05 B
// 0.04 A
42
名称 | 螺母
材料 | 45

练习图 5-5

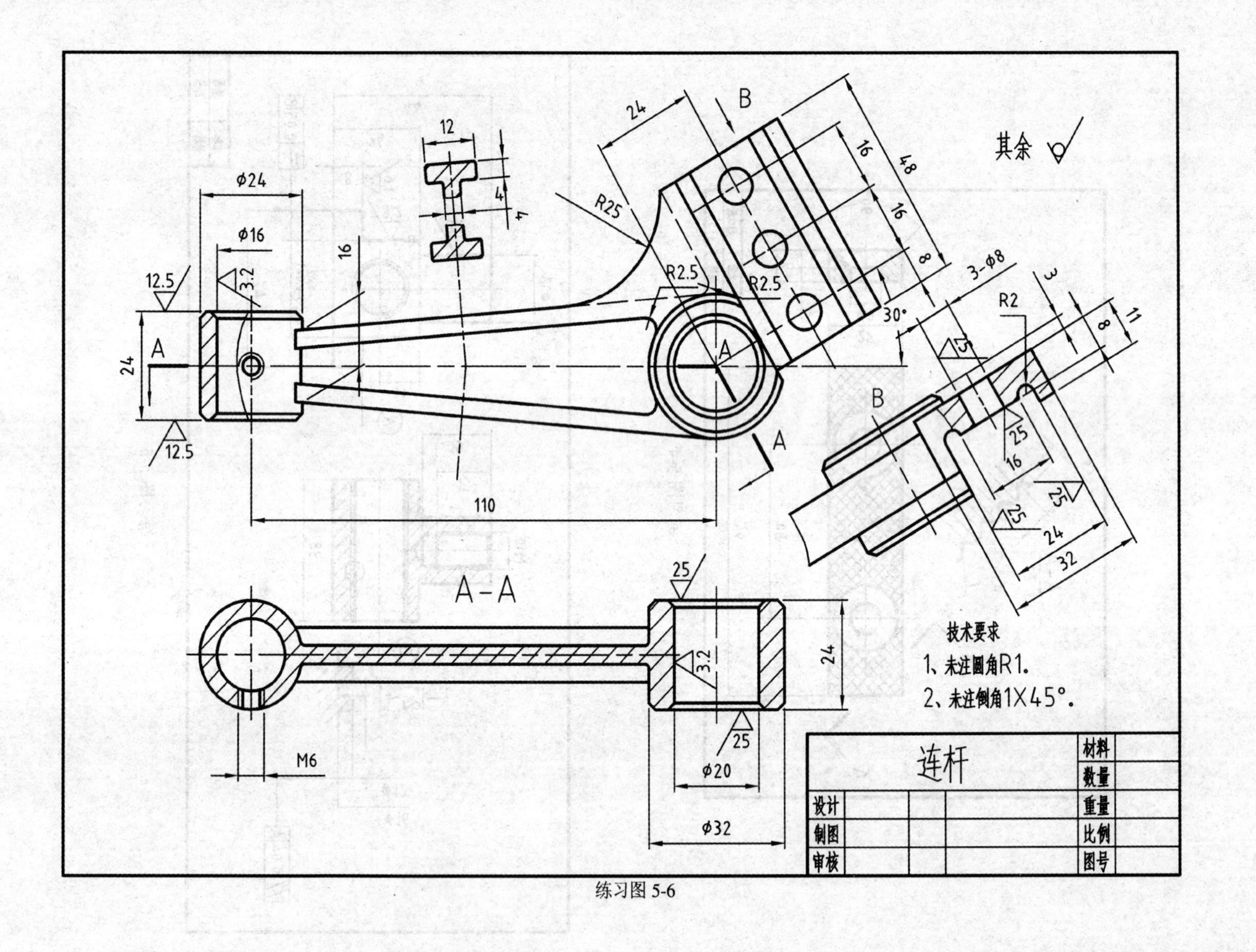
其余
技术要求
1、未注圆角R1.
2、未注倒角1X45°.
连杆
材料
数量
重量
比例
图号
设计
制图
审核
A-A
B
A
3-Φ8
R2
R25
R2.5
30°
110
Φ24
Φ16
Φ20
Φ32
M6
12.5
3.2
25
24
48
32
16
12
11
8
4
3

练习图 5-6

第6章 工 程 图

SolidWorks 可以为 3D 实体零件和装配体创建 2D 工程图。零件、装配体和工程图是采用统一数据库链接的文件，对零件或装配体所做的任何更改会导致工程图文件的相应变更。

一般来说，工程图包含几个由模型建立的视图。可以根据模型选择观察方向建立视图，也可以根据现有视图建立与现有视图有投影关系的视图。例如，图纸中第一个视图、立体图必须是根据模型选择观察方向建立的视图，投影视图、剖视图是根据现有的工程视图所生成的。

6.1 工程图文件的建立与格式

工程图文件是 SolidWorks 三种文件中的一种。工程图文件除了要与模型建立联系生成视图、标注尺寸、添加注解之外，还有与模型无关的标题栏等图形和文字注释。建立工程图文件可以利用现有的模板，使用其中带有的标题栏等，也可以根据需要建立自己的工程图文件模板，形成符合各自需要的图纸格式。

6.1.1 新建工程图文件

工程图包含一个或多个由零件或装配体生成的视图。在生成工程图之前，必须先保存与它有关的零件或装配体。可以从零件或装配体文件内生成工程图。

工程图文件的扩展名为 .slddrw。新工程图使用所插入的第一个模型的名称。该名称出现在标题栏中。当保存工程图时，模型名称作为默认文件名出现在另存为对话框中，并带有默认扩展名 .slddrw。保存工程图之前可以编辑该名称。

在打开的零件或装配体文件中单击标准工具栏上的“从零件/装配体制作工程图”，或单击标准工具栏上的或“文件”、“新建”，在新建 SolidWorks 文件对话框中选择“工程图”，然后单击“确定”；在图纸格式/大小对话框中(如图 6-1)选择“标准图纸大小”，然后单击“确定”，可建立一个带边框标题栏的空白图纸。

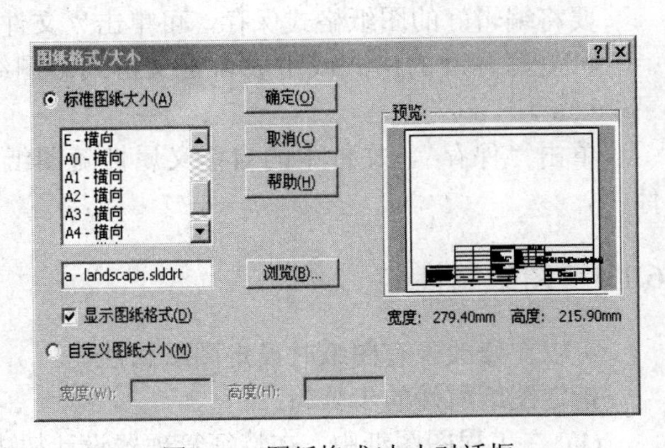

图 6-1 图纸格式/大小对话框

这种利用模板建立的工程图文件与插入的模型文件之间将建立自动链接，将模型的一部分属性自动添加到工程图中。

若选择自定义图纸大小并输入图纸尺寸，将建立一个无边框、标题栏的空白图纸。

6.1.2 编辑工程图图纸格式

利用模板建立的工程图图纸格式可能不符合各自制作工程图的需要。为了建立符合各自需要的工程图图纸格式，可先利用模板建立工程图，然后编辑工程图图纸格式或先建立一个无图纸格式的工程图再编辑图纸格式。编辑符合要求后，将此工程图保存成工程图图纸模板。

要进入图纸格式编辑状态，可单击“编辑”、“图纸格式”，或用右键单击工程图图纸上的任何空白区域，或右键单击特征管理器设计树中的图纸图标，然后选择“编辑图纸格式”。

如果图纸还没有图纸格式，可以选择“编辑图纸格式”，然后单击“重建模型”来生成一格式。

编辑图纸格式包括：

● 绘制边框和标题栏。也可以利用现有的边框标题栏进行编辑修改。

● 编辑标题栏中的现有文字。

双击文字。双击文字编辑其中的文字，单击文字外边以退出。或用右键单击文字并选择“属性”，在属性对话框中更改任何项目，然后单击“确定”。

● 移动、删除和添加线条或文字。

删除线条或文字。单击该项目后按 Delete 键。

移动线条或文字。单击该项目后将其拖动到新的位置。

添加线条。单击草图工具栏上的“直线”，或单击“工具”、“草图绘制实体”、“直线”。

添加文字。单击注解工具栏上的“注释”，或单击“插入”、“注解”、“注释”，指定文字属性，然后单击将其拖动到所需的位置。

6.1.3 保存图纸格式

要将编辑好的图纸格式保存，可单击“文件”、“保存图纸格式”，编辑文件名。

可复写标准的格式或生成自定义格式。图纸格式文件有扩展名.slddrt，位于<安装目录>\data 中。

单击“保存”，文件中的自定义属性随图纸格式保存并添加到使用此格式的任何新文件中。

6.1.4 图纸属性

可以在修改现有图纸时设定图纸属性。

指定图纸属性的步骤为：

(1) 在工程图图纸中，在特征管理器设计树中，或工程图图纸的任意空白区域，或工程图窗口底部的图纸标签上，用右键单击图纸的图标然后选择“属性”。

(2) 在弹出的图纸属性对话框(如图 6-2)中修改如下属性，完毕后单击“确定”。

名称。在方框中输入标题。

比例。为图纸设定比例。

投影类型。为标准三视图投影选择第一视角或第三视角。

下一视图标号。指定将使用在下一个剖面视图或局部视图的字母。

下一基准名称。指定要用作下一个基准特征符号的英文字母。

图纸格式/大小。

标准图纸大小。选择一标准图纸大小，或单击“浏览”找出自定义图纸格式文件。

重装。如果对图纸格式做了更改，单击以返回到默认格式。

显示图纸格式。显示边界、标题块等。

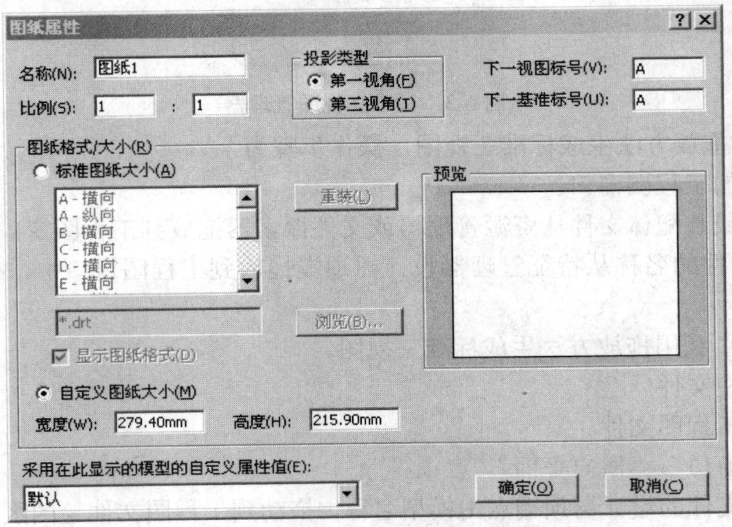

图 6-2　图纸属性对话框

6.2　标准工程视图

利用模型直接制作出的视图称为标准视图。通常总是从以下几个视图中的某一个开始一个工程图的标准工程视图：标准三视图；模型视图；相对模型视图；空白视图等。

6.2.1　标准三视图

标准三视图选项能为所显示的零件或装配体同时生成三个默认正交视图。

主视图与俯视图及侧视图有固定的对齐关系。俯视图可以竖直移动，侧视图可以水平移动。

通常在开始新的工程图文件时生成标准三视图。

使用标准方法生成标准三视图的步骤为：

(1) 在工程图中单击工程图工具栏上的或“插入”、“工程视图”、“标准三视图”。此时，指针形状变为。

(2) 在标准三视图属性管理器(如图 6-3)中，从打开的文件中选择一模型，或浏览到一模型文件，然后单击“确定”。

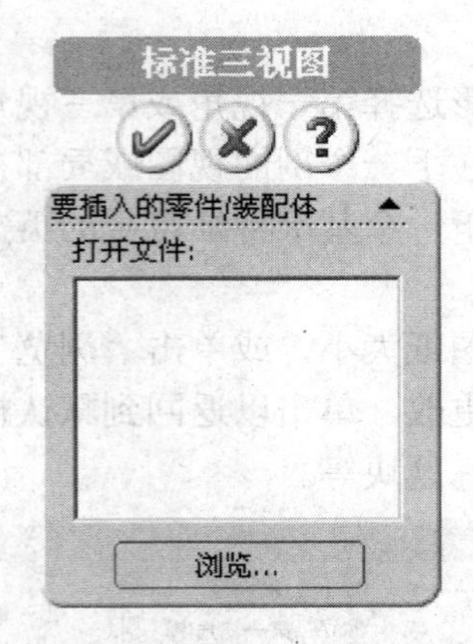

图 6-3　标准三视图管理器

也可以采用拖放方法生成标准三视图，操作步骤为：

(1) 打开新的工程图窗口。

(2) 将零件或装配体文件从资源管理器或文件探索器拖放到工程图窗口中，或将打开的零件或装配体文件的名称从特征管理器设计树顶端拖放到工程图窗口中，视图添加在工程图上。

【例 6.2.1】 利用拖放方法生成标准三视图。

(1) 打开模型文件。

(2) 建立新工程图文件。

(3) 点击“窗口”、“横向平铺”。

(4) 在模型文件的设计树顶端点击模型名称，拖动到工程图文件绘图区内，放开，三视图出现在图纸中。

6.2.2　模型视图

通常进入一个新建立的工程图文件，或给出插入模型视图指令时，模型视图属性管理器出现，如图 6-4。管理器中显示的文件名称是当前打开的模型文件名称。

插入模型视图的步骤为：

(1) 单击工程图工具栏上的或“插入”、“工程视图”、“模型”。

(2) 在插入模型视图属性管理器(如图 6-4)中，在“要插入的零件/装配体”下选择一打开文件，或浏览到一零件或装配体文件。

(3) 单击“下一步”。

(4) 在模型文件中的视图名称中为视图选择一方向。如图 6-5，在其中选择“前视”、“上视”、“等轴测”等确定视图的观察方向。

(5) 单击。

要改变已放置的模型视图方向，可选取一模型视图，工程视图属性管理器(如图 6-6)自动打开，在其中双击“方向”下的一标准方向或一自定义方向，可将观察方向重新定位。

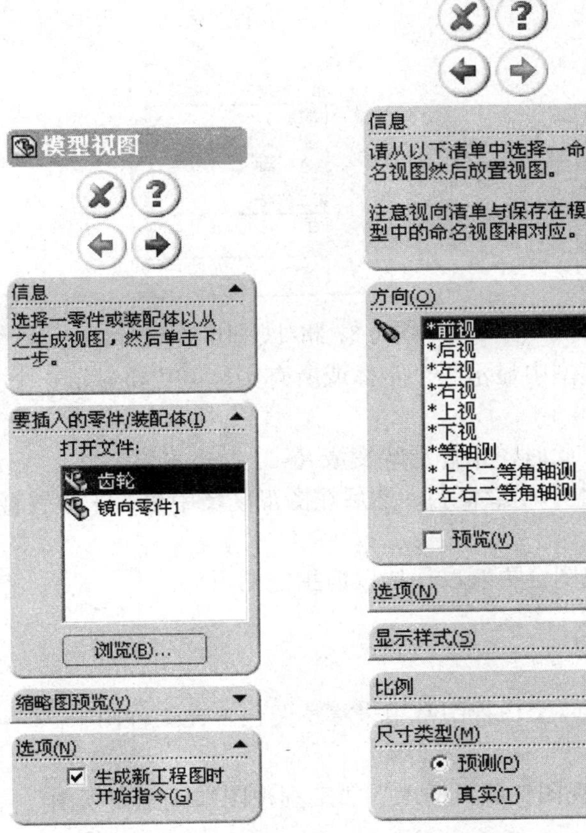

图 6-4　插入模型视图属性管理器　　图 6-5　模型视图管理器

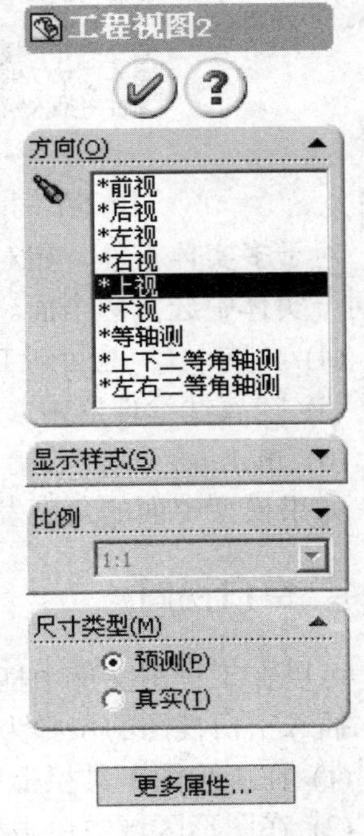

图 6-6　工程视图管理器

6.2.3　相对模型视图

相对模型视图是一个由模型的两个正交面及各自的具体方位定义的视图。

插入相对模型视图的步骤为：

(1) 单击工程图工具栏上的 或“插入”、“工程视图”、“相对于模型”。此时，指针形状变成 。相对视图操作提示显示如图 6-7。

(2) 转换到在另一窗口中打开的模型，或用右键单击图形区域然后选择“从文件中插入”来打开模型。

(3) 在属性管理器(如图 6-8)的“第一方向”下，选择一视向 (前视、上视、左视等等)，然后在工程视图中为此方向在图形区域中选择面。选择“前视”表示垂直于选择的平面进行观察，选择“上视”表示将选择的平面向上放置，选择“左视”表示将选择的平面向左放置等。

(3) 在“第二方向”下，选择另一视向，必须与第一方向正交。比如第一方向选择前视，这里就不能选择前视或后视。然后在工程视图中为此方向选择另一个面。选择的平面也必须与第一个选择的平面正交。方向类型表示将被选择的平面向某个方向放置。

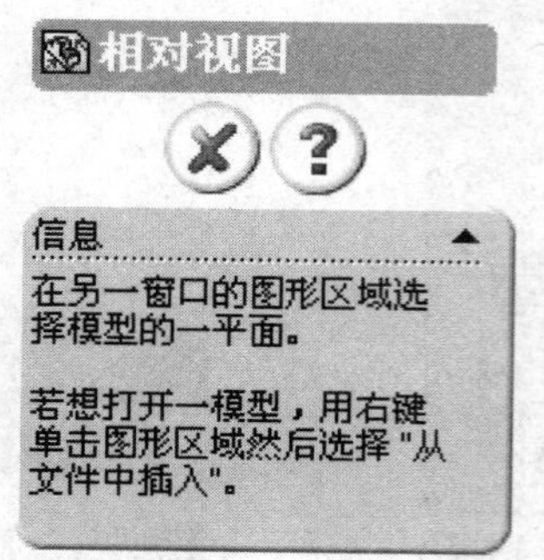

图 6-7　相对视图提示

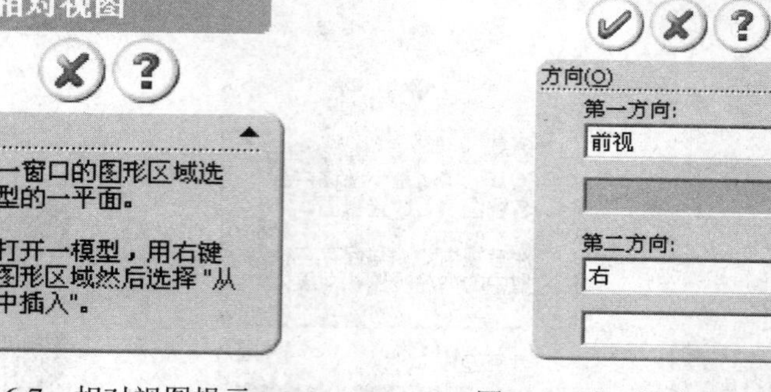

图 6-8　相对视图选择面提示

对于多实体零件，相对视图可在模型中显示一个实体或所有实体。若要显示一个实体，从同一实体中选择两个面。

(4) 单击✔，返回到工程图文件。此时，指针形状变成✣。

(5) 在属性管理器中，选择属性(比例、实体等)，然后在图形区域中单击来放置视图。

(6) 单击✔。

如果模型中面的角度发生变化，视图会更新以保持以前指定的方向。

6.2.4　空白视图

可以在工程图文件中插入空白视图。空白视图常用来将草图包含在工程图中。

插入空白视图的步骤为：

(1) 在工程图工具栏上单击“空白视图”或“插入”、“工程视图”、“空白视图”。

(2) 在图形区域中单击以放置视图。

(3) 在属性管理器中设定选项，然后单击✔。

空白视图在无模型几何体出现时具有黑色虚线框。在模型插入到视图中后，边界消失。

6.3　派生的工程视图

在工程图文件中，大多数视图都是由其他视图派生的，比如从标准视图或从其他派生视图中再次派生。这些视图包括：投影视图；辅助视图；局部视图；裁剪视图；断开的剖视图；断裂视图；剖面视图；旋转剖视图等。

6.3.1　投影视图

投影视图需要根据现有的模型视图或投影视图生成。被根据的视图称为父视图，生成的视图称为子视图。父子视图之间具有正交投影关系。

生成投影视图的步骤为：

(1) 单击工程图工具栏上的图标或“插入”、“工程视图”、“投影视图”，打开投影视图管理器，如图 6-9。

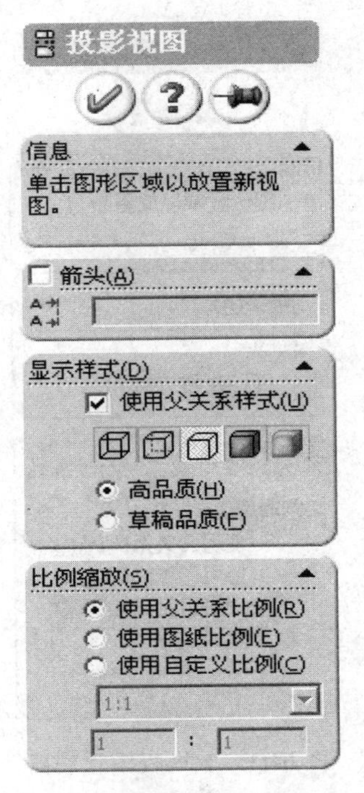

图 6-9　投影视图管理器

(2) 在图形区域中选择一投影用的父视图。

此时，指针形状变为 ⌖。

如要选择投影的方向，将指针移动到所选视图的相应一侧。

移动指针时，如果选择了拖动工程图视图时显示其内容，视图的预览被显示。也可以控制视图的对齐。

(3) 当视图位于所需的位置时，单击以放置视图。投影视图放置到图纸上，与生成该视图的视图对齐。根据默认，只可沿投影方向移动投影视图。如有必要，可更改视图的对齐关系。

6.3.2　辅助视图

辅助视图类似于投影视图，但它是垂直于现有视图中参考边线的展开视图。生成的视图类似于“机械制图”课程中规定的斜视图。

生成辅助视图的步骤为：

(1) 单击工程图工具栏上的[辅助视图图标]或“插入”、“工程视图”、“辅助视图”。

(2) 根据辅助视图提示(如图 6-10)在视图中选择一参考边线(参考边线可以是零件的边线、侧影轮廓边线、轴线或所绘制的直线。不能是水平或竖直的边线，因为这样会生成标准投影视图)。辅助视图属性管理器(如图 6-11)出现。

图 6-10　辅助视图提示

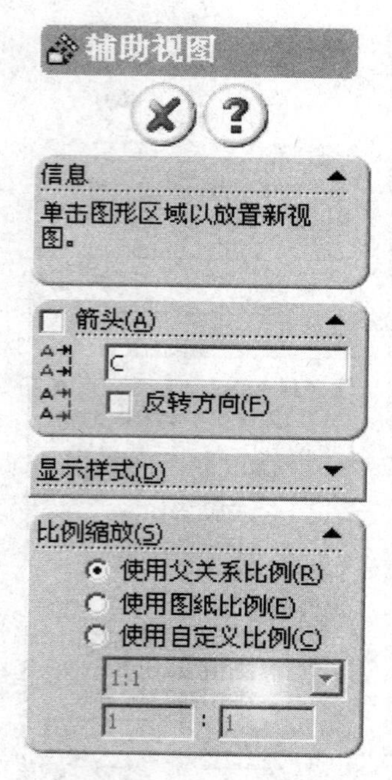

图 6-11　辅助视图管理器

辅助视图在特征管理器设计树中零件的剖面视图或局部视图的实体中不可使用。

移动指针时，如果选择了拖动视图时显示其内容，会显示视图的预览。根据预览，可以选择箭头、反转方向和改变字符的方法控制辅助视图的投影方向和标注箭头等。

(3) 移动光标直到视图到达需要的位置，然后单击以放置视图。

6.3.3　局部视图

可以在工程图中生成一个局部视图来显示一个视图的某个部分(通常是以放大比例显示)。可以为正交视图、3D 视图、剖面视图、裁剪视图、爆炸装配体视图或另一局部视图生成局部视图。生成的局部视图类似于“机械制图”课程中规定的局部放大图。

不能在透视图中生成模型的局部视图。

生成局部视图的步骤为：

(1) 单击工程图工具栏上的 或“插入”、“工程视图”、“局部视图”。此时，局部视图提示出现(如图 6-12)，圆工具被激活。

(2) 绘制一个圆。

也可以利用非圆轮廓制作局部视图。如果需要这样做，要求在单击局部视图工具之前绘制轮廓。在要放大的区域周围，用草图绘制实体工具绘制一个闭环轮廓。可以为草图实体添加尺寸或几何关系，以便相对于模型精确地定位此轮廓。输入局部视图命令之前，保持此轮廓图形处于选中状态。

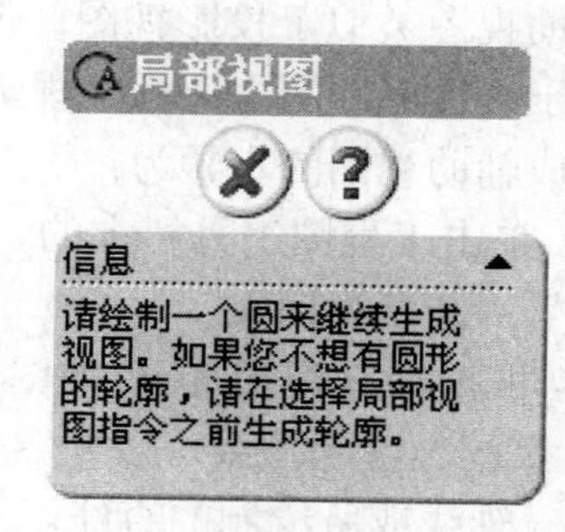

图 6-12　局部视图提示

移动指针时，如果选择了拖动视图时显示其内容，视图的预览被显示。

(3) 在局部视图管理器(如图 6-13)中选择比例，标注字符等。

(4) 当视图位于所需的位置时，单击以放置视图。

(5) 单击✔。

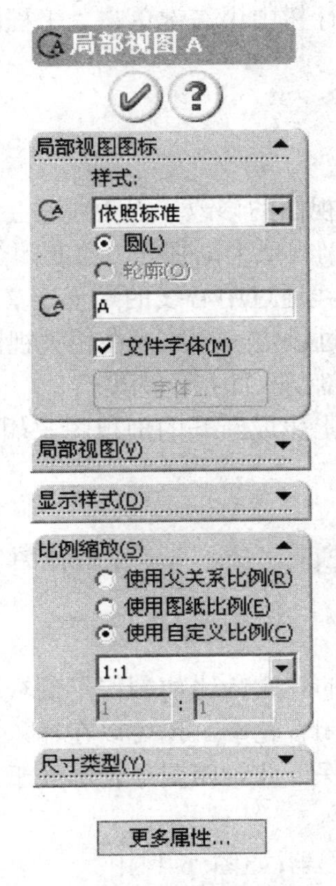

图 6-13　局部视图管理器

6.3.4　裁剪视图

裁剪视图工具可以将已生成的视图中的一部分隐藏，将一个完整视图改变为局部视图(比例不变)。由于没有建立新的视图，裁剪视图可以节省步骤。例如，不必建立剖面视图然后建立局部视图，再隐藏不需要的剖面视图，可以直接裁剪剖面视图。

裁剪视图的步骤为：

(1) 在工程图视图中绘制一闭环轮廓。

(2) 单击工程图工具栏上的▣或“插入”、“工程视图”、“裁剪”。

此时，轮廓以外的视图消失。

(3) 单击✔。

轮廓线被画在此剖面视图上。裁剪后，只显示轮廓以内的视图。

编辑裁剪视图的步骤为：

(1) 在图形区域或特征管理器设计树中用右键单击“工程图视图”，然后选择“裁剪视图”、“编辑裁剪”。

(2) 编辑轮廓，重新编辑、裁剪视图轮廓线。

(3) 单击“重建模型”更新视图。

取消裁剪视图的裁剪状态的方法为：

在图形区域或特征管理器设计树中用右键单击“工程图视图”，然后选择“裁剪视图”、“删除裁剪”。

6.3.5 断开的剖视图

断开的剖视图是对现有工程视图的修改，而不是另生成的视图。断开的剖视图类似于“机械制图”课程中规定的局部剖视或半剖视等。绘制闭合的轮廓(通常是样条曲线)，定义断开的局部剖视图；用其中一条线通过中心线的矩形定义断开的半剖视图。材料被移除到指定的深度以展现内部细节。通过设定一个数或在相关视图中选择一边线来指定深度。

可以使用参考几何体为精确剖切平面指定深度。

不能在局部视图、剖面视图上生成断开的剖视图。如果在爆炸视图上生成断开的剖视图，则视图不再爆炸。

生成断开的剖视图的步骤为：

(1) 单击工程图工具栏上的图或“插入”、“工程视图”、“断开的剖视图”。此时，指针变成。

(2) 绘制一轮廓。

如果想要使用样条曲线以外的轮廓，比如制作半剖视图时用的矩形，应在单击断开的剖视图工具以前生成并选择这一闭合轮廓。也可以在输入断开的剖视图之前绘制封闭的图形轮廓，输入断开的剖视图时，保证此封闭图形轮廓处于选中状态。在此情况下输入断开的剖视图命令，不需要再绘制轮廓。

(3) 在断开的剖视图属性管理器(如图 6-14)中设定选项。输入剖切平面的深度或选择一条剖切平面通过的边线。如果剖切平面通过一个孔中心，可单击“显示”、“临时轴”，将临时轴线显示在屏幕上，单击剖切平面通过的轴线，可准确输入剖切深度。

可以选择“预览”，观察剖切深度是否符合要求。

(4) 单击。

删除或编辑断开的剖视图的方法为：

在特征管理器设计树中用右键单击断开的剖视图然后选择：

删除。删除断开的剖视图，视图恢复到剖切前的形式。

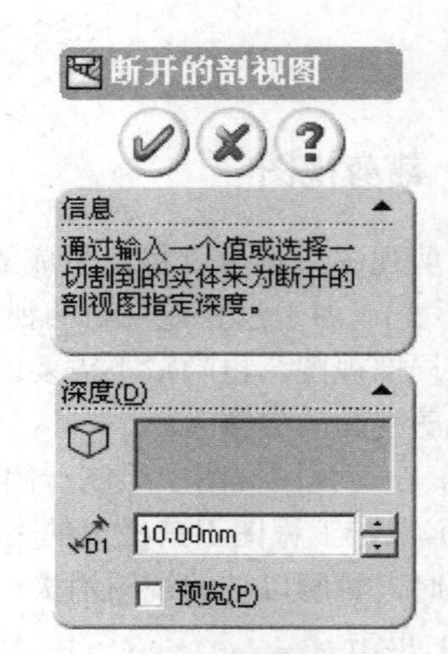

图 6-14 断开的剖视图管理器

编辑定义。在断开的剖视图属性管理器中重新设定选项，然后单击“确定”。

编辑草图。选择草图实体编辑，改变剖切的区域大小，然后关闭草图。

6.3.6 断裂视图

在工程图中使用断裂视图，可以将长宽比例较大的模型中的局部用较大比例显示在较小的工程图纸上。与断裂区域相关的参考尺寸和模型尺寸反映实际的模型数值。例如将一个细长轴中部没有其他结构的部分隐藏，将轴两端靠拢，这样可以将细长轴用一个比较合适的比例绘制在图纸中。可在工具、选项、文件属性、出详图中指定折断线和零件装配体外的直线延伸之间的间隙。折断线之间的间隙为折断线首先插入时的间隙(也是视图断裂后的间隙)。可在工具、选项、文件属性、线型中为折断线指定线型。

生成断裂视图的步骤为：

(1) 选择工程视图，然后单击工程图工具栏上的或，或单击“插入”、“工程视图”、“水平折断线”或“竖直折断线”。

可在单击“断裂视图”之前或之后选择工程图视图。

完成上述操作之后，两条折断线出现在视图中。

可以将多组折断线添加到一个视图中，但是，所有折断线必须为同一方向。只能打断没有断裂的视图。

(2) 在视图上用指针拖动折断线到希望断裂视图的位置。两折断线之间是将要隐藏的部分。

(3) 在工程视图边界内部单击右键，然后选择“断裂视图”。

视图的几何图形上显示一条间隙。除模型几何体外，断裂视图还支持装饰螺纹线和轴线。

当断裂视图时，折断线之间的草图实体被删除。

将断裂视图恢复为未断裂状态的方法是：用右键单击“断裂视图”，然后选择“撤消断裂视图”。

6.3.7 剖面视图

可以用一条剖切线来分割父视图在工程图中生成一个剖面视图。剖面视图可以是直切剖面或者是用阶梯剖切线定义的等距剖面。剖切线还可以包括同心圆弧。

可利用剖面视图生成新的剖面视图。新剖面是由原实体模型计算得来的，如果模型更改，此视图将随之更新。

可以在剖面视图中显示隐藏的边线。

将剖面视图在特征管理器设计树中展开，这样所有零部件和特征都可使用。

生成剖面视图的步骤为：

(1) 单击工程图工具栏上的或“插入”、“工程视图”、“剖面视图”，剖面视图属性管理器出现(如图 6-15)，直线工具被激活。

(2) 绘制一剖切线。

若要生成多线剖面视图或使用中心线作为剖切线，请在单击剖面视图工具之前绘制剖切线。多条剖切线可有同一标号。如果正使用的工程图标准不允许，则会有一警告信息出现。

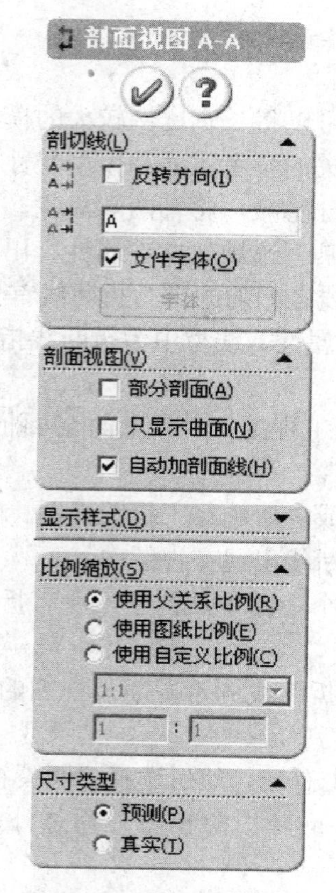

图 6-15　剖面视图管理器

(3) 为剖切线添加几何关系，使剖切位置准确通过剖切结构的中心。

如果剖切线不完全切透视图中模型的边界框，将被询问是否要局部剖切。如果单击“是”，剖面视图被生成为局部剖视图。

移动指针时，如果选择了拖动视图时显示其内容，视图的预览被显示。也可控制视图的对齐和方向。

如果剖切线有多条线段，视图会与单击剖面视图工具时选择的草图线段对齐。

(4) 单击确定视图位置。如有必要，可在剖面视图属性管理器中编辑视图标号并更改视图的方向。

6.3.8　旋转剖视图

可以在工程图中生成贯穿模型或是局部模型并与所选剖切线线段对齐的旋转剖视图。旋转剖视图与剖面视图相类似，但旋转剖面的剖切线由连接到一个夹角的两条或多条线组成。

可预先选择属于工程图图纸的草图实体以生成旋转剖视图。草图实体不必属于现有工程图视图。

生成旋转剖视图的步骤为：

(1) 单击工程图工具栏上的□或“插入”、“工程视图”、“旋转剖视图”。

若想生成带有两条以上直线的旋转剖视图，必须在单击之前选择绘制的直线。线条必须以一定角度连接，且不能形成多个轮廓线。输入命令时保证这些图线处于选中状态。

(2) 绘制剖切线。剖切线应由有一个夹角的两条连接线组成。

生成的旋转剖视图投影关系与绘制图线时的顺序有关。

如果处理装配体的工程图，在剖面视图的剖面范围对话框中设定选项。

(3) 在剖面视图属性管理器中设定选项。

当移动指针时，视图的预览在选择“当拖动视图时显示其内容”后会显示。还可控制对齐。视图与生成剖切线时选择的草图线段对齐。由其他线段所形成的剖面投影到同一基准面中。

视图的方向在将预览拖过剖切线时反转。也可在属性管理器中选择“反向”。

(4) 单击确定视图位置。

6.4 工程视图的属性、对齐和显示

在图纸中插入工程视图之后，可能需要对工程图的属性进行选择、更改，对视图的位置进行重新安排，对图形中的部分图线改变其显示方式或隐藏等。

6.4.1 工程视图属性

工程视图属性对话框提供关于工程视图及其相关模型的信息。

在工程视图中右键单击，然后选择属性可打开工程视图属性对话框(如图 6-16)，可在该对话框中查看和编辑工程视图属性。

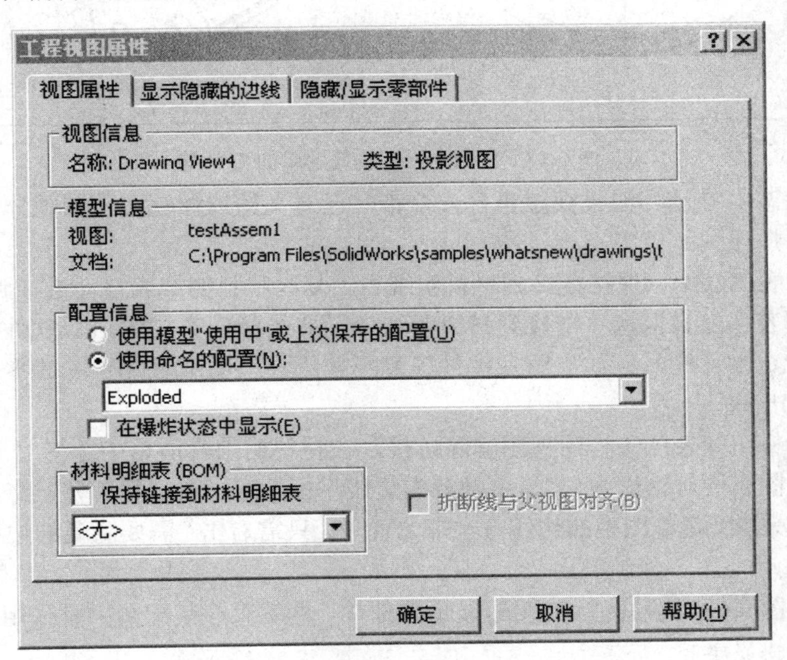

图 6-16 工程视图属性对话框

在工程视图属性对话框中，“视图属性”标签下可编辑或修改的属性有：

视图信息。显示所选视图的名称和类型(只读)。

模型信息。显示模型名称和参考文件的路径(只读)。模型信息在模型未装入时在分离视图中不可用。

配置信息。选择以下选项之一：

使用模型“使用中”或上次保存的配置或使用已命名的配置。要使用先前生成并命名的配置，从清单中选择。例如，根据国家制图标准的规定，绘制齿轮工作图时不需要绘制轮齿部分，只绘制齿顶圆和分度圆即可。可是如果要根据这样的模型制作立体图，是不能显示成明显的齿轮，只能显示成一个圆柱，看起来非常别扭。为了解决这个问题，可以在模型中设置两个不同的配置：一个包括有轮齿部分；另一个不包括轮齿部分，可是包括一个分度圆草图。制作正投影图时，采用不包括轮齿部分的配置；制作立体图时，采用包括轮齿部分的配置。这样在同一张制图中，既有符合国家制图标准要求的正投影图，又有包括符合立体形象的齿轮立体图。如图 6-17 中(a)、(b)分别为用同一个模型不同配置制作出的工程图。

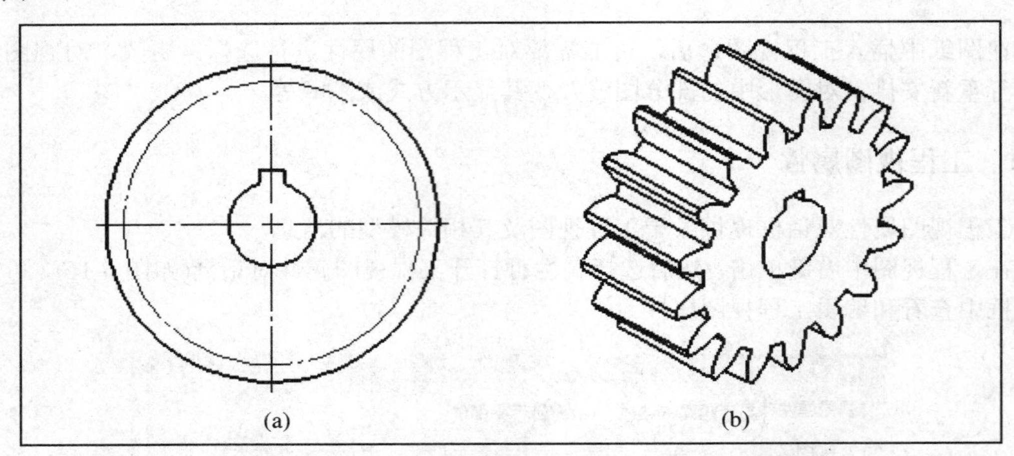

图 6-17　利用不同配置显示出的工程图

在爆炸状态中显示。如果视图包含一个带有已定义的爆炸视图的装配体，可选择此复选框来显示爆炸视图。

材料明细表(BOM)。保持链接到材料明细表。复写材料明细表自动链接到工程图视图。只要材料明细表存在且保持“链接到材料明细表”被选择，SolidWorks 软件将使用所选材料明细表来指定零件序号。如果附加零件序号不属于材料明细表配置中的零部件，则零件序号以星号(*)出现。

若要将材料明细表从工程图视图解除链接，在材料明细表清单中选择“无”。

在工程视图属性对话框中，“显示隐藏的边线”标签下，可选择那些已经隐藏的边线将其重新显示出来。隐藏视图中的边线方法非常简单，只需右击“需要隐藏的边线”，选择“隐藏边线”即可。

在工程视图属性对话框中，“隐藏/显示零部件”标签只在装配图中有作用，可将部分零部件隐藏或重新显示。

6.4.2 移动视图

按住 Alt 键，然后将指针放置在视图中的任何地方拖动，可移动视图。也可以将指针移到视图边界上以高亮显示边界，或选择视图。当移动指针出现时，将视图拖动到新的位置。

移动视图过程中有以下限制：移动父视图，子视图跟随移动；子视图移动只能按照投影关系移动；没有投影关系的视图可自由移动；有投影关系的视图要自由移动，必须先解除对齐关系。

6.4.3 对齐视图

对于默认为未对齐的视图，或解除了对齐关系的视图，可以更改其对齐关系。也可断裂视图对齐并将对齐返回到默认。

要使一个工程视图与另一个视图对齐，可按以下步骤操作：

(1) 选取一个工程视图，然后单击“工具”、“对齐视图”、“水平对齐另一视图”或“竖直对齐另一视图”。或用右键单击工程视图，然后选择以下之一：原点水平对齐；原点竖直对齐；中心水平对齐；中心竖直对齐。

完成上述操作后，指针形状变为。

(2) 选择要对齐的参考视图。

视图的中心沿所选的方向对齐。如果移动参考视图，对齐关系将保持不变。

对于已经添加了对齐关系或自动具有对齐关系的视图，可以解除对齐关系并独立移动视图。

解除视图的对齐关系的方法为：在视图边界内部单击右键，然后选择“对齐”、“解除对齐关系”，或单击“工具”、“对齐视图”、“解除对齐关系”。

将被解除的视图默认对齐关系恢复的方法为：在视图边框内部单击右键，然后选择“对齐”、“默认对齐关系”，或单击“工具”、“对齐视图”、“默认对齐关系”。

6.4.4 旋转视图

可以绕视图中心点旋转视图将视图设定为任意角度。

旋转视图的步骤为：

(1) 单击视图工具栏上的，或右键单击“视图”，然后选择“缩放/平移/旋转”、“旋转视图”。

旋转工程视图对话框出现，如图 6-18。

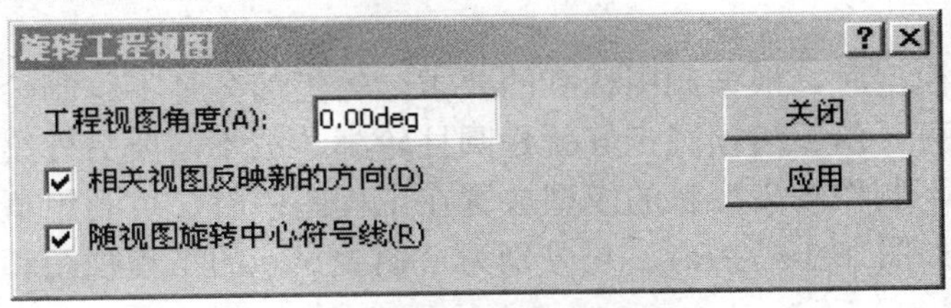

图 6-18　旋转工程视图对话框

(2) 拖动视图到所需的旋转位置。视图以 45° 增量捕捉，可以拖动视图到任意角度。角度以度出现在对话框中。或在对话框“工程视图角度”方框中输入角度，选择或取消选择相关视图反映新的方向复选框，单击“应用”以观看旋转效果。

(3) 单击“关闭”，关闭对话框。

如要使视图回到它原来的位置，用右键单击“视图”，然后选择“对齐”、“默认对齐关系”。

如果解除了该视图与另一视图的默认对齐关系，同样会恢复原来的对齐关系。

6.4.5 删除视图

要删除工程视图，可在工程视图中选择模型几何体，然后单击“删除”，或在工程视图中右键单击模型几何体，然后选择“删除”。单击“是”，确认删除。

6.4.6 隐藏和显示边线

在视图中，可能有部分边线是不希望显示或按照标准不能显示的。如阶梯剖视中每个转折位置都会有一条图线，这条线按照标准应该没有，可以将其隐藏。

隐藏或显示边线的方法为：选择一边线然后单击线型工具栏上的“隐藏边线”，或在边线上单击右键，然后选择“隐藏边线”。边线从视图中移除，但是在指针经过它时仍会高亮显示。

如要再次显示边线，选择一边线然后单击“显示边线”，或用右键单击边线然后选择“显示边线”。

如果无法选择隐藏的边线，请单击“工具”、“选项”、“系统选项”、“工程图”，确定选择了“选择隐藏的实体”复选框。

隐藏和显示边线只有边线在视图模式中显示时才为有效操作。例如，如果边线被隐藏而视图模式为消除隐藏线，则不能显示或隐藏边线。

6.4.7 隐藏和显示草图

可在工程图中显示和隐藏模型草图。SolidWorks 在特征管理器设计树中列举草图但根据默认将它们在图形区域中隐藏。

要在工程图中显示或隐藏草图，在特征管理器设计树中，用右键单击“草图”，然后选择“显示草图”。可采用同样的方法隐藏草图。

注意，当在特征管理器设计树中指向草图名称上时，草图实体在图形区域高亮显示。

例如制作齿轮模型时，根据制图标准的要求，轮齿部分是不绘制轮齿形状的，只绘制齿顶圆和分度圆即可。由于齿顶圆正好就是圆柱轮廓，故不需要另外绘制。分度圆则只是一个点画线圆。将不制作轮齿形状的模型放置在工程图中时，可利用草图是否显示控制分度圆的显示与否。如图 6-19 中(a)、(b)分别为草图被显示的工程视图和草图被隐藏的工程视图。

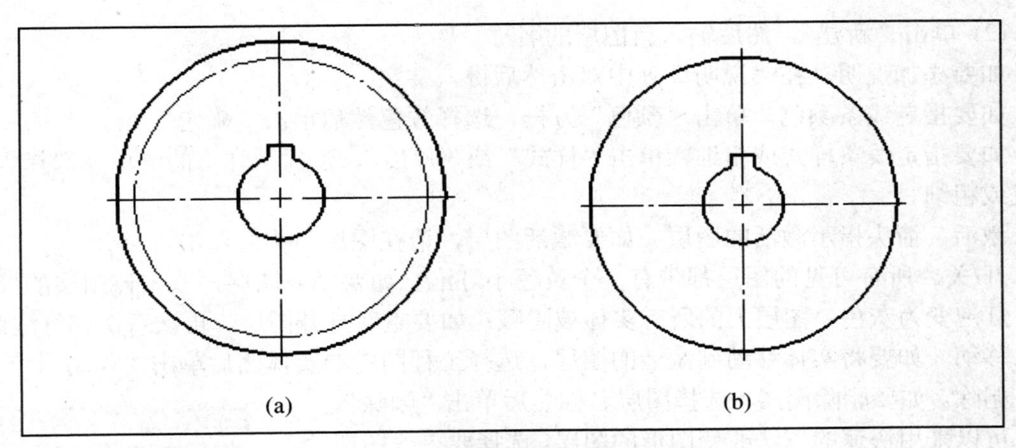

图 6-19 视图中草图的显示与隐藏

6.4.8 图层

可以在 SolidWorks 工程图文件中生成图层。可以为每个图层上生成的新实体指定线条颜色、线条粗细和线型。新实体会自动添加到激活的图层中。可以隐藏或显示单个图层。可以将实体从一个图层移到另一个图层。

可以将尺寸和注解(包括注释、区域剖面线、块、折断线、装饰螺纹线、局部视图图标、剖面线及表格)移到图层上；尺寸和注解使用图层指定的颜色。

如果将块移动到图层，块不会继承图层的属性。块必须位于块定义属性管理器中并选择块的单个实体，然后将之移动到图层以使实体能继承图层属性。

草图实体使用图层的所有属性。

可以将零件或装配体工程图中的零部件移动到图层。零部件线型对话框中包括一个用于为零部件选择命名图层的清单。

如果将 .dxf 或 .dwg 文件输入到一个工程图中，就会自动建立图层。在最初生成 .dxf 或 .dwg 文件的系统中指定的图层信息(名称、属性和实体位置)也将保留。

如果将带有图层的工程图作为 .dxf 或 .dwg 文件输出，图层信息将包含在文件中。当在目标系统中打开文件时，实体都位于相同的图层上，并且具有相同的属性，除非使用映射将实体重新导向新的图层。

生成工程图图层的步骤为：

(1) 在工程图中，单击图层工具栏或线型工具栏上的 。图层对话框出现，如图 6-20。

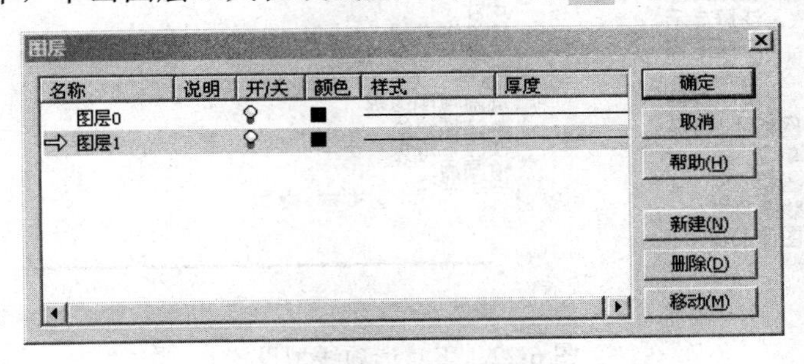

图 6-20 图层对话框

(2) 单击“新建”，然后输入新图层的名称。

如要添加说明，在“说明”列中双击然后键入文字。

如要指定线条颜色，单击“颜色”方框，选择颜色然后单击“确定”。

如要指定线条样式或粗细，单击“样式”或“厚度”，然后从弹出的清单中选择想要的样式或粗细。

激活。箭头指示激活的图层。如要激活图层，请在图层名称旁双击。

开/关。所有可见的图层都带有一个黄色小灯泡。如要隐藏图层，双击该图层的灯泡图标。灯泡变为灰色，图层上的所有实体被隐藏；如要重新打开图层，再次双击该灯泡图标。

移动。如要将实体移动到激活的图层，选择工程图中的实体然后单击“移动”。

删除。如要删除图层，选择图层名称然后单击“删除”。

可以采用快速的方法改变图形的图层。选择要更改图层的图形，在图层工具栏(如图 6-21)中点击打开图层列表框，点击目标图层名称，即可改变图形的图层。

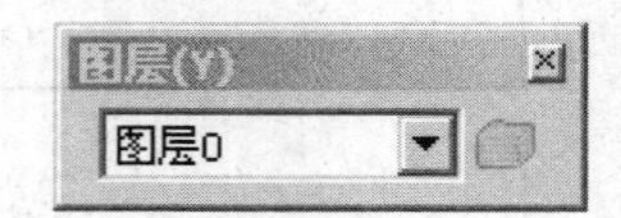

图 6-21　图层工具栏

【例 6.4.1】 改变图形的图层。

(1) 打开图层工具栏，建立图层 0，设置线条样式为虚线；建立图层 1，设置线条宽度为粗。激活图层 1。关闭对话框。

(2) 随意绘制几个方框或圆，观察其图线的样式和宽度。

(3) 选择其中几个图线，打开图层工具栏中的图层列表框，点击图层 0，注意图线样式和宽度的变化。

6.4.9 线型

可以在工程图中指定线型的样式和粗细。

选择“工具”、“选项”、“文件属性”、“线型”，打开如图 6-22 所示的界面，可为工程图中的图线设置样式和粗细。

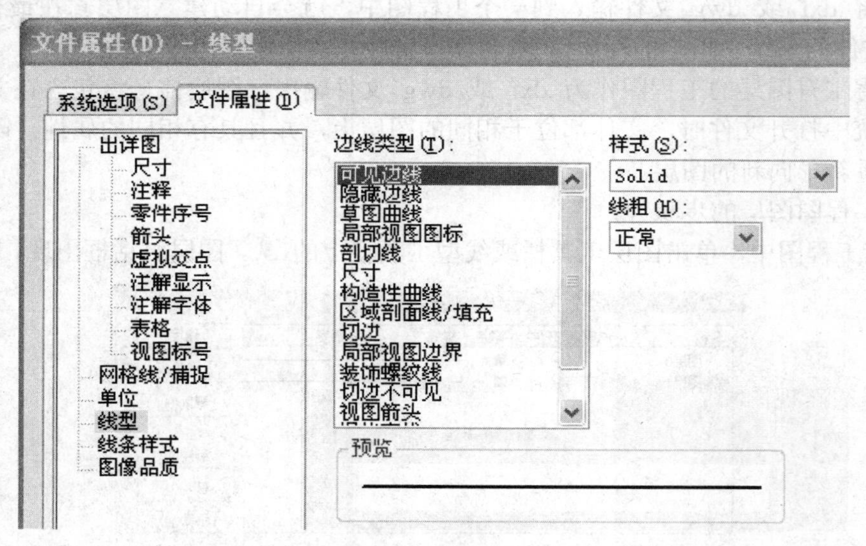

图 6-22　工具选项线型设置

从图 6-22 所示的界面中可以看出，可以分别选择图形中的各种类型的边线，设置其样式和粗细，如可见边线、隐藏(不可见)边线、尺寸、切边等。将这些图线的样式和粗细设置之后，插入的工程图中各种类型的边线自动使用设置的边线样式和粗细。

工程图中的图线除了可以按照文件设置的线型样式和粗细显示外，还可以利用线型工具(如图 6-23)改变单个图线的颜色、线型和粗细。

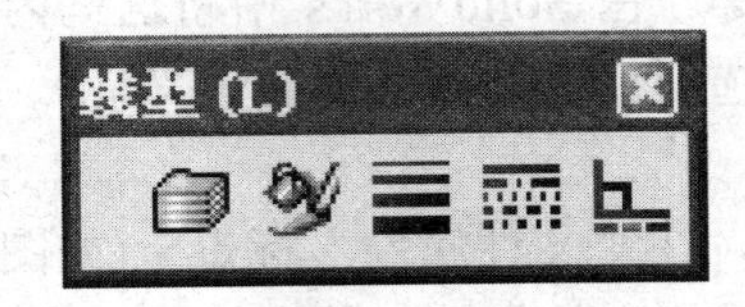

图 6-23　线型工具栏

改变单个图线的颜色、线型和粗细的步骤为：

(1) 选择图形中的图线。如果要选择多个，可按下 Ctrl 键同时选择。

(2) 点击线型工具栏中的要改变的类型的按钮，比如颜色、样式、粗细等。点击对象不同，可弹出不同的选择框。从中选择需要的目标，即可改变图线的颜色、样式、粗细等。

6.4.10　切边显示

切边为工程视图中圆形或圆柱面与其他相切面之间的过渡边线。

切边可以显示为：

可见。实线。如图 6-24(a)。

使用线型。使用在工具、选项、文件属性、线型中定义的默认线型的直线。如图 6-24(b)。

移除。不显示。如图 6-24(c)。

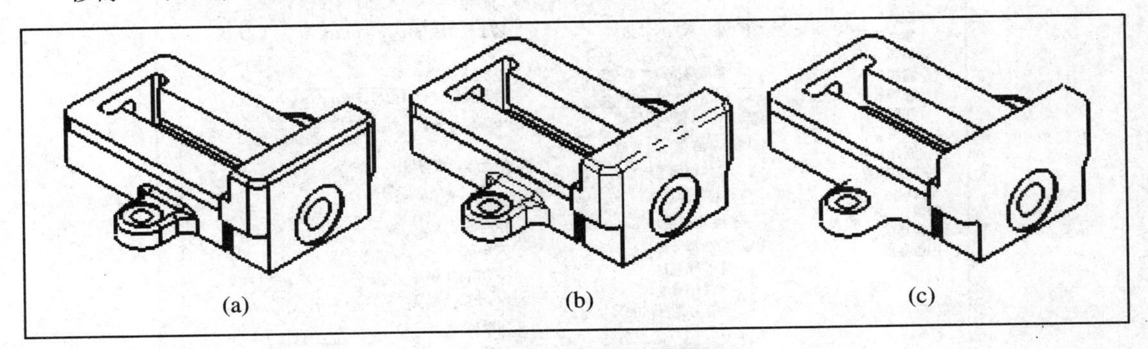

图 6-24　切边的三种显示方式

可用下列方法控制切边显示：

默认。为所有新工程视图设定显示，单击“工具”、“选项”、“系统选项”、“显示样式”，然后选择“在新视图中显示切边”下的选项之一。

在新安装中，当插入一视图至工程图文件中时，一对话框会出现，提示用户为当前的视图和将来的视图设定切边显示。

视图。欲为工程图中的单独视图设定显示，可在特征管理器设计树或图形区域中用右键单击“视图”并在弹出的菜单中选择“切边”，然后选择三种切边显示模式之一。

6.5　设定出详图选项

工程图中除了有各个视图之外，还必须有各种与零件有关的信息，比如尺寸、文字注释、各种公差符号和图形符号等。在 SolidWorks 中将这些内容规定为出详图的选项。可以设定出详图的各种选项。这些选项仅影响激活的文件。

设定出详图选项的步骤为：

(1) 单击“工具”、“选项”，在“文件属性”标签上(如图 6-25)选择各项内容进行设置。

出详图。尺寸标注标准、零值小数位数、基准特征、中心线、延伸线等。

尺寸。文字对齐、引线、箭头样式等。

注释。文字对齐、引线及边界等。

零件序号。零件序号样式、大小以及内容等。

箭头。箭头大小、样式以及依附位置等。

虚拟交点。虚拟交点的显示样式等。

注解显示。显示过滤器、文字比例等。

注解字体。注释、尺寸、出详图等的字体等。

表格。孔表、修订表和材料明细表的各种控制等。

视图标号。局部视图、剖面视图和辅助视图名称的标号内容及格式等。

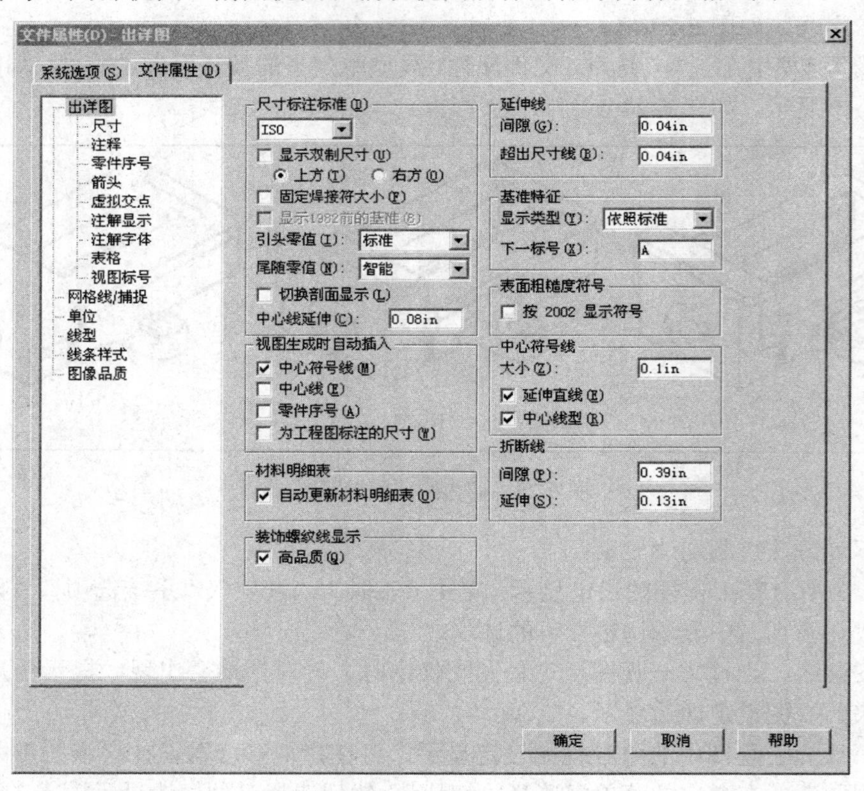

图 6-25　文件属性-出详图对话框

(2) 根据需要更改选项。

(3) 单击“确定”以应用这些更改并关闭对话框。

6.6 插入模型项目

插入模型项目操作可以将模型文件(零件或装配体)中的尺寸、注解以及参考几何体插入到工程图中。

将现有模型项目插入到工程图中的步骤为：

(1) 单击注解工具栏上的或“插入”、“模型项目”。

(2) 在模型项目属性管理器(如图 6-26)中设定选项。

(3) 单击。

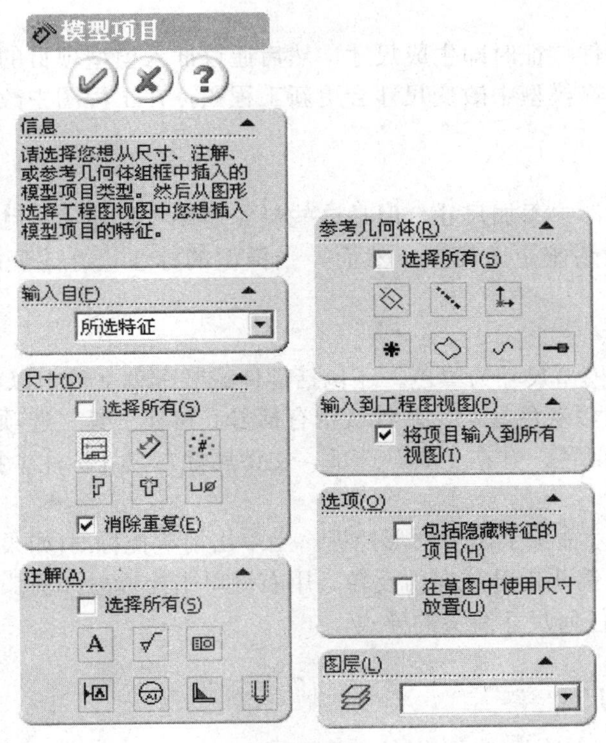

图 6-26 插入模型项目

可以将项目插入到所选特征、装配体零部件、工程视图或者所有视图中。可以在图形区域中或特征管理器设计树中选择特征、零部件或视图。尺寸和注解在插入到所有视图中时会以最适当的视图出现。显示在部分视图的特征，例如局部视图或剖面视图，会先在这些视图中标注尺寸。

另外，可在属性管理器激活时使用隐藏/显示指针。鼠标左键可移动项目，而鼠标右键则隐藏/显示项目。当模型项目属性管理器显示时，隐藏的模型项目为灰色。

当模型项目属性管理器和隐藏/显示指针激活时，以下选项可供使用：

删除。使用删除键来删除模型项目。

拖动。使用 Shift 键将模型项目拖动到另一工程图视图中。

复制。使用 Ctrl 键将模型项目复制到另一工程图视图。

尺寸只有草图在工程图中可见时才为未吸收的模型草图插入。要想为未吸收的草图插入尺寸，在特征管理器设计树中用右键单击“草图”，然后在插入尺寸之前选择“显示草图”。属于未吸收的草图的尺寸根据显示或隐藏的状态而显示或隐藏。也可不管草图是否显示或隐藏而显示或隐藏尺寸。用右键单击“草图”，然后选择“显示尺寸”或“隐藏尺寸”。

6.6.1 工程图中的尺寸标注

工程图中的尺寸标注是与模型相关联的，模型中的变更会反映到工程图中。利用插入模型项目的方法将尺寸插入到工程图中。

工程图中的尺寸分为从模型中得到的尺寸和在工程图文件中标注的参考尺寸。

- 模型尺寸。

常在生成每个零件特征时即生成尺寸，然后通过插入模型项目的方法将这些尺寸插入到各个工程视图中。在模型中改变尺寸会更新工程图，在工程图中改变插入的尺寸也会改变模型。

- 参考尺寸。

可以在工程图文件中添加尺寸，但是这些尺寸是参考尺寸，并且是从动尺寸；不能通过编辑参考尺寸的数值来更改模型。然而，当模型的标注尺寸改变时，参考尺寸值也会改变。

- 颜色。

在默认情况下，模型尺寸为黑色。还包括零件或装配体文件中以蓝色显示的尺寸(例如拉伸深度)。参考尺寸以灰色显示，并默认带有括号。可在工具、选项、系统选项、颜色中为各种类型尺寸指定颜色，并在工具、选项、文件属性、尺寸标注中指定添加默认括号。

- 箭头。

尺寸被选中时尺寸箭头上出现圆形控标。当单击箭头控标时(如果尺寸有两个控标，可以单击任一个控标)，箭头向外或向内反转。用右键单击控标时，箭头样式清单出现。可以使用此方法单独更改任何尺寸箭头的样式。

6.6.2 隐藏和显示尺寸

从模型中插入的尺寸不一定符合工程图要求。对这些尺寸可采用隐藏的方法，使其不在工程图中显示出来。可使用工程图工具栏上的或视图菜单来隐藏和显示尺寸。要隐藏单个尺寸，可以用右键单击尺寸，然后选择“隐藏”来隐藏尺寸。

6.6.3 用显示选项改变尺寸显示方式

可在尺寸属性对话框或弹出菜单中将尺寸从直径更改到半径或线性显示及反之。在荧屏上用右键单击一尺寸并选择：显示成直径、显示成半径、显示成线性尺寸。图 6-27 中(a)、(b)、(c)分别显示的是一个圆尺寸成直径、成半径、成线性尺寸状态显示的情况。

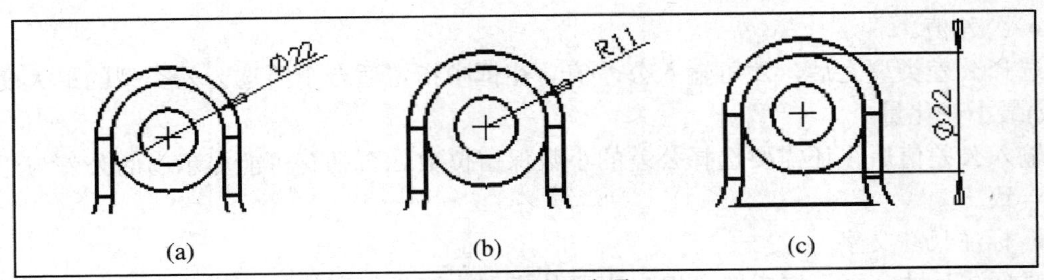

图 6-27　显示选项

此显示选项的修改只对圆或半圆尺寸有作用。

6.6.4　尺寸公差

尺寸公差对话框出现在尺寸选项和尺寸属性对话框(如图 6-28)中。它控制尺寸公差值和非整数尺寸之显示。可用选项需根据所选的公差类型及是否设定选项或应用规格到所选的尺寸而定。在图形窗口可预览尺寸和公差。

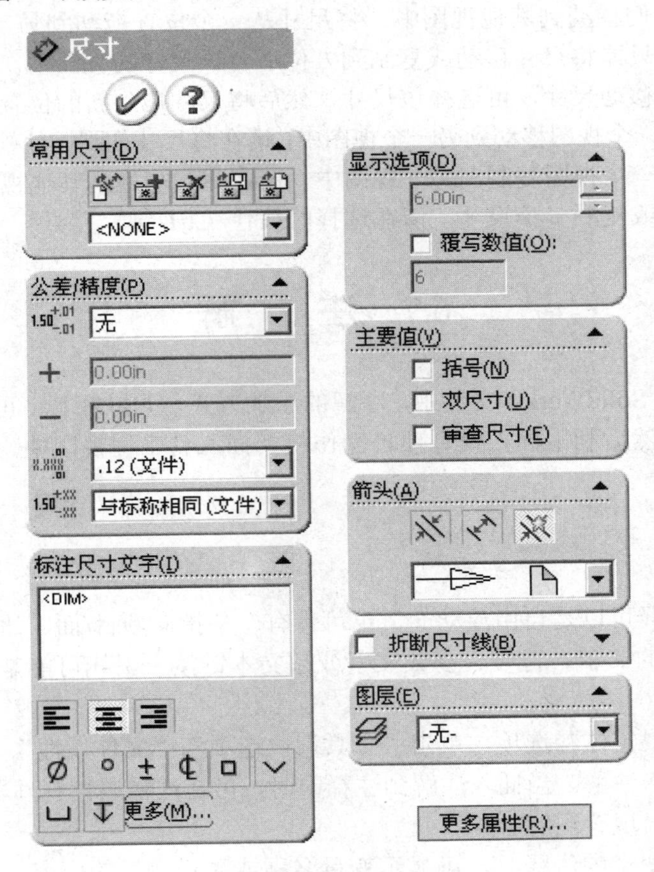

图 6-28　尺寸属性管理器

● 公差类型。

从清单中选择以下之一：无、标准值、双向公差、上下极限尺寸公差、对称公差、最小、最大、配合、与公差套合或套合(仅对公差)。

● 公差值。

选择公差类型之后，才可输入公差值。在框中指定适合于所选公差类型的最大变化量和(或)最小变化量。

输入公差值后，还需要选择公差的小数保留位数。否则有可能显示出的公差与想像中的不一致。

● 标注尺寸文字。

“标注尺寸文字”框中的<DIM>表示从模型中测量得到的尺寸值，当模型尺寸发生变化时，尺寸值会自动变化。可在测量值的前后添加前缀或后缀文字，使尺寸中出现符合工程图要求的文字。

6.6.5 移动及复制尺寸

自动插入的模型尺寸，放置位置和连接视图都可能不符合操作者的意图，因此需要移动尺寸或将尺寸从一个视图拖动到另一个视图。尺寸在工程图中一旦显示，即可在视图中移动它们或是将它们移动到其他视图中。将尺寸从一个位置拖动到另一个位置时，尺寸会重新附加到模型。只能将尺寸移动或复制到方位适合该尺寸的视图中。

如要在视图中移动尺寸，可选择该尺寸，然后将尺寸拖到新的位置。

如要将尺寸从一个视图移动到另一个视图中，请在将尺寸拖到其他视图时按住 Shift 键。

如要将尺寸从一个视图复制到另一视图中，请在将尺寸拖到其他视图时按住 Ctrl 键。

如要一次移动或复制多个尺寸，请在选择时按住 Ctrl 键。

6.7 注　解

在每种类型的 SolidWorks 文件中，注解的添加方式与尺寸相似。可以在零件或装配体文件中添加注解，然后利用插入模型项目操作将其插入到工程视图中。也可以在工程图中生成注解。

6.7.1 注释

在文件中，注释可以是自由浮动的，也可带有一条指向项目(面、边线或顶点)的引线。注释可以包含简单的文字、符号、参数文字或超文本链接。引线可能是直线、折弯线或多转折引线。

要为当前文件设定注释选项，单击“工具”、“选项”、“文件属性”、“注释”。

可在注释中插入注解。当插入注解到注释中时，可在注释属性管理器中生成新的注解，或在工程图中选择一现有注解。

当编辑包含有变量的注释时，可显示变量名称或显示变量的内容。单击“视图”、“注解链接变量”来观阅变量名称。

生成注释的步骤为：

(1) 单击注解工具栏上的A或“插入”、“注解”、“注释”。

(2) 在注释属性管理器(如图 6-29)中设定选项，包括文字旋转角度、有无引线、有无边框等。

(3) 在图形区域中单击以放置注释。如果注释带引线，单击图形项目放置引线，然后再次单击以放置注释；如果无引线，直接在空白处点击。

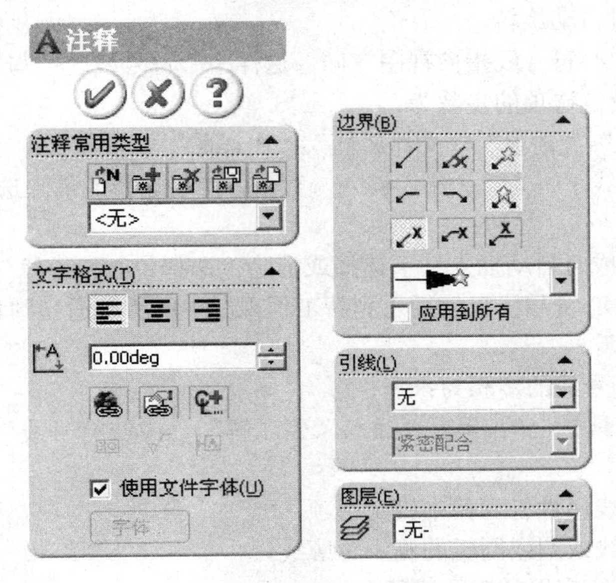

图 6-29　注释属性管理器

- 格式化工具栏(如图 6-30)显示，可在其中改变文字字体、字体大小、对齐方式、堆叠(分数或公差)、编号等。
- 输入文字的方框中有光标在闪动，直接键入文字，可形成注释。

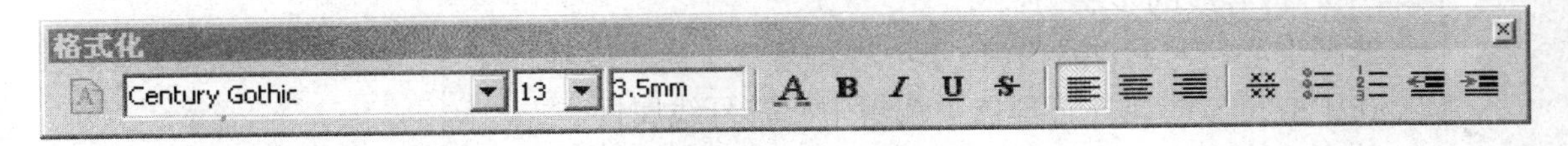

图 6-30　注释格式化工具栏

(4) 在图形区域中注释外单击来完成注释。

可按住 Ctrl 键并拖动引线附加点来将更多的引线添加到现有注释。

6.7.2　中心符号线

可以将中心符号线放置在工程图中的圆或圆弧上。中心符号线可用为尺寸标注的参考体。

有关中心符号线的一些要注意的项目如下：

圆或圆弧的轴线必须正交于工程图纸。

中心符号线可作为单一符号在线性阵列或圆周阵列中使用。线性阵列可以包括连接线，圆周阵列可以包括圆周线及基体中心符号。显示属性包括符号大小、延伸线及为中心符号线指定中心线型。

可设定选项，这样可使中心符号线在新的工程视图中自动插入。

可手工插入中心符号线到阵列中的一个圆或圆弧中，然后将中心符号线增殖到阵列中的所有实体。

如果阵列是从特征而不是从面或实体生成的，则中心符号线自动增殖或插入到阵列中。

可单独旋转中心符号线，以度数指定旋转。可在旋转工程视图对话框中选择将中心符号线在视图被旋转时自动旋转。

辅助视图中的中心符号线指向视图方向，这样中心符号线之一与视图箭头方向平行。

为中心符号线设定选项的步骤为：

(1) 单击“工具”、“选项”、“文件属性”、“出详图”。

(2) 在中心符号线下，为“大小”键入一数值，然后选择或消除选择“延伸直线和中心线型”复选框。

(3) 在“视图生成时自动插入”下选择或消除“选择中心符号线”复选框。

当被选择时，中心符号线自动插入到新工程视图中的所有适当圆和圆弧中。

(4) 单击“确定”。

手动插入中心符号线的步骤为：

(1) 单击注解工具栏上的或“插入”、“注解”、“中心符号线”。此时，指针形状变为。

(2) 在中心符号线属性管理器中设定选项。

(3) 单击模型边线或圆或圆弧的侧影轮廓线。

不能将中心符号线应用到椭圆或环面。

如果选择了线性阵列()或圆周阵列()，单击延伸()将中心符号线应用到阵列中的所有实体。

(4) 单击“确定”。

编辑中心符号线的步骤为：

(1) 选择中心符号线(指针在位于中心符号线上时会变成)。

(2) 在中心符号线属性管理器中编辑中心符号线属性。

(3) 单击“确定”。

可标注尺寸到水平线、竖直线或圆形边线来生成竖直、水平或角度尺寸。可在两个中心符号之间或在一中心符号和另一实体之间标注尺寸。

6.7.3 中心线

可自动或手动将中心线插入到工程视图中。SolidWorks 软件避免双重中心线。

要自动将中心线插入到工程视图中，步骤为：

(1) 在工程图文件中，单击“工具”、“选项”、“文件属性”、“出详图”。

当视图生成时在“自动插入”下选择中心线。

(2) 单击“确定”。

(3) 插入一工程视图，中心线自动出现在所有合适的特征中。

即使选择了选项，如果模型位于大型装配体模式，或者零部件数量超过大型装配体的阈值，中心线不会自动插入。

手工插入中心线的步骤为：

(1) 在工程图文件中，单击注解工具栏上的或“插入”、“注解”、“中心线”。

(2) 在出现的中心线属性管理器中选择相关选项。

注意，可以先选择工具或者先选择一实体。

可供选择的选项：

两条边线(平行或非平行)。

两个草图线段(除样条曲线外)。

一个面(圆柱、圆锥、回转或扫描)。

图形区域中的工程视图(除等轴测视向外)。

特征管理器设计树中的特征、零部件或工程视图。

图形区域中零部件快捷键菜单中的插入零部件中心线(仅限于装配体工程图)。

中心线出现在所选实体的所有合适线段中。

(3) 单击“确定”。

6.7.4 孔标注

孔标注可在工程图中使用。如果改变了模型中的一个孔尺寸，则标注将自动更新。

当孔使用异型孔向导而生成时，孔标注将使用异型孔向导信息。异型孔向导类型的默认格式存储于“安装目录\lang\<语言>\calloutformat.txt”下。第二个文件，即 calloutformat_2.txt，是一个简化的版本。可以编辑任何文件之一。如果想使用第二个文件，则必须将该文件正确更名为 calloutformat.txt，即 SolidWorks 软件参考的文件名称。可以在工具、选项、系统选项、文件位置中为孔标注格式文件设定默认的文件夹位置。

如果具有相同格式的多个孔使用异型孔向导而生成，实例数包括在孔标注中。

孔的轴线必须与工程图纸正交。

在工程图中添加孔标注的步骤为：

(1) 单击注解工具栏上的或“插入”、“注解”、“孔标注”。此时，指针形状变为。

(2) 单击孔的边线，然后单击图形区域来放置孔标注。

孔标注被插入，尺寸标注属性管理器出现。标注包含一直径符号 ϕ 和孔直径的尺寸。如果孔的深度已知，标注将也包含深度符号↧和深度的尺寸。如果孔是在异型孔向导中生成的，标注包含额外的信息(如锥形沉头孔的尺寸或孔实例数)。

(3) 在尺寸属性管理器中编辑标注。

可以指定精度，选择箭头样式，或添加文字(例如，孔位置编号)。然而，应保留孔大小和类型的尺寸或符号。

如果孔是由异型孔向导所生成的，也可以通过尺寸属性管理器修改孔标注。

6.7.5 装饰螺纹线

装饰螺纹线代表凸台上螺纹线的内部直径(外螺纹的螺纹小径)，或代表孔上螺纹线的外部直径(内螺纹的螺纹大径)并可包括孔标注。

装饰螺纹线的属性和功能包括：可以在零件、装配体或工程图上显示螺纹线，还可以加上螺纹标注注释；可给圆锥孔添加装饰螺纹线；如果圆锥螺纹线不在平面上结束，则被曲面剪裁。

装饰螺纹线与其他的注解有所不同，它是其所附加项目的专有特征。例如，孔上的装饰螺纹线以及用来生成孔的草图均位于孔特征下的特征管理器设计树中。

当指针位于装饰螺纹线上时，指针形状变为。

零件文件中的装饰螺纹线被自动插入到工程视图。如果工程图文件为 ANSI 标准，任何现有装饰螺纹线也将被插入。螺纹线标注未用到 ISO、JIS 或其他标准中，但可在快捷键菜单上使用插入标注将其显示。欲从装配体文件插入装饰螺纹线到工程图，单击“插入”、“模型项目”，然后单击“装饰螺纹线”。

在工程图中，插入装饰螺纹线标注出现在快捷键菜单中。如果在零件中定义了装饰螺纹线标注但未在工程图中显示，选择此菜单项目将显示标注。在默认情况下，引线附加到螺纹线。标注是个注释，可以如同编辑任何注释一样编辑标注。

如果在操作工程视图时添加装饰螺纹线，零件或装配体会更新以包括装饰螺纹线特征。

可为装饰螺纹线的圆形面和侧影轮廓边线附加注释。可在工程图中标注圆形装饰螺纹线尺寸及侧面的线性尺寸。可相对于草图实体标注装饰螺纹线的侧影轮廓边线尺寸。不能在零件或装配体文件中标注装饰螺纹线的尺寸。

装饰螺纹线的显示状态服从其父特征的显示状态。当更改显示模式、将特征添加到显示隐藏的边线列表或隐藏零部件时，装饰螺纹线的显示状态将自动更改。

可使用“显示精确螺纹线”选项来检查所有装饰螺纹线来决定它们是否应可见或隐藏。

可以参考引用阵列的装饰螺纹线。

对于螺纹孔和管螺纹孔，可在异形孔向导中添加装饰螺纹线。

注意：对于在异形孔向导中所生成的带装饰螺纹线的螺纹孔，孔直径为螺纹钻孔的直径；对于没有装饰螺纹线的螺纹孔，孔直径为螺纹的外径。

对于装饰螺纹线的上色显示，单击“工具”、“选项”、“文件属性”、“注解显示”，在“显示过滤器”下选择“上色的装饰螺纹线”。选择此选项后，螺孔显示如图 6-31。

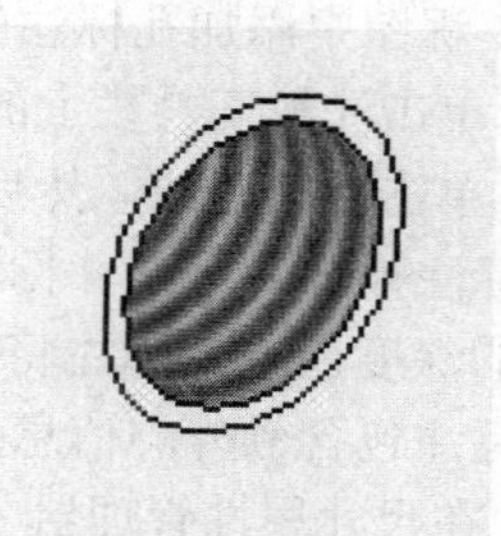

图 6-31　螺孔中上色显示的装饰螺纹线

插入装饰螺纹线的步骤为：

(1) 在一个圆柱形特征上(凸台、切除或孔)选择螺纹线开始的圆形边线。如果特征是圆锥孔，选择主要直径(螺纹大径)；如果特征是圆锥凸台，选择次要直径(螺纹小径)。

也可在单击工具后选择特征。

(2) 单击注解工具栏上的 U 或“插入”、“注解”、“装饰螺纹线”。

(3) 在装饰螺纹线属性管理器中设定属性。

(4) 单击✓。

编辑装饰螺纹线的步骤为：

(1) 在零件或装配体文件中，用右键单击“装饰螺纹线特征”，然后选择“编辑特征”。

(2) 在装饰螺纹线属性管理器中做必要的变更，然后单击“确定”。

在激活的工程图文件中指定装饰螺纹线的线型与线粗的步骤为：

(1) 单击“工具”、“选项”，在“文件属性”标签上单击“线型”。

(2) 在“边线类型”部分选择“装饰螺纹线”。

(3) 从清单中选择一样式和线粗。

预览框将显示结果。

6.7.6 表面粗糙度符号

可以使用表面粗糙度符号指定零件面的表面纹理。可以在零件、装配体或者工程图文件中选择面。

对于 ISO 和相关绘图标准，可在工具、选项、文件属性、出详图中指定按 2002 显示符号以按 2002 标准显示表面粗糙度符号。

插入表面粗糙度符号的步骤为：

(1) 单击注解工具栏上的☑或“插入”、“注解”、“表面粗糙度符号”。

(2) 在属性管理器中设定属性。

(3) 在图形区域中单击以放置该符号。

多转折引线。在放置符号前，用右键单击并选择“使用多转折引线”来添加一多转折引线。在图形区域中单击来放置引线的箭头端，然后移动指针并单击来添加每个转折点。若想完成引线并放置符号，可双击或右键单击并选择“结束引线”。

多个实例。根据需要单击多次以放置多个相同符号。

编辑每个实例。可以在对话框中更改每个符号实例的文字和其他项目。

引线。如果符号带有引线，请首先单击以放置引线，然后再次单击以放置符号。

多引线。在拖动符号时(放置其之前)按住 Ctrl 键。注释停止移动，第二条引线被添加。仍按住 Ctrl 的同时，单击以放置引线。根据需要单击多次以放置附加的引线。释放 Ctrl 键并单击以放置符号。

(4) 单击✔。

将带有引线的表面粗糙度符号拖到任意位置。如果将没有引线的符号附加到一条边线，然后将它拖离模型边线，则将生成一条延伸线。

如要编辑表面粗糙度符号，选择该符号，在属性管理器中修改编辑。

可通过按住 Ctrl 键并拖动引线附加点来给现有的符号添加更多引线。

6.7.7 基准特征符号

可以将基准特征符号附加于以下项目：零件或装配体中的模型平面或参考基准面、工程视图中显示为边线(而非侧影轮廓线)的表面或者剖面视图表面、形位公差符号框、注释中。

插入基准特征符号的步骤为：

(1) 单击注解工具栏上的[A]或“插入”、“注解”、“基准特征符号”。

(2) 在基准特征符号属性属性管理器中设定选项。

(3) 在图形区域中单击以放置附加项然后放置该符号。

根据需要继续插入多个符号。

(4) 单击✔。

如果将基准特征符号拖离模型边线，则会添加延伸线。

如要编辑基准特征符号，选择该符号，在属性管理器中编辑修改。

注意，要使标注的基准特征符号符合中国国家标准，可单击“工具”、“选项”、“文件属性”、“出详图”，在尺寸标注标准部分，从清单中选择“GB”。

6.7.8 形位公差

可放置形位公差符号于工程图、零件、装配体或草图中的任何地方，可显示引线或不显示引线，并可附加符号于尺寸线上的任何地方。

形位公差符号的属性对话框可根据所选的符号而提供各种选择。只有那些适合于所选符号的特性才可以使用。

形位公差符号可有任何框数。

指针在靠近形位公差符号的箭头控标时变成。

可不必关闭对话框而添加多个符号。

可显示多条引线。

可按住 Ctrl 键并拖动引线附加点将更多引线添加到现有符号。

若要编辑现有符号，双击该符号，或用右键单击符号并选择“属性”。

当将形位公差符号的引线从模型边线拖离时，将生成一自动尺寸界线。

生成形位公差符号的步骤为：

(1) 在注解工具栏上单击或单击“插入”、“注解”、“形位公差”。

(2) 在属性对话框和形位公差属性管理器中设定选项。

当添加项目时，会显示预览。

单击以放置符号。

(3) 若想将多转折引线添加到符号，在放置符号前，用右键单击并选择“使用多转折引线”。在图形区域单击来放置引线附加点，然后移动指针并单击来添加每个转折点。如想完成引线并放置符号，双击或右键单击然后选择“终止引线”。

根据需要单击多次以放置多条引线。

如果符号带引线，单击一次放置引线，然后再次单击以放置符号。

可为符号的每个实例在对话框中更改文字和其他项目。

在拖动符号并在将之放置之前，按住 Ctrl 键。注释停止移动，但引线延伸，加长引线。

仍按住 Ctrl 键的同时，单击以放置引线。根据需要单击多次以放置额外引线。释放 Ctrl 键并单击以放置符号。

(4) 单击✔。

6.7.9 区域剖面线/填充

可以对模型面、闭环草图轮廓或由模型边线和草图实体组合所邻接的区域应用剖面线样式或实体填充。区域剖面线只可在工程图中应用。

区域剖面线的一些特点如下：

如果选择区域剖面线为实体填充，则默认填充颜色为黑色。可以使用线型工具栏上的线色工具来更改颜色；

可在块中包括区域剖面线；

可将区域剖面线移到图层中；

只可在其未断裂状态选择断裂视图中的区域剖面线，无法在通过断裂处选择区域剖面线；

如果更改区域边界(例如，如果绘制一想从区域剖面线或填充拉伸的矩形)，可用右键单击然后选择“重新生成区域剖面线”来更新区域；

当指针位于区域剖面线或填充上时，指针形状会变为 ；

若想为区域剖面线/填充设定选项，单击“工具”、“选项”、“系统选项”、“区域剖面线/填充”。

添加区域剖面线或实体填充的步骤为：

(1) 在工程图文件中，选择一模型面、一闭环草图轮廓的线段或由模型边线和草图实体组合所邻接的区域。

(2) 单击注解工具栏上的 或“插入”、“注解”、“区域剖面线/填充”。

(3) 在区域剖面线/填充属性管理器中设定选项。

(4) 单击 。

区域剖面线或实体填充出现在所选区域中。可更改草图轮廓的形状和大小，区域将更新以填充修改的轮廓。

若想删除区域剖面线，在图形区域将之选择，然后按 Delete 键。当区域剖面线被删除时，绘制的轮廓未被删除。

编辑区域剖面线或实体填充的步骤为：

(1) 在图形区域中单击“区域剖面线”或“填充”。

(2) 在区域剖面线/填充属性管理器对话框中设定选项，然后单击 。

6.7.10 块

可以为经常使用的工程图项目生成、保存并插入块，例如标准注释、标题栏、标签位置等。块可以包括文字、除点之外的任何类型的草图实体、零件序号(除层叠零件序号之外)、输入的实体和文字，以及区域剖面线。可将块附加到几何体或工程视图中，且可将块插入到图纸格式中。块只能用于工程图文件中。图 6-32 为在工程图中常用的块图形。

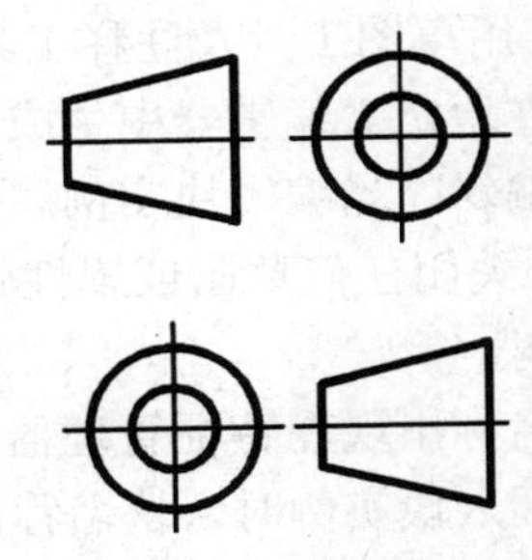

图 6-32 第一角或第三角投影符号

块有以下形式：

定义。在特征管理器设计树中命名。如果块定义被编辑，新的版本在随后的实例中出现。如果在编辑块定义时链接到外部文件，更改将自动应用到当前文件中块的任何实例。

实例。根据定义插入到图形区域中。块实例属性中的更改只适用于所选实例。

保存块是可选的。可在工程图文件内制作、编辑、复制并移动块，而不必将块保存到文件。

点。当指针位于块实体上时，指针形状会变为；当指针位于块中空白空间上时，指针形状会变为。

当用右键单击块实例中的实体时，可访问块的快捷键菜单。

当用右键单击块实例中的空间时，可访问工程图纸的快捷键菜单。

基点。块有基点。当插入或粘贴块时，块实例被找出，这样其基点位于插入或粘贴点的交叉处。块实例绕其基点缩放比例并旋转。

当选择一块实例时，基点以蓝色显示。可在块定义编辑器中更改块基点的位置。

引线。块引线有一定位点(端点定位到块)及附加点(端点附加到模型或工程图纸)。可将引线添加到块实例，也可将引线定位点在块中任何地方拖动。

附加到模型的注释引线在包括在块中时被冻结。块中注释上的引线不会调整以附加到任何模型或草图实体。

图层。可在制作块前将草图实体和注解移到图层上。还可在块编辑器中将块移动到图层上。

如果在块编辑器中更改图层的属性，更改将应用到图层中的所有实体，不只是块中的实体。

在插入块属性管理器或块实例属性管理器中选择一图层适用于块引线和箭头。

捕捉。可按基点或块中的草图点(如，直线和点或矩形的顶点)来拖动块。块以下列方法推理并捕捉到其他点：块到块，块到草图，草图到块，草图到草图。捕捉不生成几何关系，所以可将实体拖开。

指定查找块的默认路径的步骤为：

(1) 单击“工具”、“选项”、“系统选项”、“文件位置”。

(2) 在“显示下项”的文件夹下，从清单中选择块，然后单击“添加”。

(3) 在浏览文件夹对话框内，浏览到需要的文件夹，然后单击“确定”。

清单可以包含多个目录，在插入块时，打开对话框默认显示清单中的第一个路径。

在块定义编辑器中生成新块的步骤为：

(1) 在工程图文件中单击“工具”、“块”、“新建”，块定义编辑器打开，图形区域有一临时工程图纸，左窗格中有块定义属性管理器。

(2) 用草图工具及注释工具生成块定义。

可在块定义编辑器中生成或编辑注释时将块设定(标签名称、只读和不可见)应用到注释并进行编辑。当编辑块实例属性时，可更改还未指定为只读的注释的数值(文字) 。

(3) 关闭任何草图或属性管理器并单击来关闭块定义编辑器并将块添加到特征管理器设计树。

块名称出现在特征管理器设计树中的块文件夹下。可在特征管理器设计树中编辑块名称。当插入块实例时，块名称出现在可用块的清单中。也可将块保存到文件。

从工程图中的实体生成新块的步骤为：

(1) 在工程图中绘制组成块的实体。如要添加文字，可使用注释工具。

(2) 用方框选择所有实体。

(3) 单击"工具"、"块"、"创建"。

如果为块选择属于一个视图的实体，则块将属于此视图；如果为块选择属于一个以上视图的实体，则块将属于图纸。

如果链接注释到系统或自定义属性，块将储存识别注释所附加到的实体的系统变量(如$PRPMODEL)，并在块实例附加到模型、视图或文件时将链接分解。它还将储存并以后分解系统或自定义变量名称(如"SW-生成的日期")。

块名称出现在特征管理器设计树中的块文件夹下。可在特征管理器设计树中编辑块名称。当插入块实例时，块名称出现在可用块的清单中(参阅以下)。也可将块保存到文件(参阅以下)。

(4) 单击✔。

移动或复制块的方法为：若要移动块，选择块并将之拖动；若要复制块，拖动块时按住 Ctrl 键。

保存块的方法为：用右键单击块并选择"保存到文件"。或选择块并单击"工具"、"块"、"保存到文件"。另存为对话框出现。块文件的默认扩展名为 .sldblk。SolidWorks 软件仍然支持 .sldsym 插入块和编辑块，但所有保存到外部文件的新块都使用 .sldblk 扩展名。块的属性(比例和旋转角度)保存在文件中。

将块插入到工程图中的步骤为：

(1) 单击或"插入"、"块"，随即出现插入块属性管理器。

还可以从特征管理器设计树中的块文件夹将块拖动到图形区域中。

(2) 在"源"下，进行以下操作之一：

从工程图文件中的块清单内选择一块名称。

或单击"浏览"浏览包含块定义的外部文件。

可插入带 .sldblk、.sldsym、.dwg 及 .dxf 扩展名的文件。如有必要，选择"生成外部参考引用到文件"以将文件中的定义链接到文件定义。

在图形区域中任意单击多次来放置需要的任意块件数。块被定位，这样块基点位于所单击的图形区域内的点处。

如果捕捉到网格点在"工具"、"选项"、"文件属性"、"网格线/捕捉"中被激活，绘制实体和注解时，块基点将捕捉到网格点。

如果在插入块时按 Esc 键，所有在当前操作中所生成的实例将丢失。

(3) 单击✔。

可为所有实例或单独为每个实例编辑块注释。在块定义属性管理器中编辑文字将更改应用到所有实例。若想激活每个实例的编辑，在定义中给注释添加一标签名称，然后在块实例属性管理器中编辑注释属性。不能双击一块注释在荧屏上进行编辑。

编辑块实例属性的步骤为：

(1) 在图形区域中选择块实例。

(2) 在出现的块实例属性管理器中指定引线、比例、旋转角度及文字显示。单击"属性"来编辑注释的数值。

(3) 单击✔。

编辑块定义的步骤为：

(1) 在特征管理器设计树中选择“块定义”，然后单击“工具”、“块”、“编辑定义”。

或在特征管理器设计树中用右键单击“块定义”，或用右键单击图形区域中的块实例，然后选择“编辑定义”。

块在临时图纸上出现，块定义属性管理器打开。

(2) 可添加、删除并编辑图形区域中的实体。在块定义属性管理器中，可编辑块的名称，更改基点位置，并连接块定义到文件。

(3) 单击✔，保存更改并重新制作块。

爆炸块方法为：

在图形区域用右键单击块，然后选取“爆炸”。

或选择块并单击“工具”、“块”、“爆炸”。

若想重新制作块，选择要包括的实体，然后单击“工具”、“块”、“制作”，新块的名称会出现在特征管理器设计树中，并带有下一顺序号。

注意，如果爆炸位于图层上的块，实体在将之移动到新的图层时将保留其旧的颜色。若要重设颜色以使实体继承新图层的颜色，首先选择实体，单击线型工具栏上的“线色”，然后选择默认，接着单击“确定”。

更改块基点的位置的步骤为：

(1) 输入编辑块定义命令，指针形状变为。

块的基点由在块定义的图形区域中识别。

(2) 将基点拖动到编辑器的图形区域中的任何地方。或在块定义属性管理器中的基点下，在 X 坐标和 Y 坐标框中输入相对的数值。原有的基点位置由识别。

(3) 单击✔。

更改引线附加点和引线定位点的位置的步骤为：

(1) 选择一个块实例。

(2) 在块实例属性管理器的“引线”下选择“显示引线”。

块必须有引线才能允许更改引线附加点和引线定位点的位置。引线附加点根据默认出现在块的左下角(在定位点之上)。

(3) 在图形区域中选择引线附加点(指针在位于点上时变成)并将之拖动到工程图纸的任何地方。

引线定位点现在可见。

(4) 选择引线定位点(指针在位于点上时变成)并将点拖动到块中的另一位置。

6.7.11 注解表格

表格工具栏上的表格可用于材料明细表、系列零件设计表、基于 Excel 的材料明细表、孔表、修订表、焊件切割清单等。

表格具有以下功能：以指针拖动、捕捉到可设定的定位点，以图纸格式捕捉到直线、点及顶点(除了基于 Excel 的材料明细表)，使用标准或自定义模板，添加列和行并调整其尺寸，选择和删除表格、列和行，分割或合并表格(除了修订表外)，合并或分割单元格，分排列的内容(除了修订表外)，放大所选范围，控制图层颜色(除了基于 Excel 的材料明细表)。

可在表格中编辑项目。

如果编辑表格中的项目，自动控制不会将之更改。若想编辑文字，双击文字然后在荧屏上编辑。注释属性管理器出现(除了基于 Excel 的材料明细表)，允许除编辑文字外并可将它格式化。

如果单元格数值在参数方面链接到零件或装配体文件，会显示一个信息警告，编辑数值将断开链接(除了基于 Excel 的材料明细表)。要想在将来恢复链接，删除单元格中用户所定义的文字。

拖动表格的步骤为：

(1) 在表格属性管理器中清除“附加到定位点”。(对于基于 Excel 的材料明细表，在材料明细表属性对话框中清除“使用表格定位点”。)

(2) 按住 Alt 键然后拖动表格或表格标题栏。

捕捉表格到图纸格式实体的步骤(此不适用于基于 Excel 的材料明细表)为：

(1) 将表格拖动到图纸格式中一竖直线或水平线、点或顶点。

(2) 当表格边线捕捉到直线或点时，释放指针。

将列或行添加到表格的方法：在想添加新列或行的列或行中用右键单击并选择“插入”，然后选择一选项。

调整列宽或行高的步骤(此不适用于基于 Excel 的材料明细表)为：拖动一边界，当指针变成⟺时拖动列宽，变成⇕时拖动行高。或选择一列或多个列，或一行或多行(或按标题栏选择整个表格)，用右键单击并选择“格式化”、“列宽度”或“行高度”，然后在对话框中键入一数字。

选择或删除一表格、列或行的方法(此不适用于基于 Excel 的材料明细表)为：在表格中用右键单击，然后选取“选择”或“删除”，接着选取“表格”、“列”或“行”。

分割表格的方法(此不适用于修订表或基于 Excel 的材料明细表)为：用右键单击表格并选择分割：横向上、横向下、纵向左、纵向右。

若想合并已分割的表格，用右键单击表格一部分然后选择“合并”。

合并或分割单元格的方法(此不适用于修订表或基于 Excel 的材料明细表)为：选择单元格，单击右键并选择“合并”或“分割”。

6.7.12 材料明细表

可将材料明细表插入到装配体工程图中。

工程图可包含基于表格的材料明细表或基于 Excel 的材料明细表，但不能包含两者。

基于表格的材料明细表以 SolidWorks 表格为基础，包括模板、定位点、配置数量、是否保留从装配体中删除的项目、零值数量显示，不包括装配体零部件、按装配体顺序、项目号控制。

可指定一开始项目号，但增量总是为单一整数(如 1、2、3、…或 100、101、102、…)。

可通过双击然后在荧屏上编辑更改任何单元格中的文字，但如果编辑由 SolidWorks 所生成的数据(项目号、数量等)，将断开数据与材料明细表之间的链接。

在激活的文件中为材料明细表设定选项的步骤为：

(1) 依次单击“工具”、“选项”、“文档属性”、“表格”；

(2) 在材料明细表表格下设定选项，然后单击“确定”。

将材料明细表插入到工程图文件中的步骤为：

(1) 单击注解工具栏上的或“插入”、“表格”、“材料明细表”。

(2) 选择一工程图视图来指定模型。

(3) 在材料明细表属性管理器中设定属性，然后单击。

如果没选择“附加到定位点”，在图形区域中单击来放置表格。

将装配体零部件不包括在材料明细表中的步骤为：

(1) 在装配体文档中，用右键单击“零部件”并选择“属性”。

(2) 在零部件属性对话框中，选择“不包括在材料明细表中”，然后单击“确定”。

6.8 打印工程图

可以打印或绘制整个工程图纸，或只打印图纸中所选的区域。可以选择用黑白打印(默认值)或用彩色打印。可为单独的工程图纸指定不同的设定。

采用彩色方式打印工程图的步骤为：

(1) 单击“文件”、“页面设置”，在工程图颜色下，选择以下之一：

自动。如果打印机或绘图机驱动程序报告能够用彩色打印，将发送彩色信息，否则，文档将以黑白打印。

颜色/灰度级。不论打印机或绘图机报告的能力如何，发送彩色数据到打印机或绘图机。黑白打印机通常以灰度级或使用此选项来打印彩色实体。当彩色打印机或绘图机使用自动设定以黑白打印时，使用此选项。

黑白。不论打印机或绘图机的能力如何，将以黑白发送所有实体到打印机或绘图机。

(2) 单击“文件”、“打印”。在对话框中，在“文件打印机”下，在“名称”中选择“打印机”。

(3) 单击“属性”，检查是否适当设定彩色打印所需的所有选项，然后单击“确定”。(选项因打印机不同而有所区别。)

(4) 单击“确定”。

打印整个工程图图纸的步骤为：

(1) 单击“文件”、“打印”，在对话框中的“打印范围”下选择“全部”或选择“页面”并键入想要打印的页数。

(2) 在“文件打印机”下单击“页面设置”。

(3) 在页面设置对话框中，在“分辨率和比例”下选择“缩放比例”以套合在页面上打印整张图纸，或选择“缩放比例”并键入一数值。

(4) 单击“确定”。

(5) 再次单击“确定”来打印文档。

打印工程图的所选区域的步骤为：

(1) 单击“文件”、“打印”，在对话框中的“打印范围”下，单击“选定部分”，然后单击“确定”。

打印所选区域对话框出现，一个选择框在工程图纸中显示。该框反映文件、页面设置下所定义的当前打印机设置(纸张的大小和方向等)。

(2) 选择比例因子以应用于所选区域。

模型比例(1:1)。所选的区域按实际尺寸打印。将使用默认的图纸比例来计算正确的打印尺寸。对于使用不同于默认图纸比例的视图，可能需要使用自定义比例来获得需要的结果。

图纸比例(n:n)。所选区域按它在整张图纸中的显示进行打印。如果工程图大小和纸张大小相同，将打印整张图纸，否则，则只按它在整张图纸中的显示打印所选区域。

自定义比例。所选区域按定义的比例因子打印。在方框中输入需要的数值，然后单击应用比例。可使用自定义比例来集中于工程图纸的某一区域。

当改变比例因子时，选择框大小将相应改变。

将选择框拖动到想要打印的区域。可拖动整框，但不能将单独的边拖动来控制所选区域。

(3) 单击“确定”。

练　习　题

将第 4 章、第 5 章练习题图中的各零件制作出零件图。

第7章 装 配 体

可以用 SolidWorks 装配体文件生成由许多零部件组成的复杂装配体。装配体的零部件可以包括独立的零件和其他装配体，称为子装配体。对于大多数的操作，插入零部件的行为方式是相同的。零部件被链接到装配体文件，这表示将一个零部件(单个零件或子装配体)放入装配体中时，零部件显示在装配体中；零部件的数据还保持在原零部件文件中。对零部件文件所进行的任何改变都会更新装配体。在装配体文件中，不保存各个零件的形状和尺寸，每次打开装配体文件时，需要调用零件文件的信息。如果零件文件被删除或改变路径保存在其他位置，再次打开装配体文件时，将提示某文件查找不到，是否需要自己查找。如果放弃查找，装配体中的零件会丢失。建议将零件文件和装配体文件保存在同一个文件夹中，需要上交工作文件时，可将整个文件夹上交，这样保证其他人打开装配体文件时，所有的零件文件都在同一个文件夹中，不至于出现零件丢失的错误。本章举例说明的零件文件和装配体文件都假定同时存放在名为“球阀”的文件夹内。装配体文件的扩展名为 .sldasm。

7.1 向装配体中添加零部件

有多种方法可以将零部件添加到一个新的或现有的装配体中。

- 使用插入零部件属性管理器。
- 从一个打开的文件窗口中拖动。
- 从资源管理器中拖动。
- 从 Internet Explorer 中拖动超文本链接。
- 在装配体中拖动以增加现有零部件的数目。

7.1.1 使用零部件属性管理器插入零部件

使用零部件属性管理器插入零部件的方法是：

输入“新建文件”命令，选择“建立装配体文件”，单击“确认”。

装配体工作窗口左侧出现插入零部件属性管理器(如图 7-1)。如果要插入的文件处于打开状态，可在其中直接选择文件将其插入到工作窗口中；如果要插入的零件没有显示，可点击“浏览”，打开文件窗口，找到要插入的零件，单击“确认”即可。

装配体文件中，插入的第一个零件处于固定状态，无法移动或旋转。

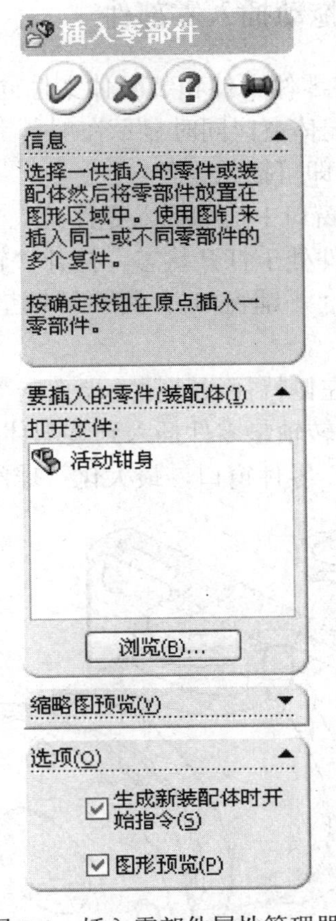

图 7-1 插入零部件属性管理器

【例 7.1.1】 插入固定零件。

(1) 建立新装配体文件。

(2) 在装配体工作窗口中点击“显示”、“原点”，将装配体原点显示在屏幕上。

(3) 选择“阀体”(如果处于打开状态)或通过“浏览”选择“阀体”(如果阀体文件没有打开)。

(4) 指针变为时将指针移动到原点上，指针变为。

(5) 点击，阀体零件插入到装配体中(如图 7-2)。

(6) 再次点击“显示”、“原点”，将装配体原点隐藏。如果不隐藏原点，虽然不影响工作，但每一个插入的零件原点都显示在屏幕上，会使画面显示很乱。不需要使用原点时建议将其隐藏，等需要使用时再显示出来。

(7) 保存装配体文件，选择保存路径在“球阀”文件夹，起名为“球阀”。

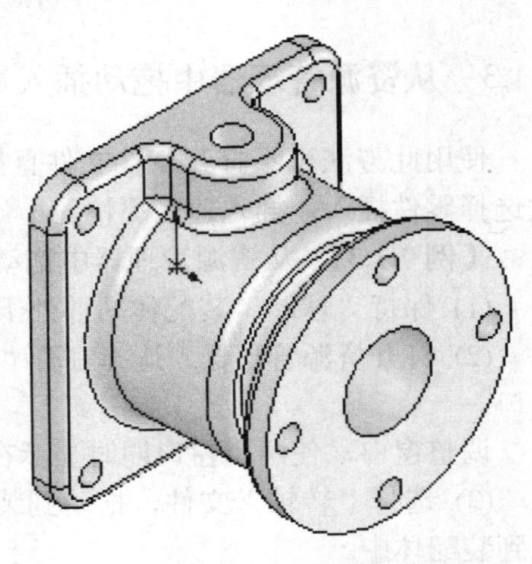

图 7-2 插入阀体

7.1.2 从打开的文件窗口中拖动插入零部件

插入零件的另一种方法是将零件文件和装配体文件同时打开，从窗口下拉菜单中选择“平铺窗口”，将零件窗口和装配体窗口同时显示在屏幕上。在零件窗口左侧特征设计树上端选择零件拖动到装配体窗口，即可插入零件。

【例 7.1.2】 从打开的文件窗口中拖动插入零件。

(1) 保持“球阀”装配体文件处于打开状态，打开“转轴垫”文件。

(2) 从窗口下拉菜单中选择“平铺窗口”，将“转轴垫”零件窗口和“球阀”装配体窗口同时显示在屏幕上。

(3) 在“转轴垫”零件窗口左侧特征设计树上端点击“转轴垫”拖动到“球阀”装配体窗口，移动到适当位置，放开。转轴垫零件插入到装配体中(如图 7-3)。

(4) 关闭或最小化“转轴垫”零件窗口，最大化“球阀”装配体窗口。

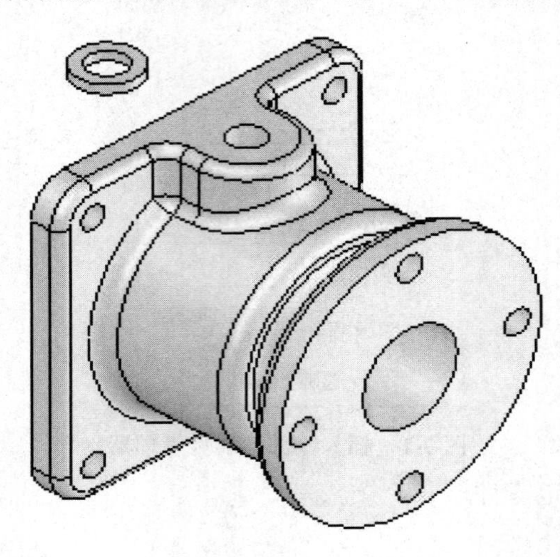

图 7-3 插入转轴垫零件

7.1.3 从资源管理器中拖动插入零部件

使用此方法可不打开零件文件直接将其插入到装配体中，而且可以在同一个窗口中多次选择零件插入，插入速度更快。

【例 7.1.3】 从资源管理器中拖动插入零件。

(1) 保持“球阀”装配体文件处于打开状态。

(2) 打开资源管理器，选择打开“球阀”文件夹或从“我的电脑”打开“球阀”文件夹窗口。

调整窗口，使两个窗口同时显示在屏幕上。

(3) 选择“转轴”文件，拖动到装配体窗口，移动到适当位置，放开，“转轴”零件插入到装配体中。

(4) 再次选择其他零件插入到装配体中。

7.2 移动或旋转零部件

插入零部件之后，可能放置的位置不理想，或由于其他某些原因，零部件移动到了不符合要求的位置，此时，需要移动或旋转零部件。

7.2.1 移动零部件

移动零部件的步骤为：

(1) 点击装配工具栏中的[icon]，指针变为✥。

(2) 点击需要移动的零部件，拖动光标，被选择的零部件将会随光标移动。

对于被固定的零部件，SolidWorks 会给出提示，说明不能移动。

7.2.2 旋转零部件

旋转零部件的步骤为：

(1) 点击装配工具栏中的[icon]。

(2) 指针变为[icon]后，点击需要旋转的零部件，拖动光标，被选择的零部件将会旋转。

对于被固定的零部件，SolidWorks 会给出提示，说明不能旋转。

7.3 零部件配合

将零部件插入到装配体之后，不能靠观察给零部件定位。必须给各个零部件之间添加配合关系，才能保证零部件的准确定位，并使零部件之间的运动关系也符合配合关系。如果配合关系添加不得当，可能引起配合关系之间的冲突，此时需要将引起冲突的配合关系删除。

7.3.1 添加配合关系

给零件添加配合关系的步骤为：

(1) 点击装配工具栏中的[icon]。

(2) 在图形模型中选择需要添加配合关系的两个项目。SolidWorks 将根据选择项目的不同给出可能的配合关系，如果 SolidWorks 选择的配合关系符合要求，直接确认即可；如果 SolidWorks 选择的配合关系不符合要求，可以重新选择配合关系，然后确认。例如选择两个平面，SolidWorks 自动选择重合关系，如果操作者的意图是要将两个平面之间保持一个固定距离，可重新选择距离关系，然后输入距离值即可。

【例 7.3.1】 为阀体和转轴垫添加配合关系。

(1) 点击装配工具栏中的[icon]。

(2) 选择转轴垫的上表面和阀体上部台阶孔中的台阶平面，如图 7-4 所示。选择这两个平面需要改变观察方向，可按下鼠标中键(滚轮)拖动，即可将整个装配体转动。待需要选择的平面显示在屏幕上时，点击该平面。

转轴垫被移动位置，同时显示配合关系选项工具栏(如图 7-5)，SolidWorks 自动选择重合关系。观察配合方向是否符合要求，如果方向错误，可点击工具栏中的双向箭头按钮，将配合方向反转过来。

(3) 点击工具栏中的“确认”按钮或配合管理器中的“确认”，此配合关系添加完毕。

(4) 继续选择转轴垫的孔圆柱面(选择外圆柱面也可以。两个圆柱面同心时，效果相同)和阀体上部台阶孔内圆柱面，如图 7-6 所示。

转轴垫被移动位置，同时显示配合关系选项工具栏(如图 7-7 所示)，SolidWorks 自动选择同心关系。观察配合方向是否符合要求，如果方向错误，可点击工具栏中的双向箭头按钮，将配合方向反转过来。

(5) 点击工具栏中的“确认”按钮或配合管理器中的“确认”，此配合关系添加完毕。

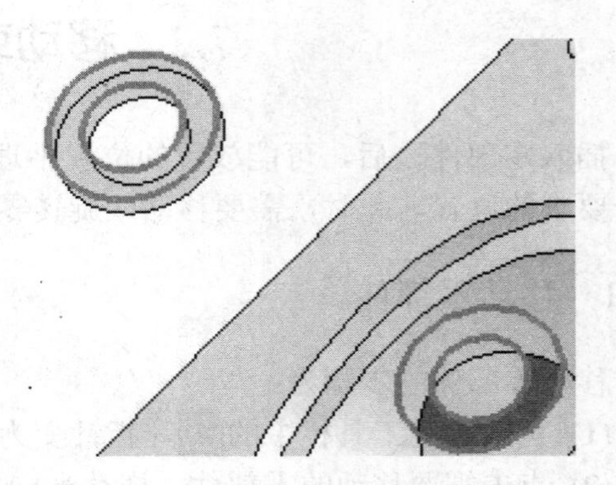

图 7-4　选择两平面添加重合配合关系

图 7-5　配合关系选项工具栏

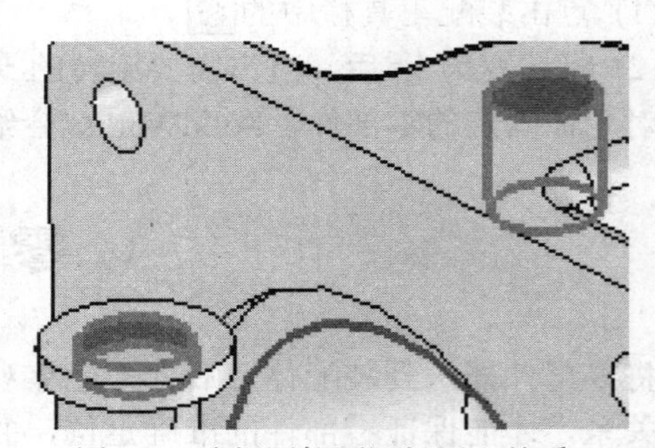

图 7-6　选择圆柱面添加同心关系

图 7-7　配合关系选项工具栏同心提示

通过上面两个装配过程示例，大致说明了零件的装配方法。从选择装配项目之后 SolidWorks 显示出的配合关系选项工具栏中的内容可知，由于选择的项目不同，SolidWorks 给出的可供选择的配合类型也不同。如果选择项目之后，SolidWorks 给出的可供选择类型中没有自己需要的类型，必须检查选择的项目是否正确，选择项目的数量是否正确，是否无意中将其他无关的项目也同时选中，如果有这种情况，可将这些无关的项目从选择中删除。删除的方法很简单，只需要在选错的项目上再次点击，或在配合器中右击选错的项目名称，然后在弹出菜单中选择“删除”即可。

7.3.2　配合关系对零件运动的影响

将零件添加到装配体中并添加配合关系之后，会对零件的运动进行约束。如两平面之间的重合关系使被约束零件只能沿重合平面运动或绕与重合平面垂直的直线转动。对两个圆柱面添加同轴心关系，被约束的零件只能在孔中转动。对两个轴线添加重合关系与对两个圆柱面添加同轴心关系作用相同。诸如此类的配合关系对运动的约束，初学者需要结合自己的空间几何知识考虑，否则有可能添加的配合关系对零件的约束使零件不能按照自己的想像运动。

【例 7.3.2】 对转动零件添加同轴心关系。

(1) 仿照上面的插入转轴并添加配合关系的示例，将转轴插入并添加配合关系。其中转轴的台阶平面与转轴垫的下表面重合，转轴与阀体上部孔同轴心。注意观察图 7-8 中插入转轴之后转轴的位置。

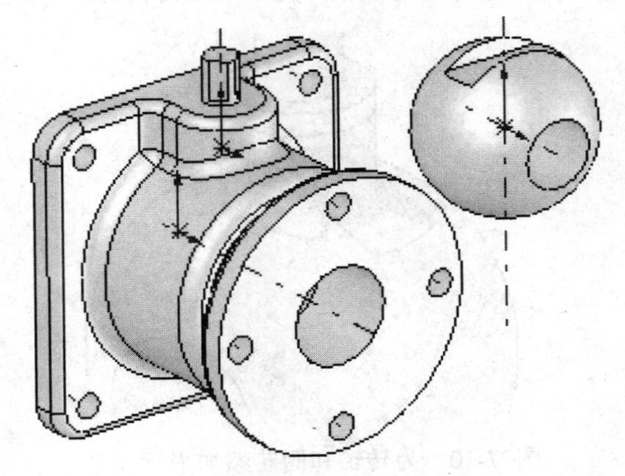

图 7-8 为阀芯添加同轴心关系

(2) 插入阀芯。

(3) 选择“显示”、“临时轴”和“原点”，使临时轴和原点显示在屏幕上，如图 7-8 所示。

(4) 为阀芯的竖直轴线与转轴的轴线之间添加重合关系。

(5) 为阀芯的原点与阀体中横向临时轴之间添加重合关系。这样，阀芯可在阀体中转动并且上下位置被固定。在添加配合关系过程中，零件的移动可能会使一个零件陷入另一个零件中，出现观察不到的情况，此时需要将其移到容易观察的位置，便于选择添加配合关系的项目。

(6) 关闭临时轴和原点的显示。

对阀芯添加配合关系之后，阀芯完全处于阀体之中。在设计树中右击阀体，选择“更改透明度”，阀体呈现透明状态，可观察阀芯在阀体中的位置和状态，如图 7-9 所示。

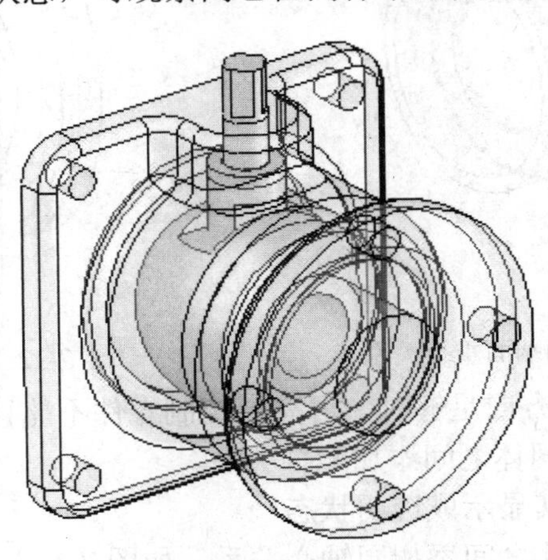

图 7-9 插入阀芯后的效果

(7) 为了使转轴和阀芯之间位置固定，转轴转动时阀芯可跟随转动，需要为转轴和阀芯之间添加一个配合关系。在设计树中右击阀体，再次选择“更改透明度”，取消阀体的透明状态，再次在设计树中右击阀体，选择“隐藏”，阀体从屏幕上消失。这样有利于选择隐藏在阀体内部的零件添加配合关系。选择转轴下部侧面平面和阀芯上部槽的侧面，为其添加平行关系，如图 7-10 所示。利用旋转零部件工具，旋转转轴，阀芯应跟随一起转动。

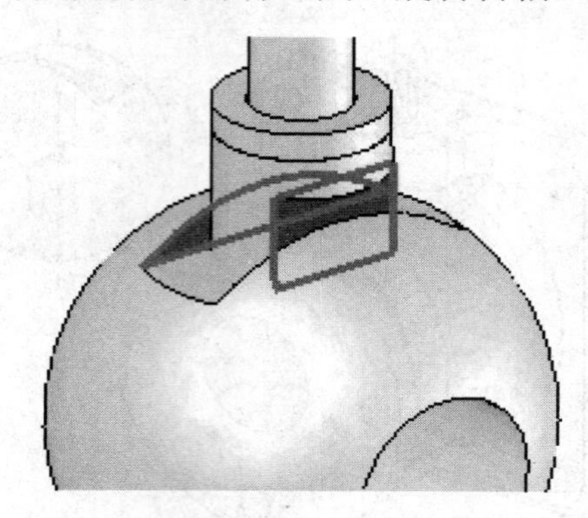

图 7-10 为转轴和阀芯添加平行关系

插入的零件不一定先与固定零件之间添加配合关系。也可以先与其他零件之间添加配合关系，然后再添加这些零件与固定零件之间的配合关系。

【例 7.3.3】 为阀盖和阀芯垫添加配合关系。

(1) 插入阀盖和阀芯垫。

(2) 选择阀盖内台阶孔平面和阀芯垫的端面，添加重合关系，如图 7-11。

(3) 选择阀盖内台阶孔圆柱面和阀芯垫的外圆柱面，添加同轴心关系。阀盖与阀芯垫配合完毕后如图 7-12。

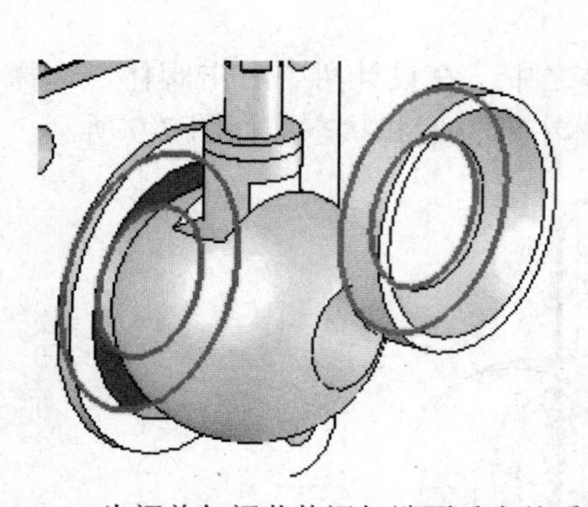

图 7-11 为阀盖与阀芯垫添加端面重合关系

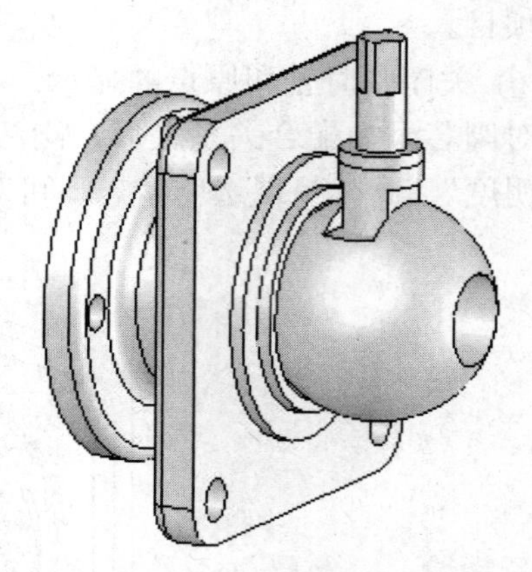

图 7-12 阀盖与阀芯垫配合完毕

添加配合关系的数量和方向足够时，可完全控制零件不能移动或转动。

【例 7.3.4】 为阀盖和阀体之间添加配合关系。

(1) 取消阀体隐藏并将其显示成透明状态。

(2) 为阀盖和阀体中心孔之间添加同轴心关系，如图 7-13。

(3) 为阀盖和阀体的端面之间添加面重合关系，如图 7-14。

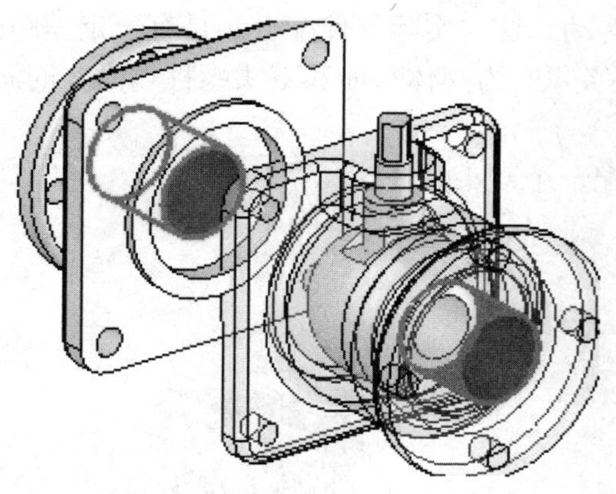

图 7-13　为阀盖与阀体之间添加同轴心关系

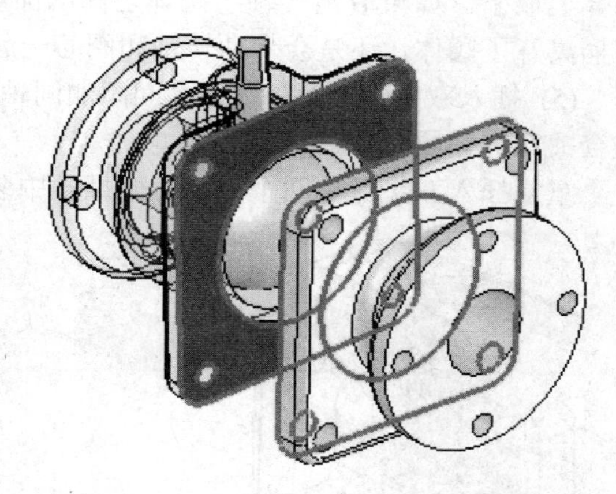

图 7-14　为阀盖与阀体之间添加面重合关系

(4) 为阀盖和阀体的上端面之间添加面平行关系，如图 7-15。

插入零件与活动零件之间添加固定关系后，这些零件之间不会有相对运动。如果其中有一个零件运动，所有相对固定的零件都会同时运动。

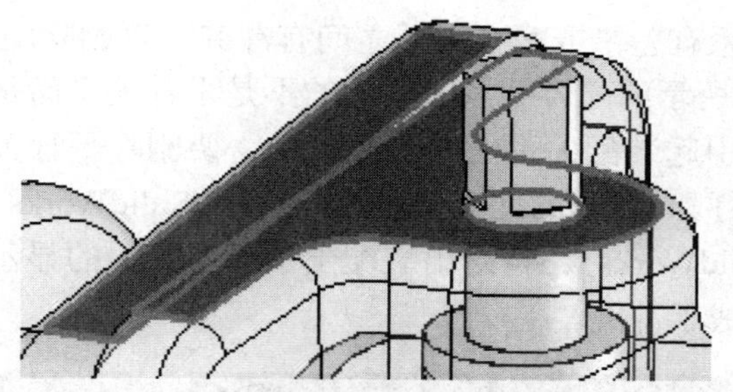

图 7-15　为阀盖与阀体之间添加面平行关系

【例 7.3.5】 为手柄添加配合关系。

(1) 插入手柄。

(2) 选择手柄孔内侧平面和转轴侧面四个平面中的一个，添加面平行关系，如图 7-16。

(3) 选择转轴底面和阀体上表面，添加面重合关系，如图 7-17。

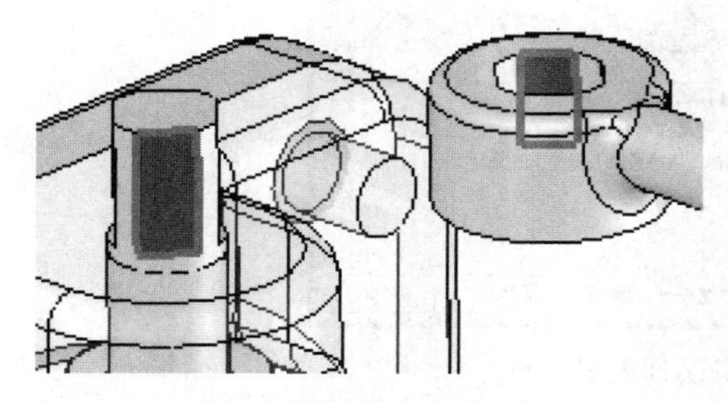

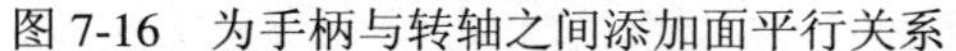

图 7-16　为手柄与转轴之间添加面平行关系

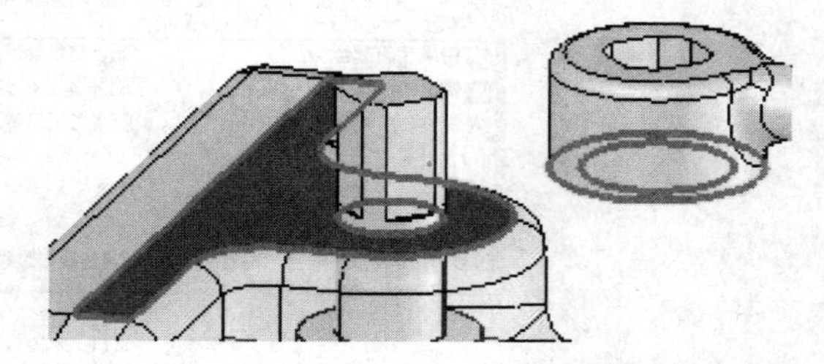

图 7-17　为手柄与阀体之间添加面重合关系

(4) 选择转轴外圆柱面和转轴的圆柱面，添加同轴心关系，如图 7-18。

为手柄添加了这些配合关系之后，移动或旋转手柄，转轴和阀芯将一起跟随转动。由于手柄已经添加了与阀体之间的面重合关系，手柄移动过程中，只能绕轴线旋转，不能从阀体上取下。如果取消转轴与阀体之间的面重合关系，转轴可以从阀体上取下，但即便是手柄离开了阀体，还是会带动转轴和阀芯一起转动。这与实际零件配合还是有一定差距的。

(5) 插入双头螺柱，与螺孔之间添加同轴心关系，为阀体平面和双头螺柱端面之间添加重合关系，如图 7-19。

重复插入双头螺柱四个，为每个螺孔中装配一个双头螺柱。

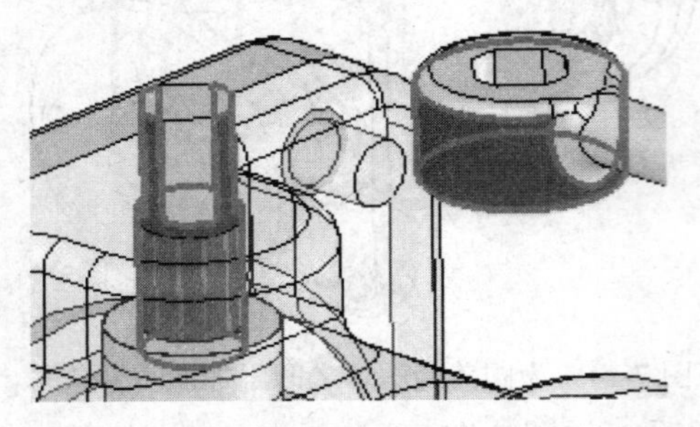

图 7-18 为手柄与阀体之间添加同轴心关系

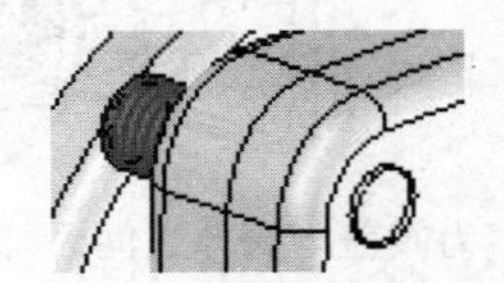

图 7-19 双头螺柱装配端面重合

7.3.3 删除或编辑配合关系

如果添加的配合关系有差错或配合关系之间有冲突，可删除配合关系。

例如，若在图 7-16 所示的配合关系中添加的不是平行关系而是重合关系，添加图 7-18 所示的同轴心关系时会引起装配关系的冲突。这样需要删除平行关系重新定义或直接编辑装配关系重新定义成平行。当添加的配合关系有冲突时，SolidWorks 会给出提示，如图 7-20。单击“确定”之后，SolidWorks 还将给出装配出了哪些错误的显示框(如图 7-21)，可从中查出有哪些装配关系造成了冲突。

图 7-20 装配过定义提示框

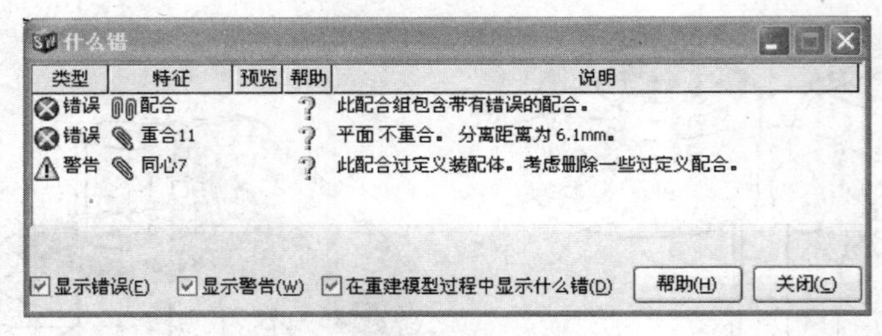

什么错

类型	特征	预览	帮助	说明
错误	配合		?	此配合组包含带有错误的配合。
错误	重合11		?	平面不重合。分离距离为 6.1mm。
警告	同心7		?	此配合过定义装配体。考虑删除一些过定义配合。

显示错误(E) 显示警告(W) 在重建模型过程中显示什么错(D) 帮助(H) 关闭(C)

图 7-21 装配关系错误列表显示框

删除配合关系的步骤为：

(1) 在特征管理器设计树中单击“配合”，展开配合关系列表。

(2) 选择有差错的配合关系。错误的装配关系左侧有图标⊗，有冲突的装配关系左侧有图标⚠。选择一个配合关系时，图形区中将会显示出与该配合关系有关的项目。

(3) 按 Delete 键或单击“编辑”、“删除”，或单击右键并选择“删除”。

(4) 在弹出提示框中单击“是”以确认删除。

配合关系删除之后，需要重新定义符合实际的装配关系。

如果配合关系可以进行修改时，不一定要将装配关系删除再重新定义，也可以选择造成冲突的装配关系重新编辑定义，使其不冲突。例如，可以将上面提到的重合装配关系重新定义成平行关系。

编辑装配关系的步骤为：

(1) 在特征管理器设计树中单击“配合”，展开配合关系列表。

(2) 选择有差错的配合关系或有冲突的装配关系，右击，在弹出菜单中选择“编辑定义”。

(3) 在打开的装配关系管理器中重新选择符合要求的装配关系。例如，将上面的重合关系改变为平行关系。

编辑装配关系之后，观察装配关系列表，如果其中的所有错误提示都消失，表示全部装配关系已经符合要求。

7.4 在装配环境中设计零件

有许多零件在装配时，零件之间有尺寸配合关系。当其中一个零件的尺寸进行了更改之后，另一个零件也必须进行更改，否则将会造成装配错误。另一种情况是，有些零件必须在其他零件已经定义之后，才能确定尺寸。在装配环境中设计零件，可以有效解决这些问题。在装配环境下检查装配体，可直接在装配环境中对零件进行修改，使零件符合装配要求。在装配环境下对零件的修改将直接保存在零件文件中。

【例 7.4.1】 插入新零件举例。

(1) 保存“球阀”文件。

(2) 点击工具栏上“插入新零件”按钮，或点击“插入”、“零件”、“新零件”。

(3) 在弹出的文件保存对话框中输出零件名称(例如，使用名称“阀芯垫 1”)。

(4) 选择前视基准面，进行零件设计界面。装配体中其他零件全部以透明状态显示。开始进入到草图绘制状态。

(5) 将观察方向改变到前视。

(6) 选择装配体中的零件轮廓边线，转换实体引用，如图 7-22。

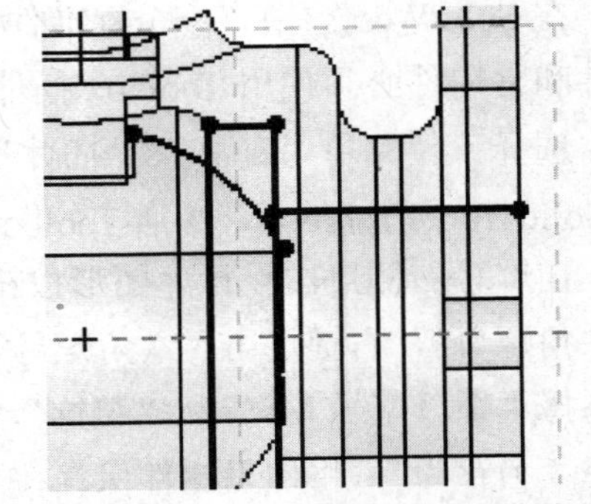

图 7-22 旋转零件轮廓边线转换实体引用

(7) 对转换实体引用生成的图线进行修剪，形成单一轮廓。通过球阀的中心绘制一条中心线。如图 7-23。

(8) 插入凸台、旋转，生成零件。如图 7-24。

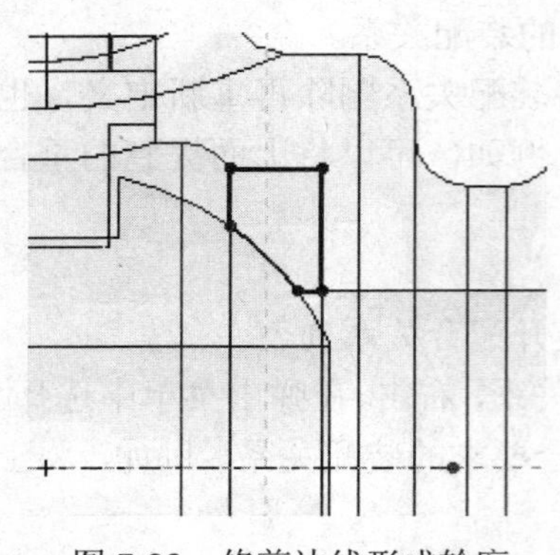

图 7-23　修剪边线形成轮廓

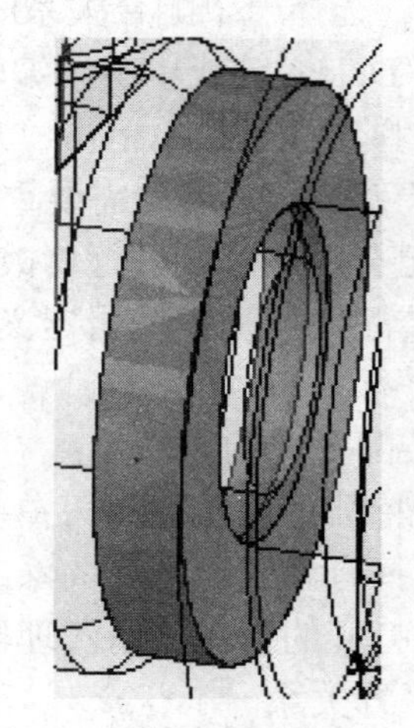

图 7-24　插入新零件成功

(9) 退出零件设计状态。

从本例中可以看出，设计零件时并没有输入尺寸，所有的图形都是从其他零件复制得到的。用这种方法设计出的零件，其尺寸是由其他零件的尺寸决定的。当其他零件的尺寸形状发生变化时，此零件的尺寸也跟随变化。这种设计方法有效避免了关联零件之间因尺寸变动不同步而引起的装配差错。

阀芯两侧各有一个垫圈，这里有意采用不同的零件设计方法，是为了说明零件的设计方法可以有许多种。设计者可以根据自己的需要选择适合自己的方法，达到最好、最快的设计工作效率。

7.5　利用标准件库

在 SolidWorks 中有一个标准件库，其中有一些常用件和标准件。利用标准件库中的标准件和常用件必须使用 Toolbox 插件。

选择下拉菜单“工具”、“插件”，在弹出的对话框中选择 SolidWorks Toolbox Browse 和 SolidWorks Toolbox，激活 Toolbox 插件。

在屏幕右侧点击设计库图形按钮，选择“Toolbox”，点击其中的“ISO”、“螺母”、“六角螺母”，右键点击“六角螺母等级 C ISO-4034”，选择“生成零件”。在弹出的选择框中选择“螺母型号 M6”和“装饰”，即可打开新的零件窗口，生成一个新的 M6 螺母零件。选择“另存为”，将螺母零件保存在“球阀”文件夹中。图 7-25 所示为生成的六角螺母。

打开“球阀”装配文件，插入零件，选择“M6 螺母”插入。添加配合关系，与双头螺柱同轴心，与阀盖端面重合。选择“M6 螺母”，按下 Ctrl 键拖动，即可复制出另一个 M6 螺母。复制另外三个同样的螺母，也与其他的螺柱和端面添加装配关系。完成球阀的装配。装配好的球阀如图 7-26 所示。

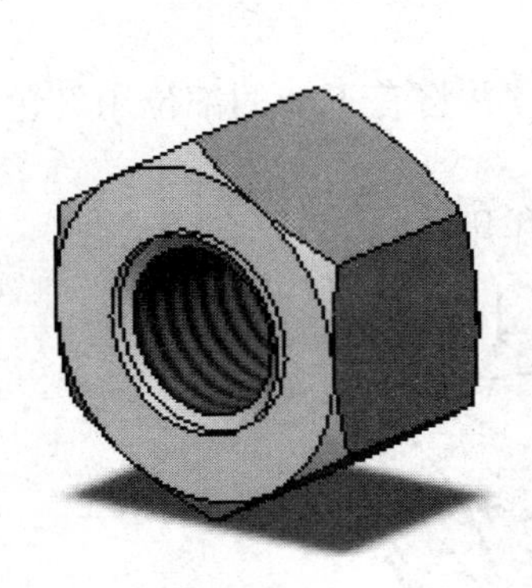

图 7-25　生成零件六角螺母

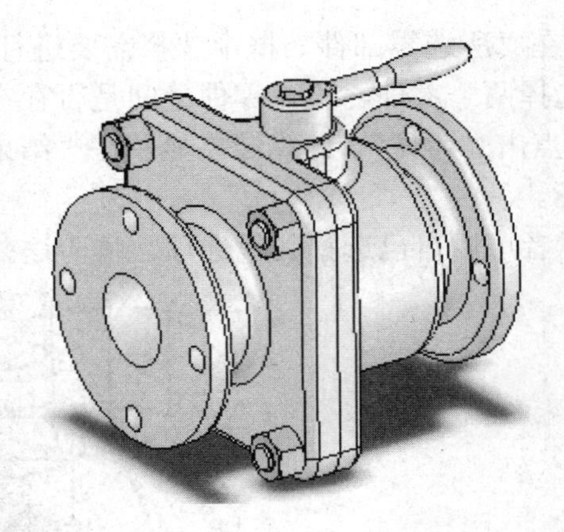

图 7-26　装配好的球阀

7.6　检查装配干涉

设计零件插入到装配体之后，不一定尺寸正确。插入零件和添加配合关系时，SolidWorks不检查一个零件是否与另外一个零件之间有冲突，一个零件是否从另一个零件之间穿过，这在实际生产中是不可能发生的。这样即便是将装配体装配完毕，也可能有些零件之间材料有冲突，这种冲突称之为干涉。SolidWorks 中有专门的工具进行干涉检查。检查出有干涉的位置供设计者进行修改，保证零件之间不干涉。

干涉检查的步骤为：

(1) 点击装配工具栏的图标或“工具”、“干涉检查”，显示干涉检查属性管理器，如图 7-27。

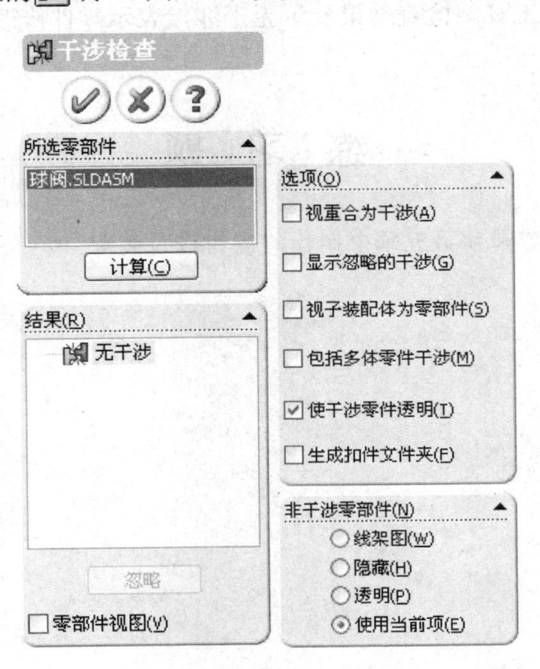

图 7-27　干涉检查属性管理器

(2) 在“所选零部件”框中选择需要进行检查的零部件。可以在其中选择整个装配体，也可以选择两个零件，检查零件之间是否存在干涉。

(3) 点击“计算”。计算结果显示在“结果”框中，并将有干涉的部位用红色显示出来，如图 7-28。

初学者可以自己选择其他选项，体验这些选项的作用。

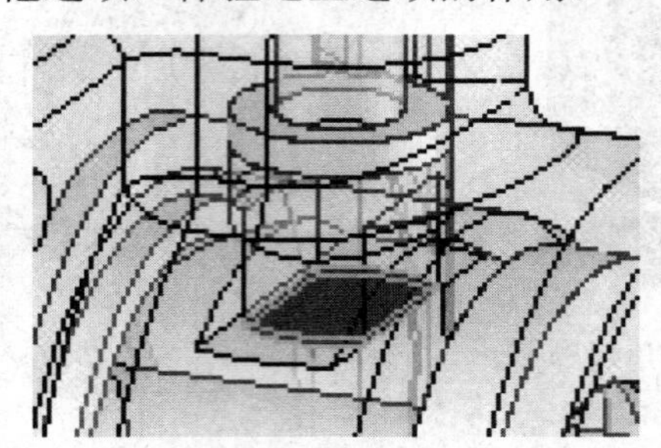

图 7-28 干涉检查显示干涉区域

(4) 点击 ，关闭干涉检查属性管理器。

从显示的干涉区域可以看出，转轴和阀芯之间有零件干涉。可以采取各种恰当的方法解决此问题。这里采用减少转轴垫厚度的方法解决此问题。

【例 7.6.1】 在装配环境中编辑零部件，选择转轴垫。

(1) 点击装配工具栏的 或右击，选择“编辑零部件”。

(2) 其他零部件都透明显示，图中高亮显示转轴垫，进入零件编辑状态。

(3) 修改转轴垫的厚度，从原来的 2，改为 1.5。

(4) 再次点击装配工具栏的 ，退出零件编辑状态。

再次使用干涉检查工具。检查结果显示无干涉，表示零件修改成功，已经解决了零件干涉的问题。

练 习 题

对第 4 章中制作的球阀和第五章中制作的虎钳进行装配。

第 8 章 曲　面

曲面是一种可用来生成实体特征的几何体。在曲面工具栏上提供有各种曲面工具。

曲面实体为一统称术语，描述相连的零厚度几何体，如单一曲面、缝合的曲面、剪裁和圆角的曲面等等。可在一个单一零件中拥有多个曲面实体。

8.1 曲面生成

可以使用下列方法之一生成曲面：

- 从草图或基准面上的一组闭环边线插入一个平面。
- 从草图拉伸、旋转、扫描或放样生成曲面。
- 从现有的面或曲面等距生成曲面。

8.1.1 平面

零件上通常有许多孔。制作毛坯时是没有这些孔的。可以利用生成平面的方法将这些孔封闭起来，使生成的毛坯上没有这些孔。

可以利用草图生成平面区域，具体步骤为：

(1) 绘制一个非相交、单一轮廓的闭环草图。草图可以在封闭的草图轮廓中再套有封闭轮廓草图，但这些草图不能相交。

(2) 单击曲面工具栏上的□或“插入”、“曲面”、“平面”，平面特征属性管理器出现，如图 8-1。

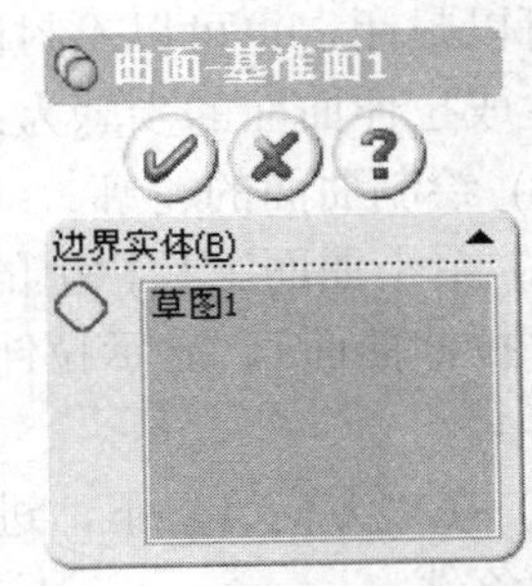

图 8-1 平面特征属性管理器

(3) 在平面特征属性管理器设计树中或图形区域中选择草图。如果输入命令时，草图处于选中状态，此步骤可省略。

草图名称出现在边界实体◇方框中。

(4) 单击✓。

图 8-2 所示，是为具有两个封闭图框的草图生成的平面。

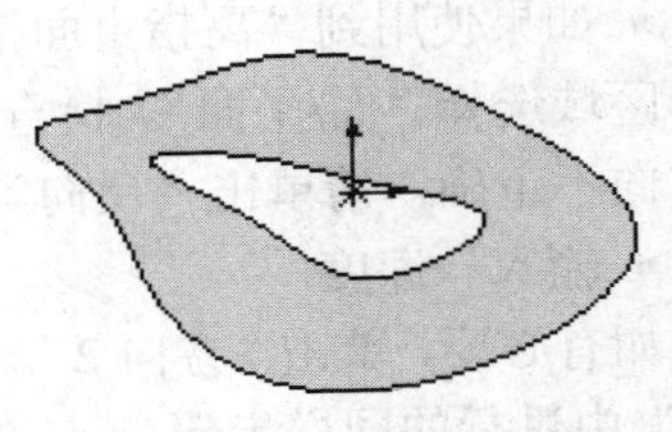

图 8-2 利用草图生成平面

也可以利用零件或装配体的一组闭环边线生成有边界的平面区域，这些边线必须处于同一个平面内。具体步骤为：

(1) 单击曲面工具栏上的或“插入”、“曲面”、“平面”。

(2) 选择零件或装配体中的一组闭环边线。(组中所有边线必须位于同一基准面上。)边线名称出现在边界实体方框中。

(3) 单击。

图 8-3 所示，是为利用零件上两个孔的边线生成的平面。图(a)为生成平面之前有孔的状态；图(b)为利用孔的边线生成平面之后的状态。

已经生成的平面可以进行编辑：

由草图生成的平面，可以编辑草图；

由一组封闭边线生成的平面，用右键单击“平面”再选择“编辑定义”。

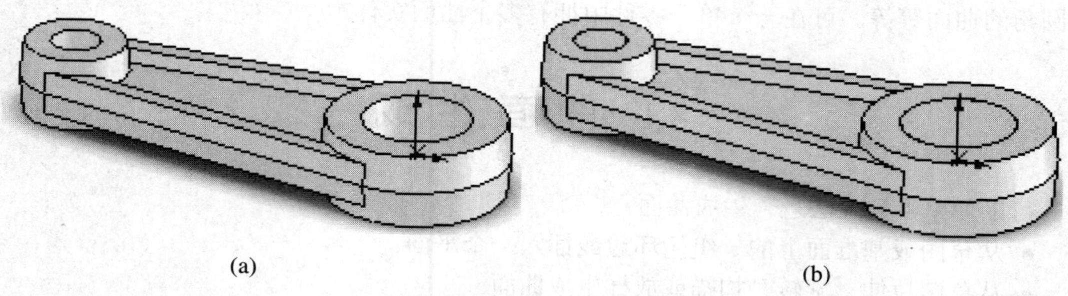

(a) (b)

图 8-3 利用零件边线生成平面

8.1.2 拉伸曲面

拉伸曲面是将草图沿与草图平面垂直的方向运动在空间留下的轨迹。拉伸曲面使用的草图，可以封闭，也可以不封闭。

生成拉伸曲面的步骤为：

(1) 绘制曲面的轮廓。

(2) 单击曲面工具栏上的或“插入”、“曲面”、“拉伸曲面”，显示拉伸曲面属性管理器，如图 8-4。

(3) 在“方向 1”下，进行以下操作：选择一终止条件。

- 如有必要，单击以相反方向拉伸曲面。
- 如果使用到“离指定面指定的距离”，在图形区域选择“面/平面”。检查预览。如果等距的方向不正确，请单击“反向等距”复选框。
- 输入一深度。

如有必要，单击“方向 2”，然后重复在“方向 1”中进行的同样步骤。

(4) 单击。

图 8-4 拉伸曲面属性管理器

图 8-5 所示为利用绘制的样条曲线拉伸的曲面。

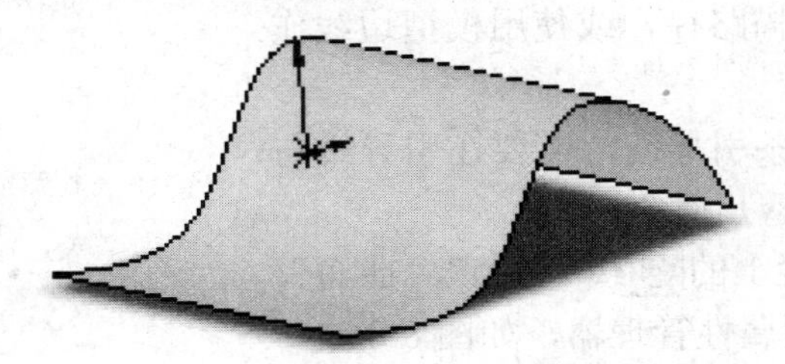

图 8-5　利用样条曲线拉伸的曲面

8.1.3　旋转曲面

生成旋转曲面的草图可以封闭或不封闭。

生成旋转曲面的步骤为：

(1) 绘制一个轮廓以及它将绕着旋转的中心线。

(2) 单击曲面工具栏上的或“插入”、“曲面”、“旋转”，打开旋转曲面属性管理器，如图 8-6。

(3) 在“旋转参数”下，执行如下操作。

- 选择一旋转类型：单一方向、两个方向或两侧对称。
- 单击“反向”来更改旋转的方向。
- 输入一角度。

(4) 单击。

生成的旋转曲面如图 8-7 所示。

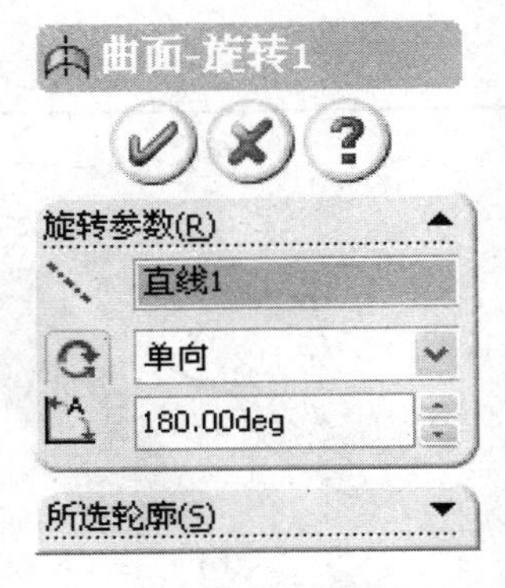

图 8-6　旋转曲面属性管理器

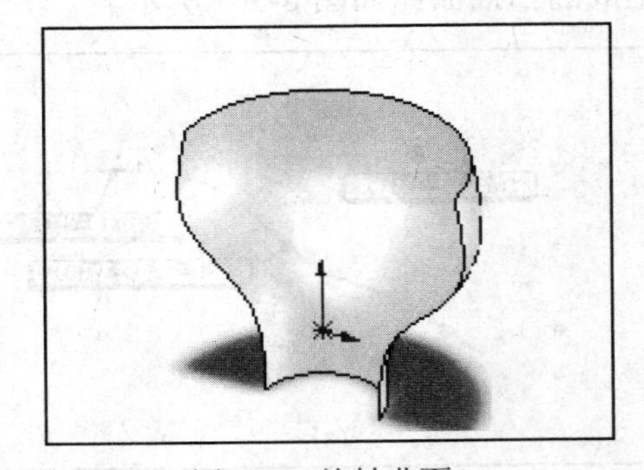

图 8-7　旋转曲面

8.1.4　扫描曲面

扫描曲面是扫描轮廓沿扫描路径运动在空间留下的轨迹。可以添加引导线控制扫描过程中扫描轮廓的变化。

生成扫描曲面的步骤为：

(1) 根据需要利用原有基准面或建立新基准面来绘制扫描轮廓、扫描路径和引导线(如果需要)。

(2) 在建立的基准面上绘制扫描轮廓和路径。也可以在模型面上绘制扫描路径，或使用模型边线作为扫描路径。

如果使用一条或多条引导线，需要在引导线与轮廓之间建立重合或穿透几何关系。

(3) 单击曲面工具栏上的或“插入”、“曲面”、“扫描”，显示扫描曲面属性管理器，如图 8-8。

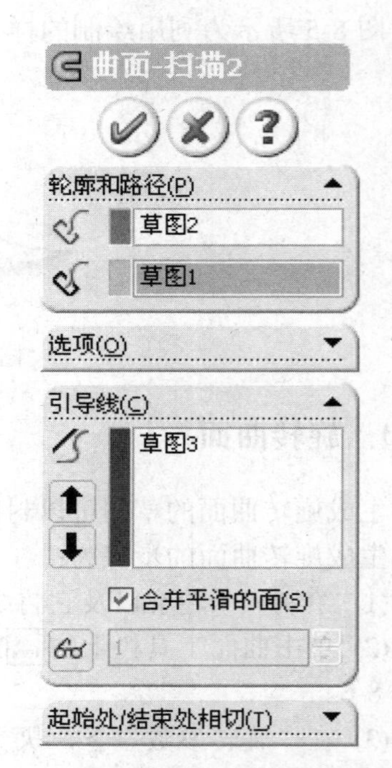

图 8-8　扫描曲面属性管理器

(4) 在“轮廓和路径”下，执行如下操作。

- 单击，然后在图形区域中选择轮廓草图。
- 单击，然后在图形区域中选择路径草图。

注意，如果预选轮廓草图或路径草图，草图将显示在属性管理器的适当方框中。

如果需要，应用“选项”。

注意，有些选项只适用于使用引导线的扫描。

(5) 在“引导线”下，执行如下操作。

- 在图形区域选择。
- 单击或以改变使用引导线的顺序。

如有必要，消除选择“合并平滑的面”复选框。

- 单击，然后单击来根据截面数量查看并修正轮廓。

如果需要，应用“起始处/结束处相切”。

选择的轮廓、路径和引导线都将在图形区中显示说明，如图 8-9(a)所示。

(6) 单击。

生成的扫描曲面如图 8-9(b)所示。

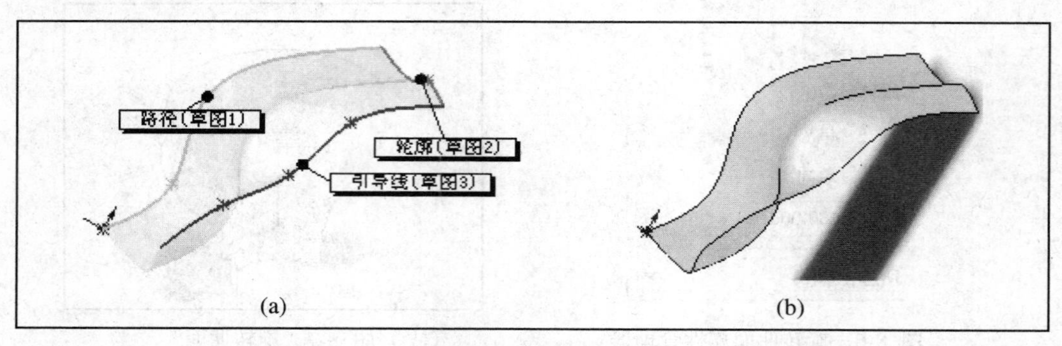

图 8-9　生成扫描曲面需要的各种图线和生成的扫描曲面

8.1.5　放样曲面

放样曲面是将若干个草图轮廓连接起来形成的曲面。

生成放样曲面的步骤为：

(1) 为放样的每个轮廓截面建立基准面。(各个基准面不一定要平行。)

(2) 在基准面上绘制截面轮廓。每个轮廓需要单独的草图。

如有必要，生成引导线。每条引导线需要单独的草图。

(3) 单击曲面工具栏上的[icon]或“插入”、“曲面”、“放样曲面”，显示放样曲面属性管理器，如图 8-10。

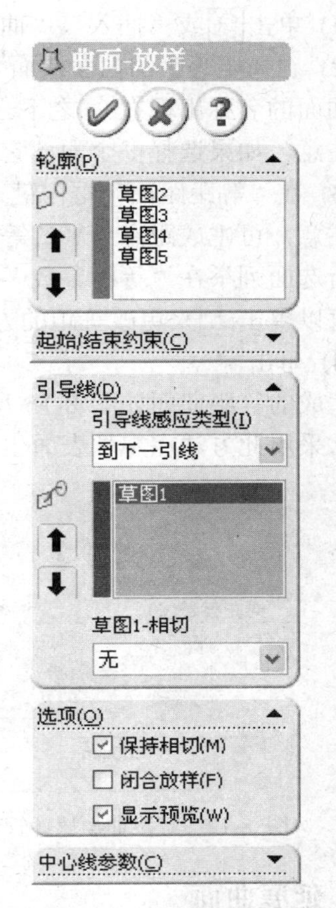

图 8-10　放样曲面属性管理器

(4) 单击[icon]，然后在图形区域按各个草图的连接顺序选择轮廓。选择每个轮廓上相应的线段；离选择点最近的顶点用来连接轮廓。

(5) 查看预览曲线。

如果预览曲线不正确，可能是因为选取草图的顺序有错误。可以利用[icon]或[icon]来重新安排轮廓。

如果预览的曲线指示将连接错误的顶点，单击该顶点所在的轮廓以取消选择，然后再单击以选取轮廓中的其他点。

如要清除所有选择重新开始，请在图形区域中单击鼠标右键，选取“清除选择”，然后再试一次。

(6) 根据需要，在以下选项中进行选择。

- 保持相切。
- 高级光顺获得更光滑的曲面。此选项只有在放样截面有圆形或椭圆形的圆弧时才可以使用。截面被近似处理，草图圆弧可能转换为样条曲线。
- 封闭放样。
- 显示预览。

如果使用引导线，在图形区域[icon]。单击[icon]或[icon]以改变使用引导线的顺序。

若想控制相切，单击“起始处/结束处相切”。

选择的轮廓和引导线都在图形区中显示说明，如图 8-11(a)所示。

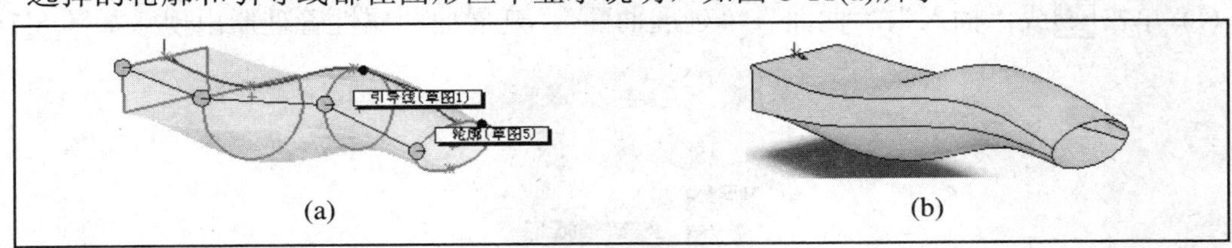

图 8-11　放样曲面的轮廓线和引导线

(7) 单击[icon]。

生成的放样曲面如图 8-11(b)所示。

8.1.6　等距曲面

等距曲面工具可以生成与曲面或零件表面平行的曲面。

生成等距曲面的步骤为：

(1) 单击 或“插入”、“曲面”、“等距曲面”，等距曲面属性管理器出现，如图 8-12。

(2) 选择要等距的曲面或面。

曲面的名称出现在 之下。

注意，如果选择多个面，它们必须相邻。

(3) 在“等距距离”框内键入等距距离。

注意，可生成距离为零的等距曲面。

所选面列举在“等距参数”之下，等距的预览被显示。

可以单击 来更改等距的方向。

(4) 单击 。

生成的等距曲面如图 8-13 所示。采用等距值为 0，可在原位置生成一个曲面。实际设计中常采用此方法在零件表面生成曲面。

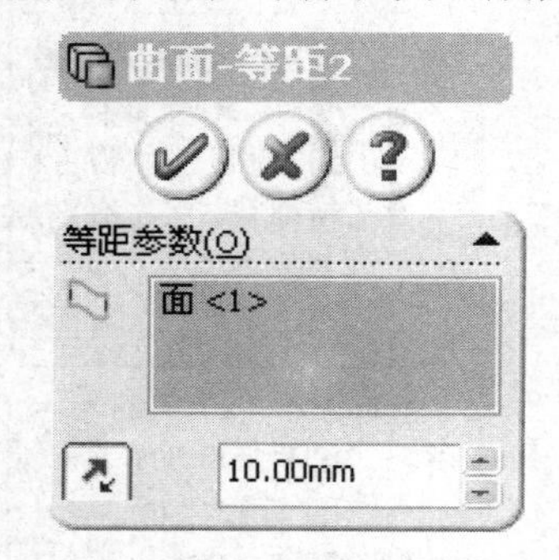

图 8-12　等距曲面属性管理器

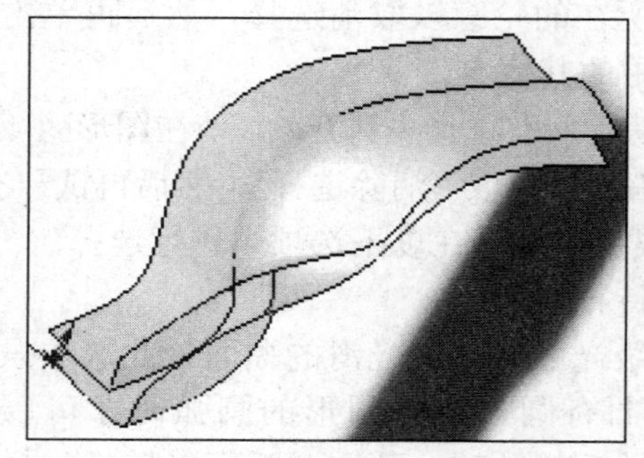

图 8-13　等距曲面

8.17　延展曲面

延展曲面可用于边线、分型线或平面和空间曲线。生成延展曲面时，将这些边线沿与参考平面平行的方向展开。

生成延展曲面的步骤为：

(1) 单击 或“插入”、“曲面”、“延展曲面”，延展曲面属性管理器出现，如图 8-14。

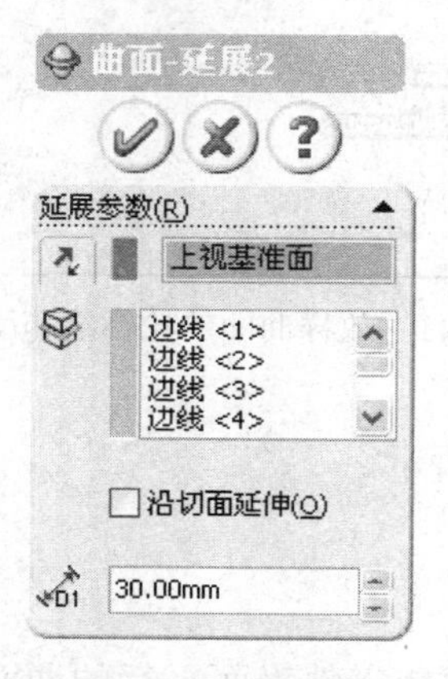

图 8-14　延展曲面属性管理器

(2) 选取一个与延展曲面方向平行的参考基准面。

(3) 单击要延展的边线方框，然后单击分型线、边线或一组相邻边线。

注意箭头方向。如要指定相反方向，单击。

(4) 在中指定曲面的宽度。

(5) 单击。

在设计模具时，经常需要利用延展制作出的曲面(如图 8-15 所示)，对模具体进行分割，制作出模具形体。此曲面即是用等距为 0 的方法在零件表面生成的。选择的方向参考面和要延展的边线在图形区中有显示说明，如图 8-16 所示。

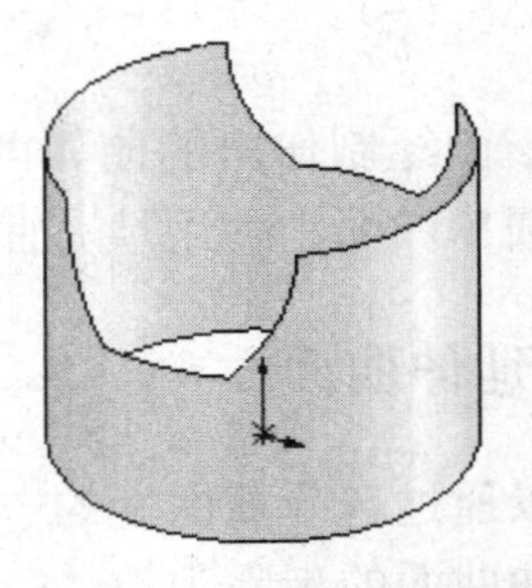

图 8-15 准备制作延展曲面的曲面边线

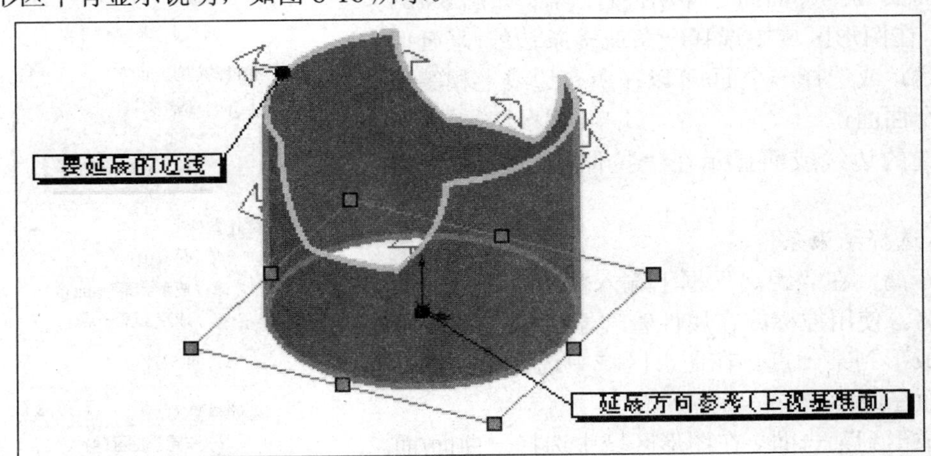

图 8-16 选择延展曲面的方向参考面和要延展的边线

生成的延展曲面如图 8-17 所示。

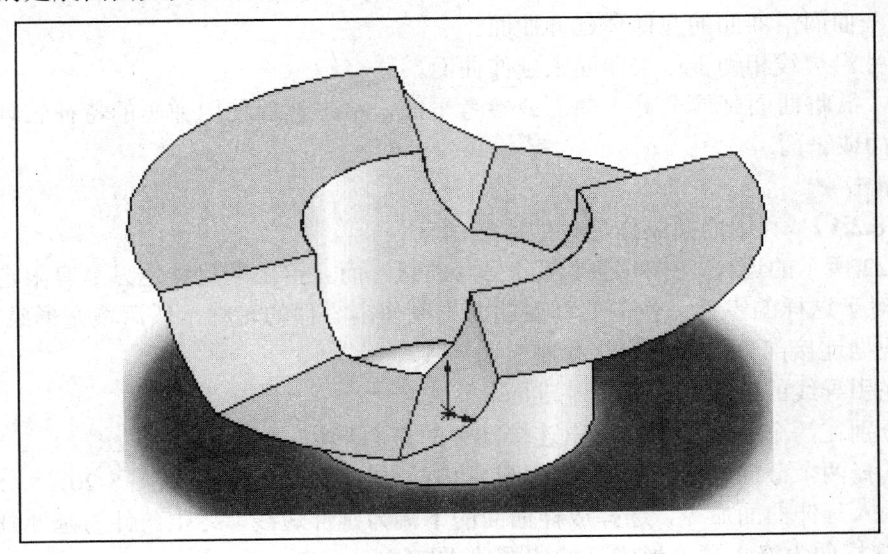

图 8-17 延展制作出的曲面

8.2 曲面编辑

对于已经制作出的曲面可以进行以下修改编辑：延伸曲面、剪裁已有曲面、解除剪裁曲面、圆角曲面、使用填充曲面来修补曲面、移动/复制曲面、删除和修补面等。

8.2.1 延伸曲面

可以通过选择曲面上的一条或多条边线，或选择一个面来延伸曲面。

延伸曲面的步骤为：

(1) 单击曲面工具栏上的或"插入"、"曲面"、"延伸曲面"，打开曲面延伸属性管理器，如图 8-18。

(2) 在图形区域中选择一条或多条边线(来延伸这些边线)，或选择一个面(可以在所有边线上相等地延伸整个曲面)。

所选的边线或面显示在"拉伸的边线/面"方框中。

(3) 选择结束条件。

● 距离。在"距离"框下输入数值以延伸曲面到此距离。使用控标或在属性管理器中输入距离。

● 成形到某一点。在图形区域中选择一顶点，延伸曲面在此终止。

● 成形到某一面。在图形区域中选择一曲面/面(或一基准面)，延伸曲面在此终止。

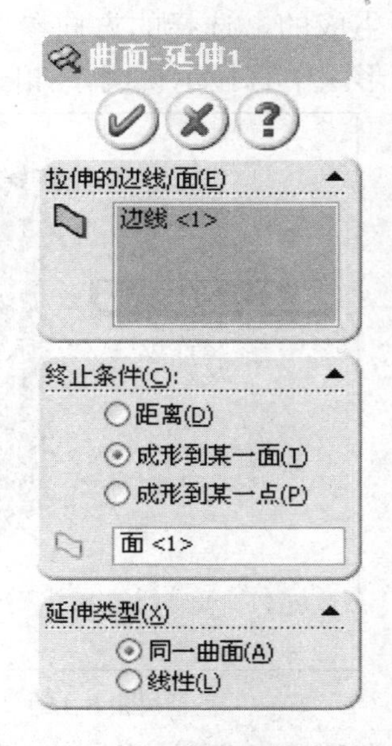

图 8-18　曲面延伸属性管理器

(4) 选择一延伸类型。

● 同一曲面沿曲面的几何体延伸曲面。

● 线性沿边线相切于原来曲面来延伸曲面。

提示，欲将曲面延伸至另一曲面或参考平面，单击然后使用弹出的特征管理器设计树来选择曲面或平面。

(5) 单击。

【例 8.2.1】 利用曲面制作连杆的连接部分。

图 8-22 所示的连杆，中间连接部分呈弯曲状，而且给出的尺寸也只是有限定部位的截面尺寸。对于这样的零件，就需要利用曲面先制作出零件的轮廓，然后填充形成实体。

(1) 根据连接部分的弯曲形状绘制出引导线。

(2) 在引导线的两端制作两个基准面。

(3) 分别在两个基准面上绘制出连接部分的截面形状。

(4) 选择两个截面轮廓和引导线(如图 8-19)，制作出放样曲面(如图 8-20)。

(5) 输入延伸曲面命令，选择放样曲面的下端为延伸边线，终止条件为延伸到某面，选择下方的圆柱面为终止面，形成延伸曲面(如图 8-21)。

(6) 利用同样的方法延伸放样曲面的上端(如图 8-22)。

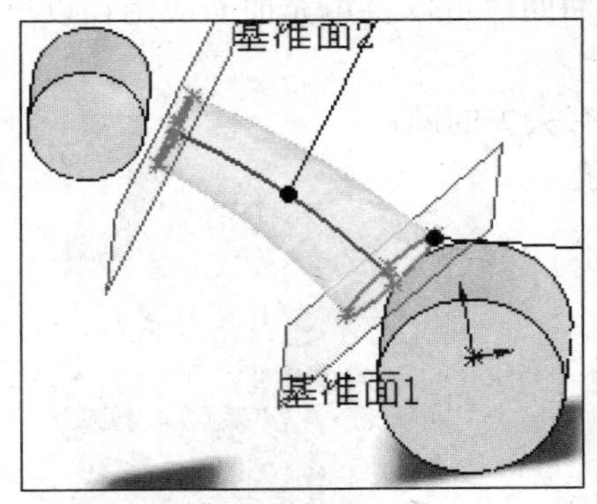

图 8-19　为生成放样曲面选择轮廓线和引导线

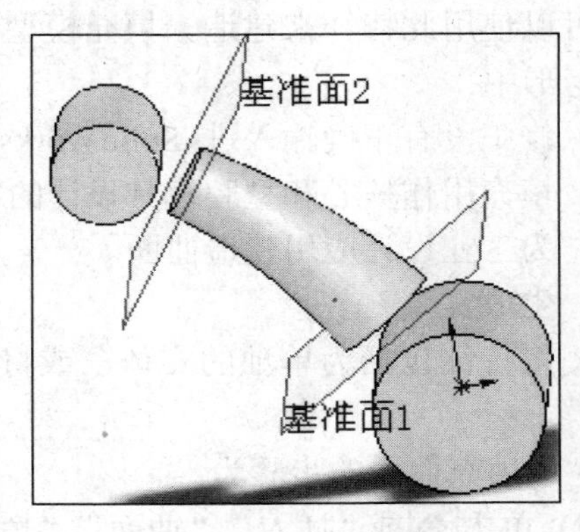

图 8-20　放样曲面

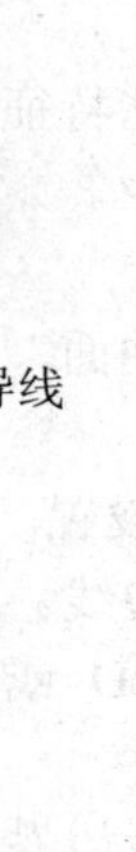

图 8-21　延伸的曲面

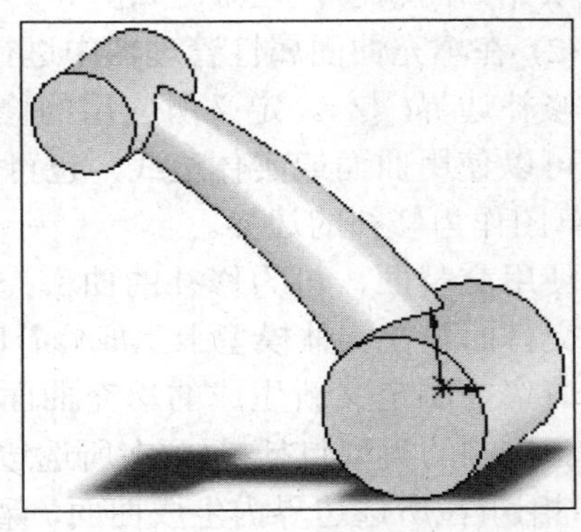

图 8-22　两端延伸后的曲面

制作出的中间连接部分只是一个空心的曲面。在下一步将两端制作出曲面填充之后，可将其填充成为一个实心体。下一步操作可参阅 8.2.3 小节“填充曲面”。

8.2.2　圆角曲面(Fillet Surface)

对于曲面实体中以一定角度相交的两个相邻面，可以使用圆角以使其之间的边线平滑。

圆角处理曲面实体上的边线的步骤为：

(1) 单击特征工具栏上的或“插入”、“曲面”、“圆角”。

(2) 在“圆角类型”下选择“等半径”。

(3) 在“圆角项目”下，输入半径。

在图形区域中，高亮显示要圆角处理的边线。边线或环和半径列举在边线、面、特征和环框中。

注意，确认所选择的边线有两个附加的面。应该在圆角处理前缝合相邻的曲面。

(4) 选择选项。与在实体上添加圆角相同。

(5) 单击。

8.2.3　填充曲面

填充曲面特征可由现有模型边线、草图或曲线定义的边界内构成带任何边数的曲面修补。可以使用此特征来建造一填充模型中缝隙的曲面。可以将填充曲面应用在以下一种或多种情形中：

- 修正没有正确输入进 SolidWorks 的零件(有丢失的面)。
- 填充用作核心和型腔模具设计的零件中的孔。
- 为工业设计应用建造曲面。
- 生成实体。
- 将特征包括为单独的实体，或将这些特征合并。

生成填充曲面的步骤为：

(1) 单击或"插入"、"曲面"、"填充曲面"，显示填充曲面属性管理器，如图 8-23。

(2) 在填充曲面属性管理器中进行以下设置。

修补边界( )。定义所应用的修补的边线。边界可以使用曲面或实体边线，也可使用 2D 或 3D 草图作为修补的边界。

使用交替面，可为修补的曲率控制反转边界面。交替面只在实体模型上生成修补时使用。

曲率控制定义新生成的填充曲面边沿方向的类型。控制的类型包括接触(在所选边界内生成曲面)和相切(在所选边界内生成曲面，保持新生成的填充曲面与修补边线所在的曲面相切)。

约束曲线( )。允许给修补添加斜面控制。约束曲线主要用于工业设计。可以使用如草图点或样条曲线之类的草图实体来生成约束曲线。

(3) 单击 。

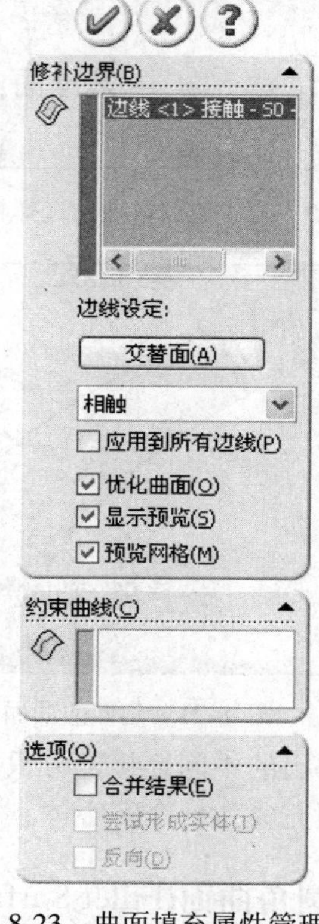

图 8-23　曲面填充属性管理器

【例 8.2.2】 曲面填充举例。

(1) 打开**【例 8.2.1】**制作的曲面。

(2) 选择两端的圆柱，设置其颜色为完全透明。

(3) 输入填充曲面命令，选择延伸曲面的边线作为延伸边，如图 8-24。

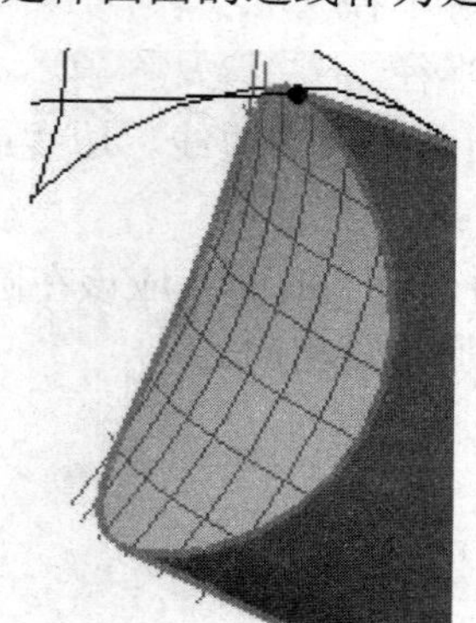

图 8-24　曲面填充的边线选择

(4) 单击✓，完成曲面填充。

(5) 选择另一端延伸曲面，制作填充曲面。

8.2.4 缝合曲面

使用缝合曲面功能可以将两个或多个曲面组合成一个曲面。

注意以下有关缝合曲面的事项：

曲面的边线必须相邻并且不重叠；

曲面不必处于同一基准面上；

选择整个曲面实体或选择一个或多个相邻曲面实体；

缝合曲面不吸收用于生成它们的曲面。

生成缝合曲面的步骤为：

(1) 单击图标或“插入”、“曲面”、“缝合曲面”，显示缝合曲面属性管理器，如图 8-25。

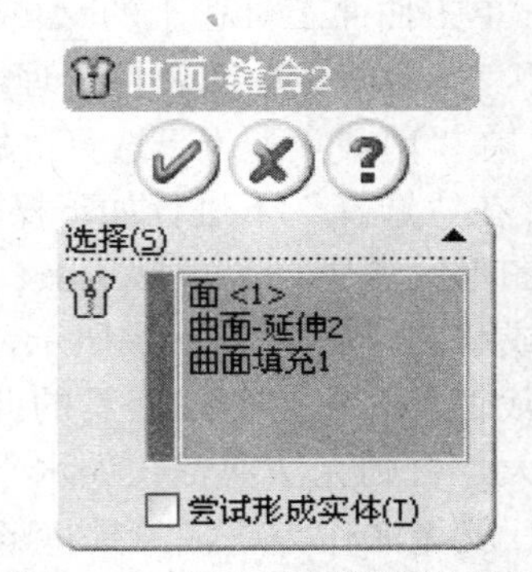

图 8-25 缝合曲面属性管理器

(2) 在属性管理器中的图形区域上或在特征管理器设计树中选取需缝合的面和曲面。这些曲面必须是相邻、非相交的曲面。

所产生的结果是一个单一曲面，以曲面-缝合<n>列在特征管理器设计树中。

缝合曲面之后，面和曲面的外观没有任何变化。

如果想从闭合的曲面生成一实体模型，选择“尝试形成实体”。

(3) 单击✓，曲面被缝合。

缝合的曲面如果形成一个封闭的轮廓，可以在缝合时形成实心体，也可以在缝合后利用加厚功能形成实心体。

【例 8.2.3】 缝合曲面举例。

(1) 打开**【例 8.2.2】**中制作的曲面。

(2) 输入缝合曲面命令。

(3) 选择两端的填充曲面和中间的延伸曲面，如图 8-26。

(4) 单击✓。

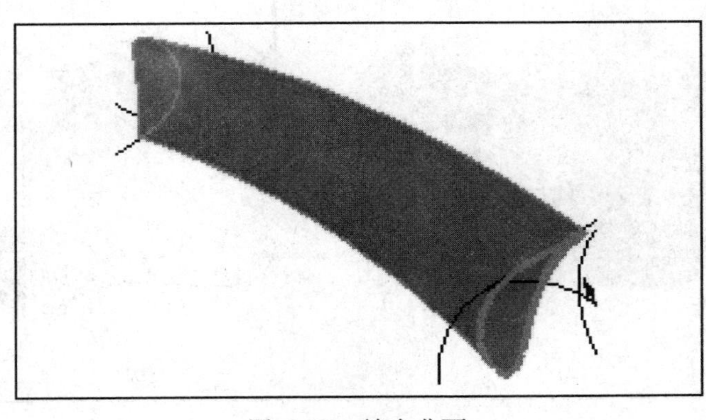

图 8-26 缝合曲面

8.2.5 剪裁曲面

可以使用曲面、基准面或草图作为剪裁工具在曲面相交处剪裁其他曲面。也可以将曲面和其他曲面联合使用作为相互的剪裁工具。

生成剪裁曲面的步骤为：

(1) 生成在一个或多个点相交的两个曲面。

(2) 单击曲面工具栏上的或"插入"、"曲面"、"剪裁"，显示剪裁曲面属性管理器，如图 8-27。

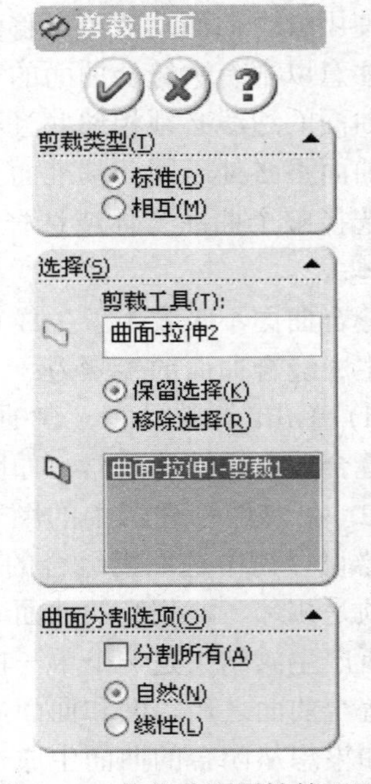

图 8-27 剪裁曲面属性管理器

(3) 在"剪裁类型"下选择"标准"或"相互"。

(4) 在"选择"下进行如下操作。

在图形区域中，为剪裁工具( )选择一曲面、基准面或草图。如图 8-28(a)所示，选择竖直的曲面作为剪裁工具。作为剪裁工具的曲面必须比被剪裁的曲面大，否则无法剪裁。如水平的曲面比竖直的曲面小，就无法作为剪裁工具将竖直的曲面剪裁。

在图形区域中，为剪裁对象( )根据以下情形选择一曲面作为保留部分或要移除的部分。

保留选择。被选择的曲面部分将被保留。如图 8-28(b)所示，选择水平曲面的后半部分作为保留的对象。

移除选择。被选择的曲面部分将被移除。

(5) 在"曲面分割选项"下选择一项目：

自然。边界边线随曲面形状变化。

线性。边界边线随剪裁点的线性方向变化。

分割所有。显示曲面中的所有分割。

(6) 单击。

剪裁的结果如图 8-28 所示。

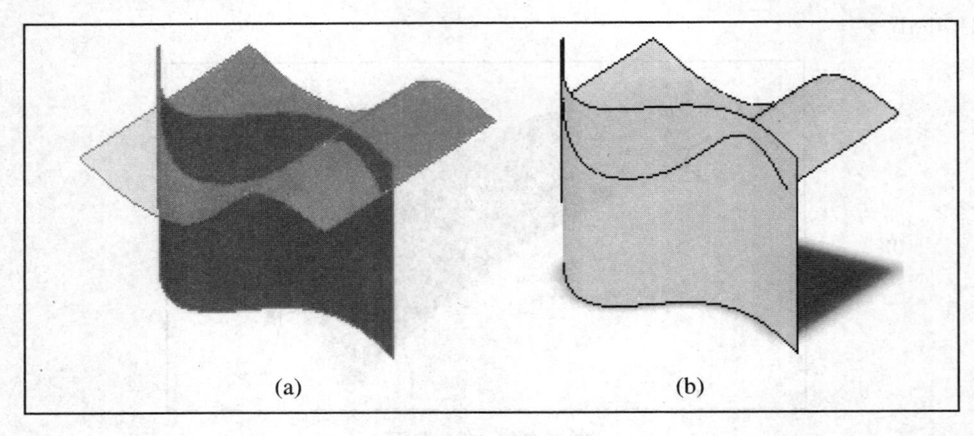

图 8-28 剪裁曲面

8.2.6 解除剪裁曲面

可以使用解除剪裁曲面通过沿其自然边界延伸现有曲面来修补曲面上的洞及外部边线。还可按所给百分比来延伸曲面的自然边界，或连接端点来填充曲面。可以将解除剪裁曲面工具用于所生成的任何输入曲面或曲面。

使用解除剪裁曲面的步骤为：

(1) 单击想解除剪裁的曲面零件。

(2) 单击曲面工具栏上的[图标]或“插入”、“曲面”、“解除剪裁”，显示解除剪裁曲面属性管理器，如图 8-29。

(3) 在“选择”的[图标]里，选择要解除剪裁的边线。

(4) 在“选项”下，可接受默认的延伸边线为“边线解除剪裁类型”，将所有边线延伸到其自然边界。或者可选择两条边线然后选择“连接端点”。

如果只选择了一条边线，需要输入延伸的长度百分比。

(5) 单击[图标]，结束解除剪裁曲面操作。

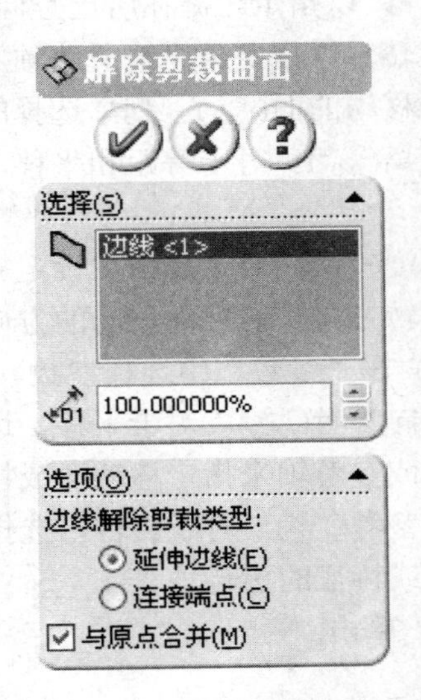

图 8-29　解除剪裁曲面属性管理器

图 8-30 显示的是对图 8-29 生成的曲面剪裁结果解除剪裁后的情况。解除剪裁后，两个曲面仍然各自是一个曲面，没有被合并或缝合。

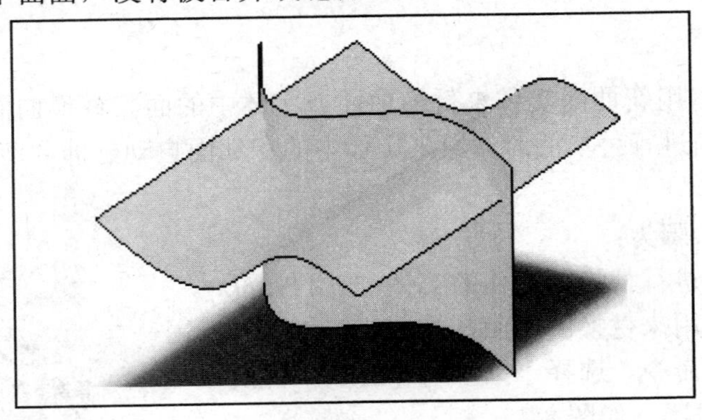

图 8-30　解除剪裁曲面

8.2.7 移动面

可以直接在实体或曲面模型上等距、平移以及旋转面和特征。

移动面操作的步骤为：

(1) 单击模具工具栏或特征工具栏上的[图标]，或单击“插入”、“面”、“移动”，显示移动面属性管理器，如图 8-31。

(2) 在属性管理器中设定以下选项，然后单击“确定”。

(3) 在“移动面”之下选择以下选项之一。

等距。以指定距离等距移动所选面或特征。

平移。以指定距离在所选方向上平移所选面或特征。

旋转。以指定角度绕所选轴旋转所选面或特征。

要移动的面( )。列举选择的面或特征。

距离( )。对于等距和平移，设定移动面或特征的距离。

角度( )。对于旋转，设定旋转面或特征的角度。

反转方向。切换面移动的方向。

(4) 在“参数”中选择参数。

方向参考( )。对于平移，选择基准面、平面、线性边线或参考轴来指定移动面或特征的方向。

轴参考( )。对于旋转，选择线性边线或参考轴来指定面或特征的旋转轴。

(5) 单击 。

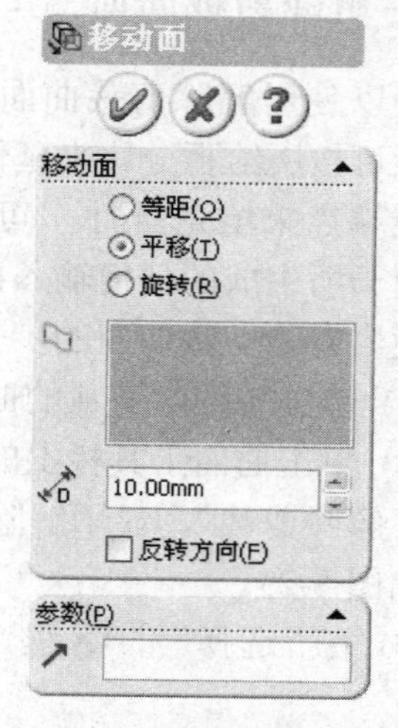

图 8-31　移动面属性管理器

8.3　使用曲面对实体的操作

生成的曲面可以用来对实体进行各种操作，如将实体中的面用曲面进行替换、用曲面加厚生成实体、用曲面加厚对实体进行剪裁等。

8.3.1　替换面

替换面操作可以用新曲面实体来替换曲面或实体中的面。替换曲面实体不必与旧的面具有相同的边界。当进行替换面时，原来实体中的相邻面自动延伸并剪裁到替换曲面实体，超出的面被剪裁。

替换面操作的步骤为：

(1) 制作出需要进行替换面操作的实体，如图 8-33(a)。

(2) 制作出准备用来替换的曲面，如图 8-33(b)。

(3) 输入替换面命令。选择“插入”、“面”、“替换”，显示替换面属性管理器，如图 8-32。

(4) 在替换面属性管理器上方的框中选择将要被替换的面。如图 8-33(a)中立体的上表面。

(5) 在替换面属性管理器下方的框中选择要用来替换的面。如图 8-33(b)中的曲面。

(6) 单击 。

(7) 右击用来替换的曲面，选择“隐藏”。结果如图 8-33(c)。

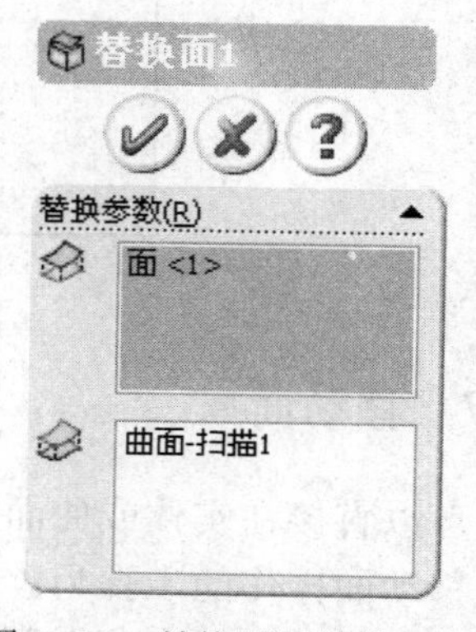

图 8-32　替换面属性管理器

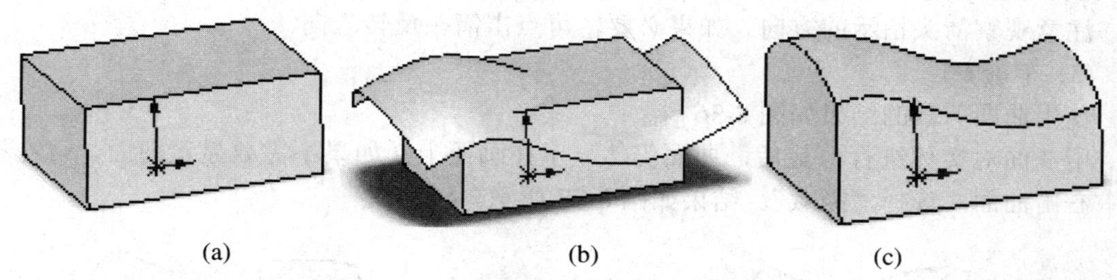
(a) (b) (c)

图 8-33 替换面的操作过程和结果

从替换面操作的结果可以看出，与使用面剪裁的结果不同的是，替换面操作实体超过曲面的部分将被剪裁，不足曲面的部分将被延伸，形成与曲面形状完全相同的实体曲面。使用面剪裁，只是将实体超过曲面的部分剪裁，不足的部分不延伸。在相同条件下，使用曲面进行剪裁的结果如图 8-37。将图 8-33(c)与图 8-37 相比较，即可明确两者的差别。

8.3.2 曲面加厚

曲面加厚操作可以将没有厚度的曲面生成具有一定厚度的实体，或在封闭的曲面中填充材料生成实体。也可以用曲面加厚的方法对实体进行剪裁。

用曲面加厚生成实体的步骤为：

(1) 选择“插入”、“凸台/基体”、“加厚”，显示曲面加厚属性管理器，如图 8-34。

(2) 选择曲面，输入厚度。

如果选择的曲面是一个封闭的曲面，可在属性管理器中选择“从封闭的体积生成实体”，对封闭的曲面进行填充，使其成为一个内部有材料的实体。

(3) 单击✓。

【例 8.3.1】 利用曲面加厚生成实体举例。

打开【例 8.2.2】中缝合的曲面，使用曲面加厚的方法，在闭合曲面中填充材料生成实体，并将其与其他特征合并，成为单一的实体。

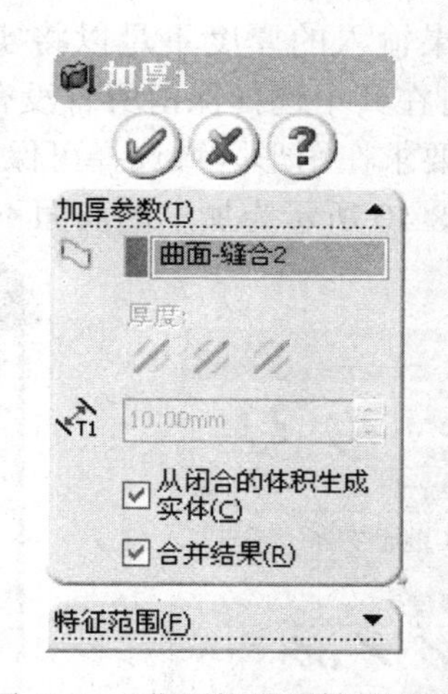

图 8-34 曲面加厚属性管理器

使用曲面切除的步骤为：

(1) 选择“插入”、“切除”、“使用曲面”，显示使用曲面切除属性管理器，如图 8-35。

图 8-35 使用曲面切除属性管理器

(2) 选择曲面。

注意观察箭头指示的方向。如果必要，可点击箭头反转方向。

(3) 单击✔。

使用曲面剪裁的结果如图 8-36。

用曲面对实体进行剪裁后，曲面仍然显示在画面上。如果不需要显示曲面，可在模型树中右击曲面，选择“隐藏”。结果如图 8-37 所示。

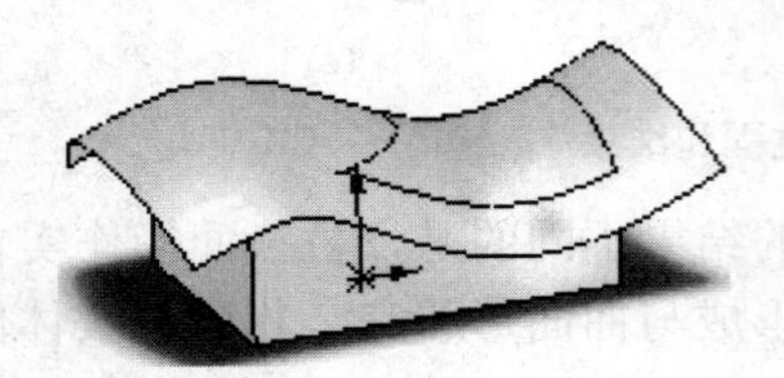

图 8-36 使用曲面剪裁的结果

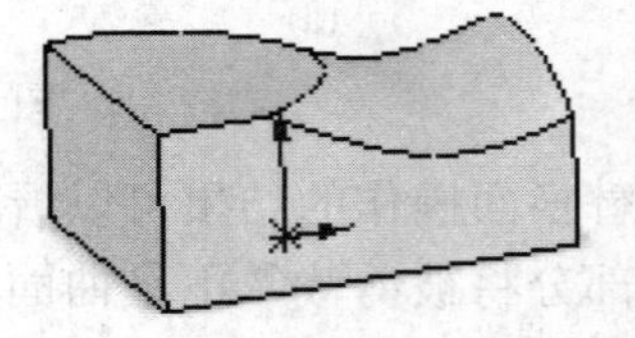

图 8-37 使用曲面剪裁并隐藏曲面的结果

使用曲面加厚切除的步骤为：

(1) 选择“插入”、“切除”、“加厚”，显示切除加厚属性管理器，如图 8-38。

(2) 选择曲面，输入曲面加厚的厚度。观察图形区域显示的加厚方向，调整选择加厚与曲面的相对位置。

(3) 单击✔。

如果输入的厚度不足以将实体中的一部分完全切除，将显示保留实体提示框，如图 8-39。可在其中选择保留所有没有被切除的实体或保留选择的实体，如果选择保留选择的实体，将要求在图形区域选择可保留的实体。

图 8-40 所示为加厚的曲面不足以将实体的上半部完全切除，又保留了所有实体的结果。

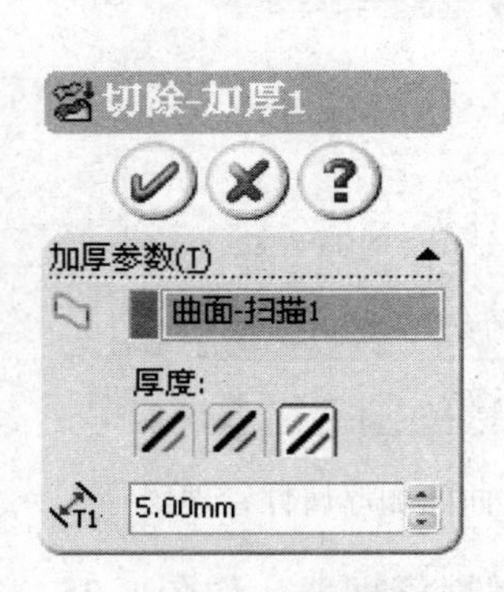

图 8-38 加厚切除属性管理器

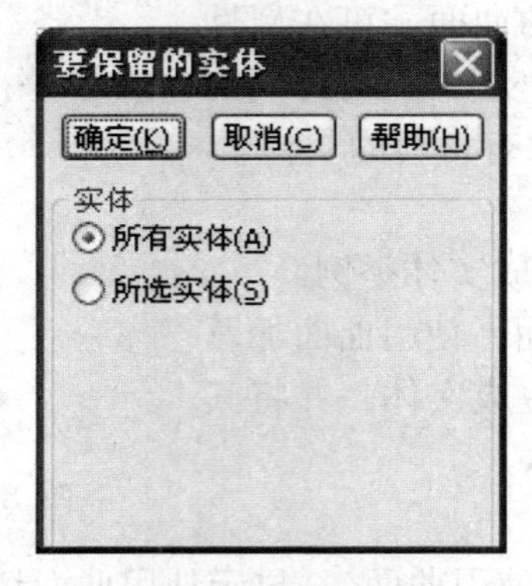

图 8-39 保留实体提示框

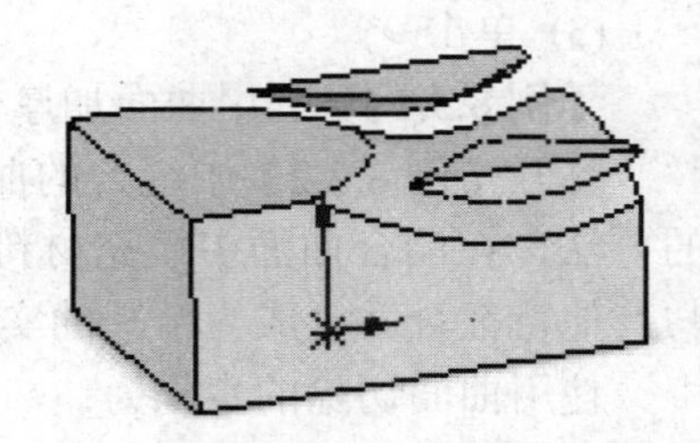

图 8-40 曲面加厚切除结果

练 习 题

1. 制作练习图 8-1 中的零件。

2. 自行选择一个带有曲面特征的物体(比如日历台架、水龙头、门把手、教室中的塑料座椅、靠背等)进行制作。

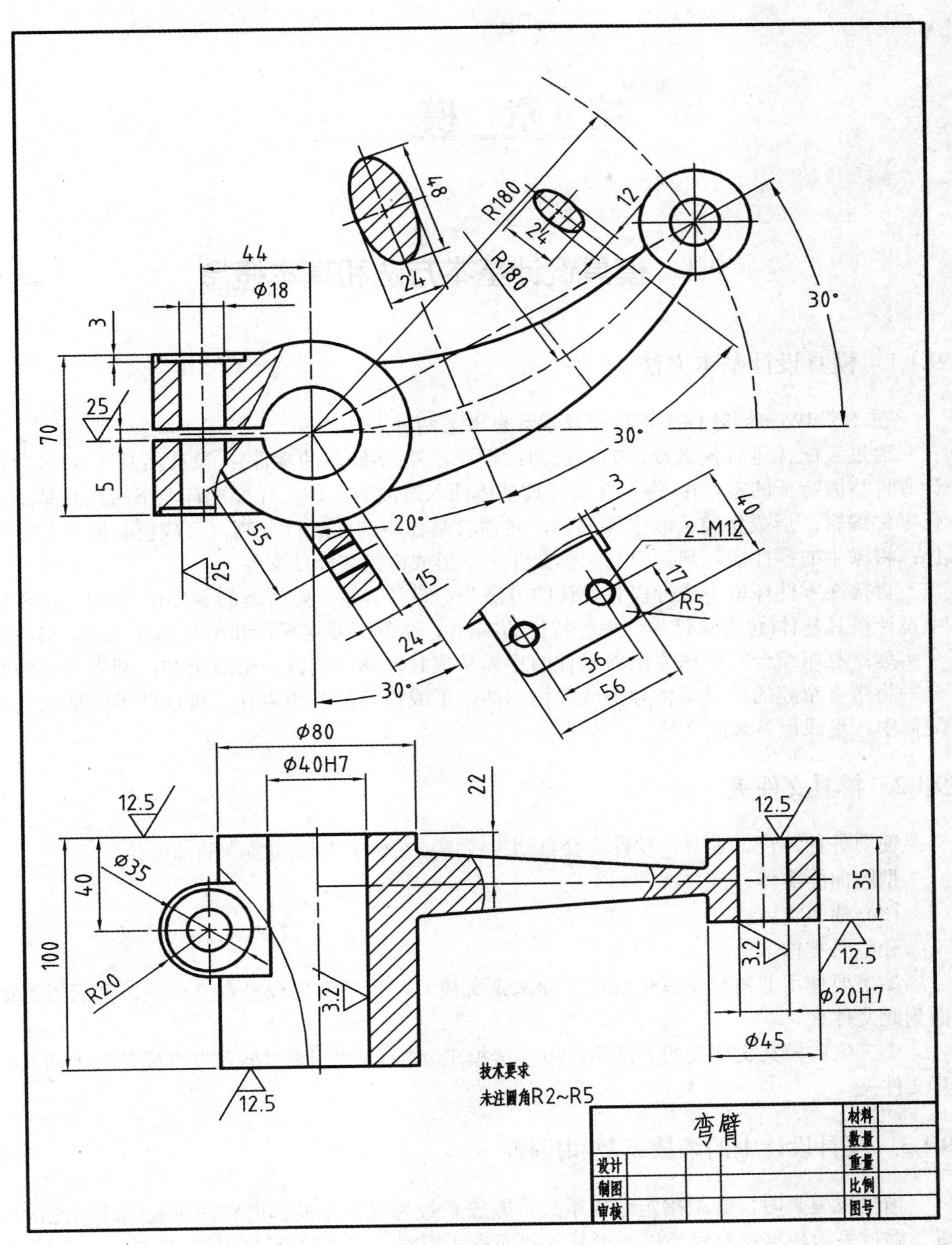

44
Φ18
3
70
25
5
R180
R180
48
24
24
12
30°
30°
20°
55
25
15
24
30°
3
40
2-M12
17
R5
36
56
Φ80
Φ40H7
22
12.5
Φ35
40
100
R20
3.2
12.5
12.5
35
3.2
12.5
Φ20H7
Φ45
技术要求
未注圆角R2~R5
弯臂
材料
数量
重量
比例
图号
设计
制图
审核

练习图 8-1

第9章 模　　具

9.1 模具设计基本方法和基本概念

9.1.1 模具设计基本方法

在 SolidWorks 软件中进行模具设计有以下两种方法。

通过装配体进行模具设计的方法为：设计零件(要铸造的零件)；设计模具基体(包含设计零件型腔特征的零件)；将零件和模具基体插入过渡装配体；在装配环境下对模具基体进行零件编辑，形成型腔；派生零部件，对模具基体用曲面进行分割，形成模具的各部分零件；将派生的零件插入到新的装配体文件中，形成模具装配体文件。

直接在零件环境下进行模具设计的方法为：设计零件 (要铸造的零件)；在同一个零件中设计模具基体(包含设计零件型腔特征的零件)，注意不要将零件和模具基体合并，形成两个实体；利用组合特征的方法将零件的形体从模具基体中删减，形成空腔；利用各种曲面分割将带有空腔的模具基体分割成数块形体，形成模具的各个零件；将这些零件插入到装配体中，形成模具装配文件。

9.1.2 模具文件夹

使用各种铸模工具时，软件将会自动生成下列文件夹并添加适当的曲面：

型腔曲面实体；

核心曲面实体；

分型面实体。

如果要使用非铸模工具生成的曲面来定义模具，可手工生成模具文件夹，然后添加曲面到此文件夹。

手工生成模具文件夹的方法为：单击铸模工具栏上的或“插入”、“模具”、“插入模具文件夹”。

9.1.3 模具设计中的缩放系数和拔模

当生成模具时，必须指定缩放系数。缩放系数为材料在模具内凝固时收缩或膨胀的数量。缩放系数根据材料种类以及模具形状而有所不同，它是用设计零件的线性尺寸(而非体积)的百分比来表示的。

SolidWorks 软件用指定的缩放系数来缩放型腔，并使用以下公式：

$$型腔尺寸 = 零件尺寸 \times (1 + 缩放系数/100)$$

例如，采用模型的缩放系数为1.05，则模具型腔的线性尺寸比模型尺寸大5%。对于不同收缩系数的材料，应采用不同的缩放系数。

对于 SolidWorks 模型，可以使用分割线工具来分割面并使用拔模工具来添加拔模。也可以随 SolidWorks 或输入的模型使用直纹曲面工具来添加拔模，修正错误的曲面，或者生成连锁曲面。

9.2 通过装配体进行模具设计

可以使用一系列控制模具生成过程的集成工具来生成模具。当模型完成时，可以使用这些模具工具来分析并纠正 SolidWorks 或输入的模型的不足之处。模具工具覆盖初始分析到生成切削分割的整个范围。

有关工具的作用如下：

- 底切检查。使用底切检查工具来识别阻止模型弹出的卡住区域。
- 分型线。此工具有两个功能：

根据所指定的角度来核实模型上是否有拔模；

生成一可从之生成分型面的分型线。分型线工具包括选择一边线及让系统增值到所有边线的选项。

- 关闭曲面。模型常常包括需要关闭以阻止核心到型腔泄漏的开口。
- 分型面。分型面从分型线拉伸以将模具型腔从核心分离出来。还可以使用分型面来生成连锁曲面。在如此实例中，生成单独曲面以将模具型腔从核心分离出来。
- 直纹曲面。对于输入的零件，不能使用 SolidWorks 的拔模工具来修正需要拔模的曲面。对此可以采用直纹曲面进行修正。也可以使用直纹曲面工具来生成连锁曲面。
- 切削分割。切削分割工具根据以上所说明的步骤通过自动增添核心、型腔及分型面来生成核心和型腔。

铸模工具栏中还包括铸模过程常用的额外工具，如比例缩放、型腔以及诸如平面和缝合曲面之类的建模工具。

可以在过渡装配体中结合设计零件和模具基体，然后，在过渡装配体关联中生成型腔特征。这将使模具基体在设计零件更改形状的情况下与设计零件相关联。

9.2.1 铸模工具——分型线

分型线位于铸模零件的边线上，在型心和型腔曲面之间。它们用来生成分型面并分开曲面。分型线应该在应用了模型缩放比例并选择了适当的拔模角度后生成。

生成一条分型线的步骤为：

(1) 制作准备使用分型线的零件。如图 9-1。为了简便说明，这里只使用了有圆球挖空内腔的形体。

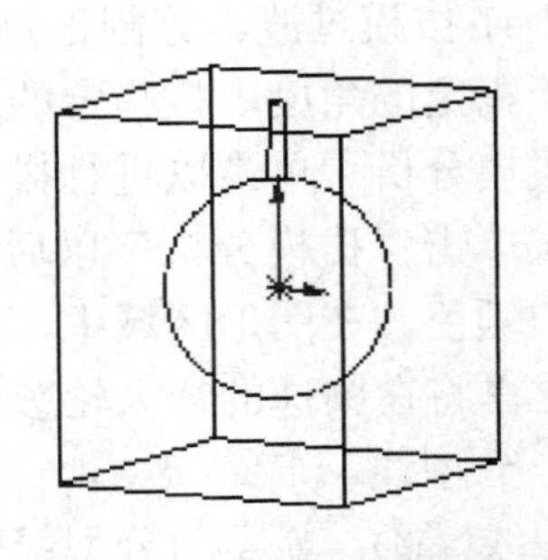

图 9-1 准备添加分型线的零件

(2) 单击铸模工具栏上的图标或“插入”、“模具”、“分型线”，显示分型线属性管理器，如图 9-2。

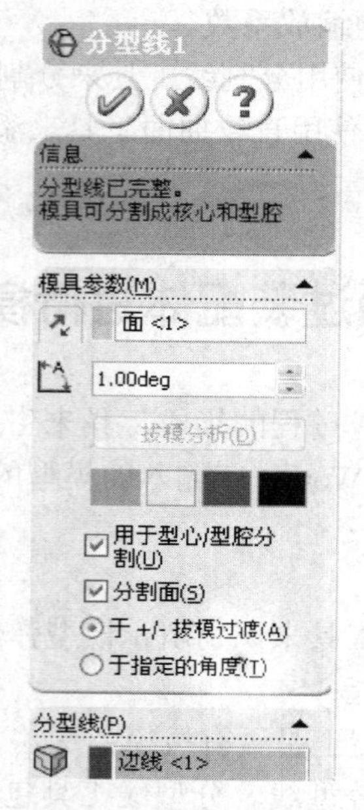

图 9-2　分型线属性管理器

(3) 在属性管理器中设定以下选项。

● 模具参数。

拔模方向。定义型腔实体拔模以分割型心和型腔方向。选择一基准面、平面或边线。选择形体的上表面，如图 9-3。一箭头显示在模型上。箭头表示拔模方向。

注意箭头的方向，如有必要可单击反向。

拔模角度。设定一个值。带有小于此数值的拔模的面在分析结果中报告为无拔模。

用于型心/型腔分割。选择以生成一定义型心/型腔分割的分型线。

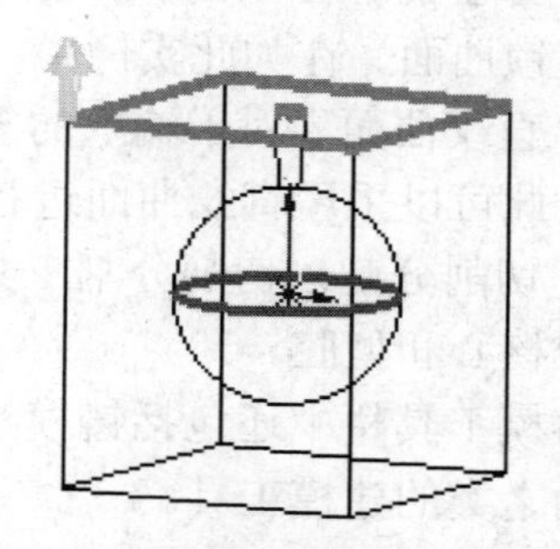

图 9-3　选择拔模方向和分型线

分割面。选择以自动分割在拔模分析过程中找到的跨立面。选择以下之一：

于+/-拔模过渡。分割正负拔模之间过渡处的跨立面。

于指定的角度。按指定的拔模角度分割跨立面。

拔模分析。单击以进行拔模分析并生成分型线。

在单击“拔模分析”以后：在“拔模分析”下出现四个块，表示正、无拔模、负及跨立面的颜色。在图形区域中，模型面更改到相应的拔模分析颜色。

这里将在圆球的最大轮廓处生成一条边线。

● 分型线。

边线(图标)。显示为分型线所选择的边线的名称。在“边线”中，可以：

选择一名称以标注在图形区域中识别边线；

在图形区域中选择一边线以从边线中添加。可点击刚生成在圆球上的最大轮廓线，添加到边线中。

(4) 单击✔，在立体中生成分型线(如图 9-3 中圆球面最大轮廓处的水平圆边线)。

9.2.2 铸模工具——分型面

在确定分型线并生成关闭曲面后，生成分型面。分型面从分型线拉伸，用来将模具型腔从核心分离。

生成分型面的步骤为：

(1) 单击铸模工具栏上的⊖或“插入”、“模具”、“分型面”，显示分型面属性管理器，如图 9-4。

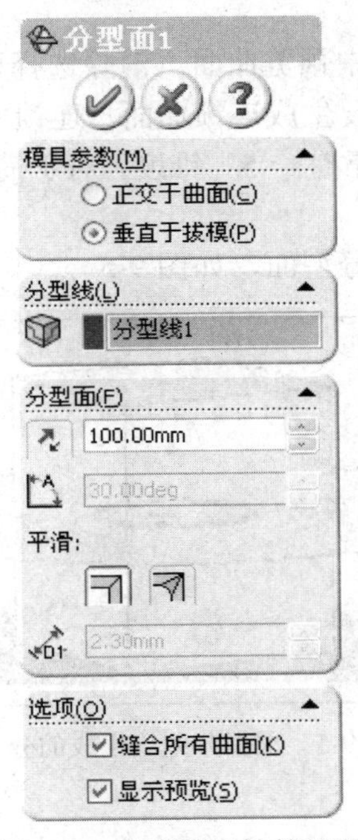

图 9-4 分型面属性管理器

(2) 在属性管理器中设定以下选项。

- 模具参数。

正交于曲面。分型面与分型线的曲面正交。

垂直于拔模。分型面与拔模方向垂直。此为最普通类型。

- 分型线。

边线( )。列举为分型面所选择的边线或分型线的名称。在边线中，可以：

在图形区域中选择一边线或分型线以从边线中添加或移除；

选择一名称，在图形区域中识别边线。

- 分型面。

距离。为分型面的宽度设定数值。

反转等距方向。单击以更改分型面从分型线延伸的方向。

角度。(对于与曲面相切或正交于曲面。)设定一个值。这会将角度从垂直更改到拔模方向。

平滑。可在相邻曲面之间应用一更平滑的过渡。为相邻边线之间的距离设定一数值。高的值在相邻边线之间生成更平滑过渡。

尖锐。默认。

通过图形区域中的标注可识别出分型面上的最小半径。

- 选项。

缝合所有曲面。选择 SolidWorks 选项后，自动缝合曲面。对于大部分模型，曲面正确生成。然而，如果需要修复相邻曲面之间的间隙，消除此选项以阻止曲面缝合。使用铸模工具栏上诸如放样曲面或直纹曲面的曲面工具来进行修复，然后使用缝合曲面在修复后手工缝合曲面。

显示预览。选择在图形区域中预览曲面。消除选择以优化系统性能。

对于大部分模具零件，还需要生成连锁曲面。连锁曲面有助于防止核心和型腔块移动。连锁曲面位于分型面的周边，通常有一 5° 锥度。对于简单模型，可使用与生成分型面相同的工具来生成连锁曲面。

(3) 单击✔，在立体中生成分型面，如图 9-5。

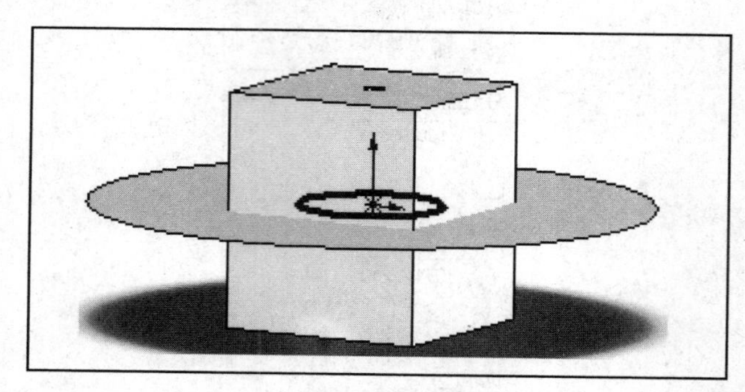

图 9-5　根据分型线生成的分型面

9.2.3 铸模工具——型腔

可以使用型腔工具(▣)生成简单模具。使用型腔工具生成模具要求有以下几项：

设计零件(要铸造的零件)；

模具基体(包含设计零件型腔特征的零件)；

过渡装配体(包含有型腔的装配体)。

派生零部件零件(切割后成为半个模具的零件)。

可以在过渡装配体中结合设计零件和模具基体，然后，在过渡装配体关联中生成型腔特征。这将使模具基体在设计零件更改形状的情况下与设计零件相关联。

若想生成更复杂的模具，使用在模具设计中所陈述的工具和技巧。

在模具基体中生成型腔的步骤为：

(1) 将设计零件和模具基体插入到临时装配体中。

(2) 在装配体中选择模具基体，然后单击装配体工具栏上的。

编辑模具基体零件，而不是装配体。所做的更改将反映在模具基体的原有零件文件中。如果不想使原来的模具基体受影响，可使用模具基体零件文件中的“另存为”，用另一名称来保存，以供在每个新的模具装配体中使用。否则，原来的模具基体中将包括要插入的型腔。

(3) 单击铸模工具栏上的或“插入”、“模具”、“型腔”，显示型腔属性管理器，如图 9-6。

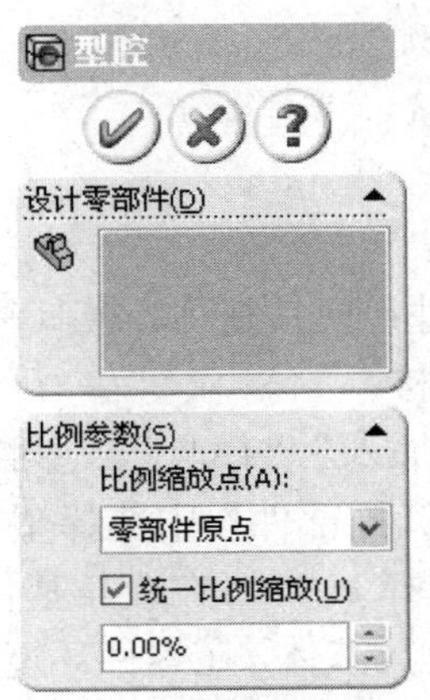

图 9-6 型腔属性管理器

(4) 在属性管理器中，在“设计零部件”下从特征管理器设计树选择一设计零件。

在“比例参数”下，为“比例缩放点”选择比例缩放的中心点等。

零部件重心。根据零件重心缩放每个零件的型腔。

零部件原点。根据零件原点缩放每个零件的型腔。

模具基体原点。根据模具基体零件的原点缩放每个零件的型腔。

坐标系。根据所选坐标系缩放每个零件的型腔。

缩放系数。输入正值会使型腔膨胀，输入负值则会使型腔收缩。

统一比例缩放。选择“统一比例缩放”，然后输入一数值在所有方向缩放比例。

不均匀缩放。取消选择“统一比例缩放”复选框，并为 X、Y、和 Z 方向输入缩放比例数值。

(5) 单击。

完成上述操作后，在模具基体零件中按设计零件的形状生成型腔。所指定的缩放系数决定了型腔的尺寸。

如果对设计零件进行了任何的改变，只要更新路径可用，模具基体中的型腔会自动相应更新。

9.2.4 铸模工具——分割

分型面制作好后，可利用分割工具将模具基体分割成若干部分。

分割零件的步骤为：

(1) 单击铸模工具工具栏上的或“插入”、“模具”、“分割”，显示分割属性管理器。

(2) 选择曲面作为剪裁工具，点击“切除零件”，在图形中显示实体被分割成为几个部分、每个部分的编号及名称。

(3) 在属性管理器中双击每个部分的名称，各自命名保存。

(4) 单击✓，即可将原来的实体分割成几个部分并分别保存成为零件。

要注意当前的文件中可能只显示出有分割用的曲面，其他部分都消失不可见。但此文件不可删除销毁，因为各个部分零件都是从此文件中得出的。如果删除此文件，会使各个部分零件文件无法打开。

【例 9.2.1】 简单模具设计示例。

(1) 设计要生产的零件：塑料盆。

(2) 建立一个过渡装配体。

(3) 将塑料盆插入到装配体中。

(4) 在装配体中插入一个新零件：模具基体。模具基体的整体尺寸要比塑料盆大。超出的具体尺寸可参考模具设计专业教材。

(5) 继续编辑模具基体。单击"插入"、"模具"、"型腔"，显示型腔属性管理器(如图 9-6)。在属性管理器中输入数据。在"设计零部件"中选择塑料盆，"比例缩放点"中选择"零部件原点"，输入缩放比例 1.05%。选择✓，可在模具基体中减除塑料盆的形体，形成型腔。

(6) 退出零件编辑状态。打开模具基体，在零件环境中继续编辑模具基体。可以观察到，在模具基体中已经形成了零件模型的空腔。

(7) 单击"插入"、"模具"、"分型线"，显示分型线属性管理器，如图 9-7。选择✓，生成分型线。

(8) 单击"插入"、"模具"、"分型面"，显示分型面属性管理器，如图 9-8。在属性管理器中选择刚生成的分型线作为要延展的曲线。输入分型面尺寸 100，选择✓，生成一个分型面。

图 9-7　分型线属性管理器

图 9-8　分型面属性管理器

(9) 输入缝合曲面命令，显示缝合曲面属性管理器，如图 9-9。选择分型面作为要缝合的曲面，同时依次选择型腔内的表面作为要缝合的曲面，如图 9-10。注意不能选择出错，否则可能生成的缝合曲面不完整，无法将模具基体分割。选择✓，生成缝合曲面。

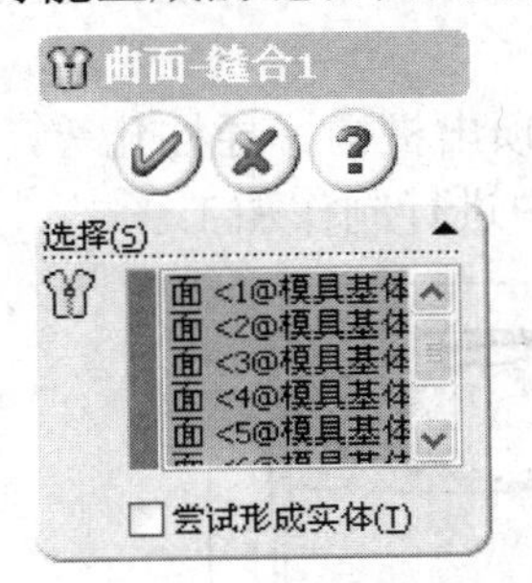

图 9-9　缝合曲面属性管理器

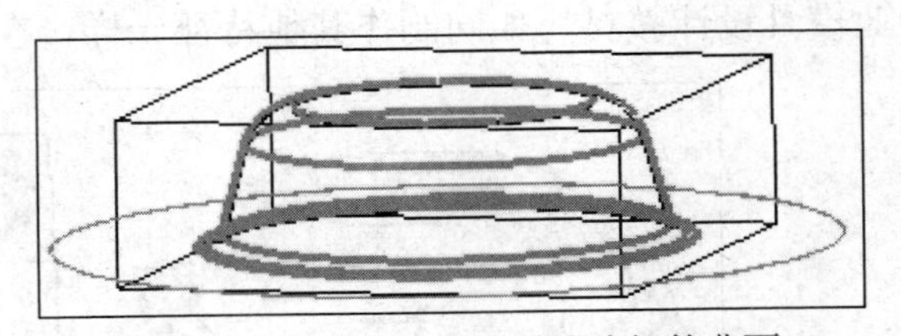

图 9-10　生成缝合曲面需要选择的曲面

(10) 对于分型线和分型面，可以使用分割线和延展曲面来替代。使用分型线，选择投影类型，选择模具基体的上表面作为参考面，内腔的最大轮廓曲面作为投影面，可在内腔的最大轮廓曲面上投影出分割线。利用此分割线制作延展曲面的方法与制作分型面相似。利用此延展曲面制作缝合曲面的方法比利用分型面制作缝合曲面的方法简单，只需要选择延展曲面作为要缝合的曲面，选择内腔的底面作为源面，SolidWorks 可自动识别由两个曲面之间的连续曲面生成的连续缝合曲面，这样可减少选择曲面的时间和出错的可能性。

(11) 继续编辑模具基体，单击“插入”、“模具”、“分割”，显示分割特征属性管理器，如图 9-11。选择缝合曲面作为分割工具，将模具基体分割成两部分。双击被分割成的两部分实体文件名称，分别命名保存为凸模和凹模。

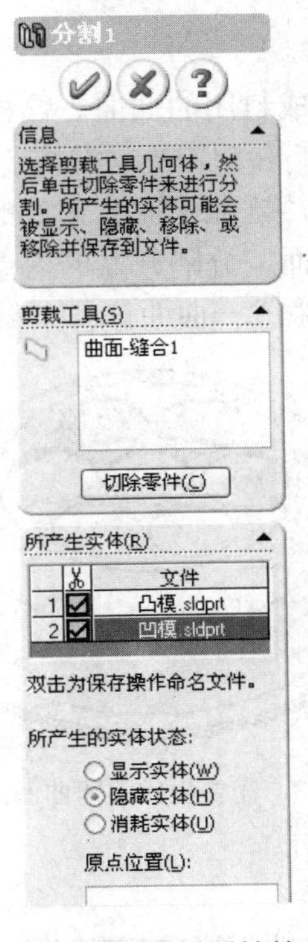

图 9-11　分割特征属性管理器

(12) 结束零件编辑。

(13) 保存过渡装配体。

(14) 建立新的装配体文件，将凸模和凹模零件插入到新装配体中，形成塑料盆模具，如图 9-12。

(15) 生成塑料盆模具中其他的生产结构，如浇口、流道、顶出机构、导柱孔等，可参考专业模具设计教材，如同制作其他特征一样，在凸模和凹模中进行制作加工。

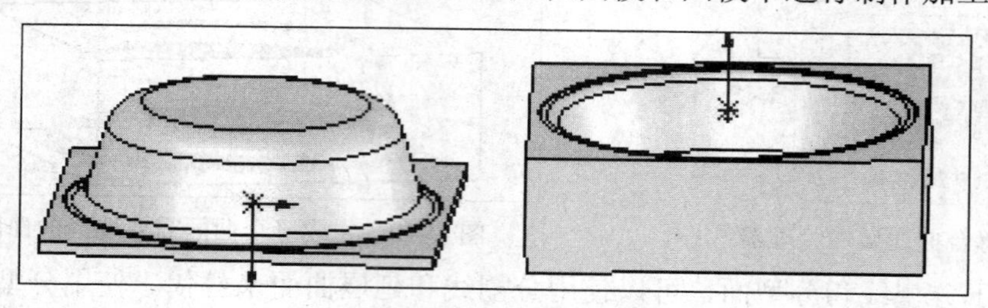

图 9-12 塑料盆模具

9.3 在零件环境中进行模具设计

模具设计使用的工具并不说明某个工具只能在一个方法中使用。比如本节说明使用的一些工具也可能在装配环境中同样需要使用。

9.3.1 铸模工具——关闭曲面

关闭曲面可以在任何通孔中生成封闭的曲面。这样能隔断模具中型心和型腔互相接触的区域。如果没有隔断，将使得核心和型腔无法分离。如图 9-13 所示的零件，由于特殊需要，在此塑料盆的底部有几个通孔，这几个通孔使盆的内壁和外壁连在一起。在生成模具之前，必须在这几个通孔中生成曲面，分隔开盆的内壁和外壁。可在生成分型线后生成关闭曲面。关闭曲面通过沿以下之一生成一曲面修补来闭合一通孔：

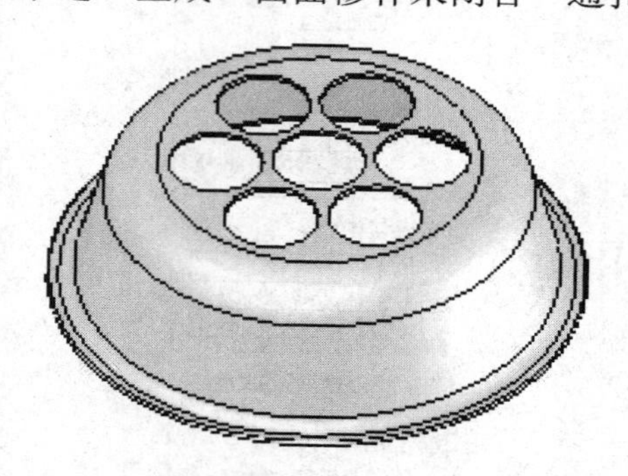

图 9-13 需要生成关闭曲面的零件

- 形成连续环的边线。
- 先前生成以定义环的分型线。

当生成关闭曲面时，软件以适当曲面增殖型腔曲面实体文件夹和型心曲面实体文件夹。

生成关闭曲面的步骤为：

(1) 单击模具工具栏上的或“插入”、“模具”、“关闭曲面”，显示关闭曲面属性管理器，如图 9-14。

(2) 在属性管理器中设定各种选项。

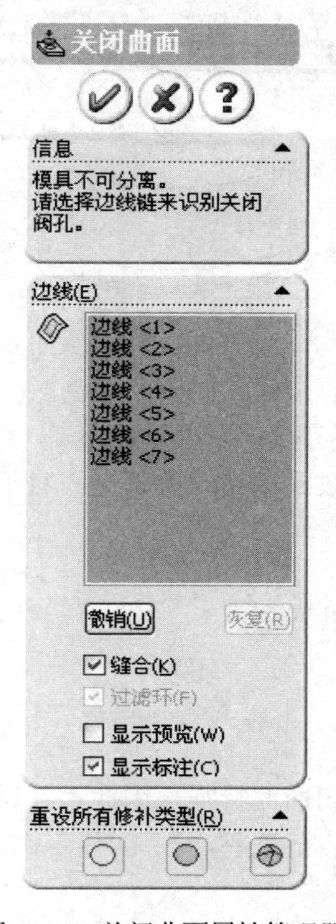

图 9-14 关闭曲面属性管理器

● 边线()。列举为关闭曲面所选择的边线或分型线的名称。通常 SolidWorks 能够自动判别出哪些通孔需要生成关闭曲面。

在图形区域中选择一边线或分型线以从边线中添加或移除。

选择一名称，以在图形区域中识别边线。

用右键单击并选择清除选项以清除边线中的所有选择。

可以手工选择边线。在图形区域中选择一边线，然后使用选择工具来完成环。

可以在分型线属性管理器中为通孔定义一分型线，然后在此将之选择为孔定义关闭曲面的边线。

● 缝合。当被选择时，每个通孔的曲面修补缝合到型心曲面实体及型腔曲面实体，型心曲面实体文件夹和型腔曲面实体文件夹分别包含一曲面实体。当消除选择时，曲面修补不缝合到型心曲面实体及型腔曲面实体，型心曲面实体文件夹和型腔曲面实体文件夹包含许多曲面。如果有众多低质量曲面(如带有 IGES 输入问题)，可能需要消除选择此选项，并在使用关闭曲面工具后手工分析并修复问题。

● 过滤环。过滤似乎不是有效孔的环，如图 9-15。如果模型中的有效孔被过滤，消除此选项。

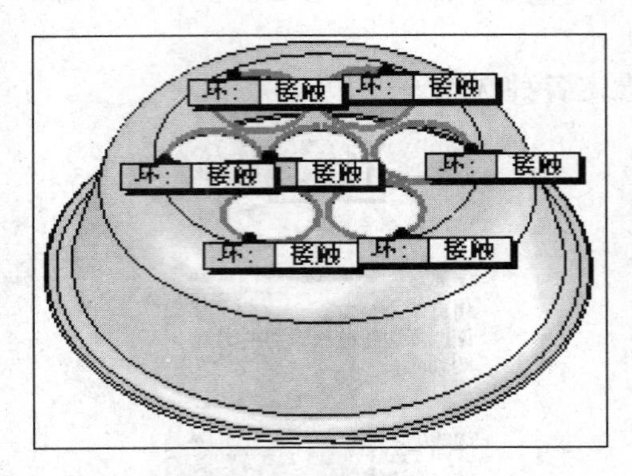

图 9-15　自动查找需要生成关闭曲面的环

● 显示预览。在图形区域中显示修补曲面的预览。

● 显示标注。为每个环在图形区域中显示标注。

可单击一标注将环从接触更改到相切或无填充。对于相切环，可单击箭头将关闭曲面从平面更改到圆锥面。

● 重设所有修补类型。

将所有通孔曲面修补重设到以下之一：

全部不填充( )。

全部相触( )。

全部相切( )。

在模型中只允许存在一个关闭曲面特征，因此，在这个特征内，必须为每一个通孔在接触、相切或无填充中指定一个填充类型。

(3) 单击 。

生成了关闭曲面的零件如图 9-16。

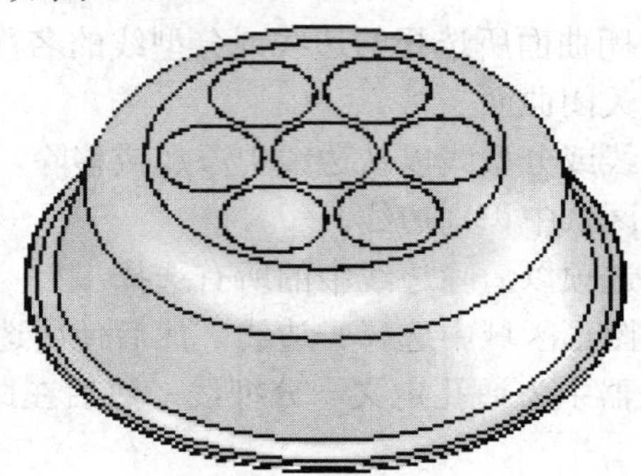

图 9-16　生成了关闭曲面的零件

9.3.2　铸模工具——切削分割

定义分型面后，使用切削分割工具为模型生成核心和型腔块。若想生成切削分割，在曲面实体文件夹需要至少三个曲面实体。

生成切削分割的步骤为：

(1) 选择一绘制轮廓所用的面或基准面。此轮廓分割核心和型腔线段。

(2) 单击铸模工具栏上的[图标]或“插入”、“模具”、“切削分割”，在所选基准面上开始绘制草图。

(3) 绘制一延伸到模型边线以外但位于分型面边界内的矩形。如果绘制的草图轮廓超出分型面之外，则必须选择“连锁曲面”选项。

(4) 关闭草图以打开切削分割属性管理器(如图 9-17)。

在“核心”下，核心曲面实体出现。

在“型腔”下，型腔曲面实体出现。

可为一个切削分割指定多个不连续型心和型腔曲面。

(5) 在属性管理器中，在“块大小”下面，为“方向 1 深度”设定一数值；为“方向 2 深度”设定一数值。

如果要生成一可帮助阻止型心和型腔块移动的曲面，选择“连锁曲面”。将沿分型面的周边生成一连锁曲面。

为拔模角度设定一数值。连锁曲面通常有 5° 拔模。

对于大部分模型，手工生成连锁曲面比依赖自动生成能提供更好控制。

(6) 在“分型面”下，选择先前创建的分型面。

(7) 单击[图标]。

可使用特征工具栏上的移动/复制实体来分离切削分割实体以方便观阅。

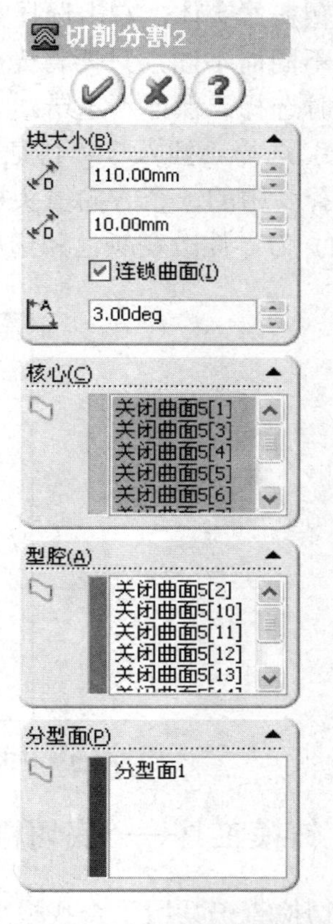

图 9-17　切削分割属性管理器

【例 9.3.1】 利用切削分隔工具生成的模具。

采用此方法生成模具，不必进入装配体状态，直接在零件模型设计状态下即可同时将模具设计出来，因此非常方便。设计出的模具各部分在同一个零件文件内，需要采用设计不同的配置，插入装配体，即可生成模具装配体。

(1) 打开带有通孔的塑料盆文件。

(2) 在塑料盆的外轮廓上生成分型线。

(3) 利用分型线生成分型面。

(4) 在塑料盆上生成关闭曲面。

(5) 输入切削分割命令。

(6) 选择水平基准面或生成一个与水平基准面平行的基准面，绘制一个正方形。结束草图绘制。

(7) 在显示的切削分割属性管理器中，SolidWorks 自动选择用于型心和型腔的曲面。在

“块大小”框中，输入方向 1 和方向 2 的拉伸尺寸。输入的尺寸一定要使生成的材料超过塑料盆的尺寸。具体需要超过多少，可参考模具设计专业教材。选择“连锁曲面”。

(8) 单击确定。

(9) 此时零件中有三个实体：塑料盆、凸模和凹模。在模型树中展开实体文件夹，选择其中的塑料盆实体，右击选择“隐藏”。注意，塑料盆实体显示的名称可能由于操作过程和顺序的不同而不同，只要将光标放在此名称上，图形区域中的实体会高亮显示。注意，显示正确时选择，保证不选错。

(10) 选择“插入”、“特征”、“移动/复制”，选择凸模或凹模，出现三维立体的彩色光标，选择其中的一个方向箭头拖动，即可将此立体移动，形成模具分离的形态。

(11) 为零件改变颜色和透明度，这样可观察到凹模的内部形状。生成的模具如图 9-18 所示。

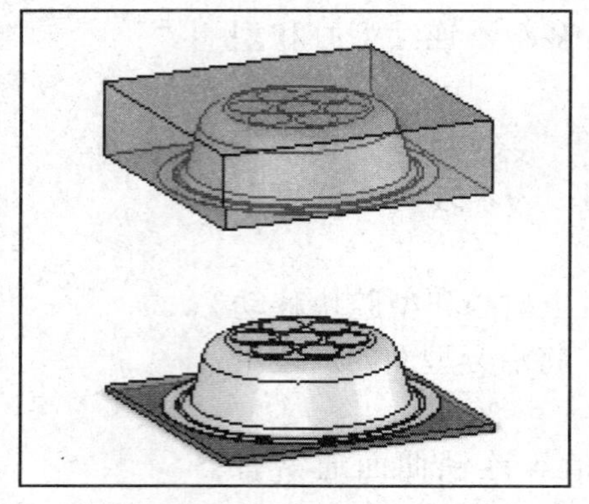

图 9-18　采用切削分割生成的多实体零件模具

9.3.3　铸模工具——底切检查

底切检查工具用于查找模型中不能从模具中排斥的被围困区域。如图 9-19 所示的塑料桶模型，注意到这个模型的上端两侧各有一个通孔，这个通孔将模具型腔曲面和型心曲面连接在一起，造成型腔和型心无法分离。这个通孔也不能用封闭曲面的方法分割型心和型腔。这些区域需要有一滑块，此滑块通常以垂直脱模方向滑动到型心和型腔之间，将型腔曲面与型心曲面分开。

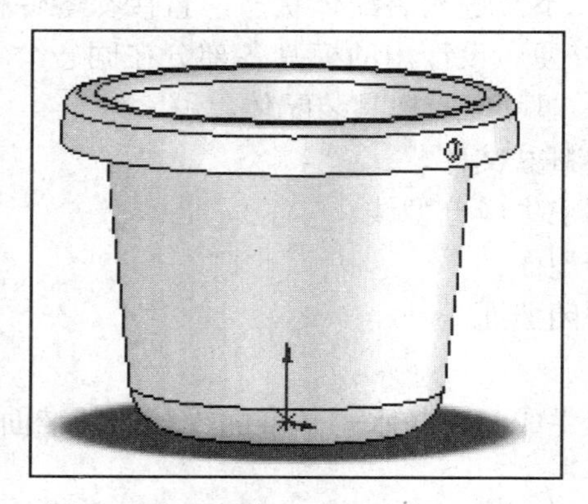

图 9-19　需要进行底切检查的零件

底切检查只可用于实体，不能用于曲面实体。

运用底切检查分析的步骤为：

(1) 单击模具工具栏上的[icon]或“工具”、“底切检查”，显示底切检查属性管理器，如图 9-20。

(2) 在属性管理器中设定以下选项。

● 分析参数。

拔模方向。如果不指定分型线而运行分析，进行以下操作之一来指定拔模方向：

选择一基准面、面或边线。

选择坐标输入，并沿 X、Y 和 Z 轴设定坐标。

若想反转在结果中报告为方向 1 底切和方向 2 底切的面，单击反向。

分型线。为分析选择分型线。如果选择分型线，则不必指定拔模方向。采用分型线进行分析，在使用底切检查之前，必须在模型中插入分型线。

实体选择。如果模型有一个以上实体，单击实体或曲面实体，然后选择要分析的实体。

在“分析参数”下，单击“计算”。

结果出现在“底切面”之下。带有不同分类的面在图形区域中以不同颜色显示。

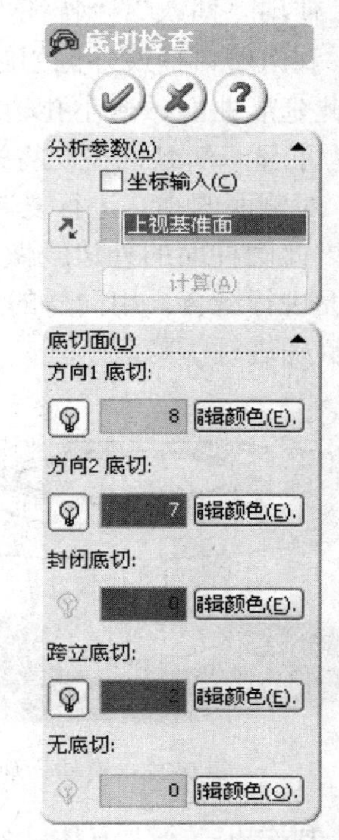

图 9-20 底切检查属性管理器

● 底切面。

方向 1 底切。在分型线之上底切的面(即从分型线以上不可见)。

方向 2 底切。在分型线之下底切的面(即从分型线以下不可见)。

封闭底切。从分型线以上或以下不可见的面。

跨立底切。以双向拔模的面。

无底切。

在“底切面”下，对于每个面分类，可以单击显示或隐藏在图形区域中显示或隐藏面。单击“编辑颜色”来显示颜色调色板并更改颜色。

(3) 单击[icon]。

对图 9-21 所示的塑料桶进行底切检查，可发现显示在图形中的颜色，上下两面分别为方向 1、方向 2 底切颜色，小孔中的颜色为跨立底切的颜色。这表明小孔表面既不能属于型腔表面，也不能属于型心表面，对它只能采用侧滑块的方法进行处理。

图 9-21 底切检查图像

【例 9.3.2】 解决需要采用侧滑块模具的设计方法。

(1) 对塑料桶进行底切检查之后，在明确跨立底切部位的基础上，继续进行模具设计。

(2) 使用“插入”、“特征”、“比例缩放”命令放大模型。

(3) 利用塑料桶最外侧的圆和水平面制作出延展曲面，对两小孔内侧的边线制作填充曲面。对此延展曲面、两小孔边线的填充曲面和整个塑料桶外壁的表面进行缝合曲面。如图9-22，为了显示清楚，在此将塑料桶模型隐藏，只看到缝合曲面。

(4) 对侧面的小孔进行复制等距曲面，距离为0，在小孔的原来的圆柱面上复制出一个曲面，以此圆柱面的外边线做延伸曲面，对小孔内侧的边线制作填充曲面，将延伸曲面和填充曲面进行缝合。用同样的方法在塑料桶的另一侧制作出此缝合曲面。如图 9-23。这里也将塑料桶进行了隐藏。

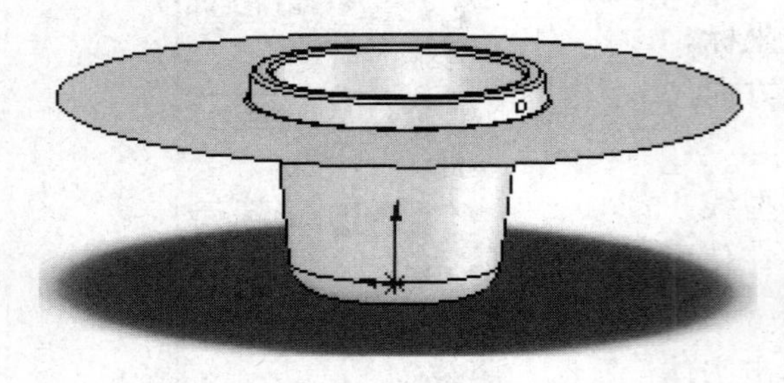

图 9-22　模具分割曲面

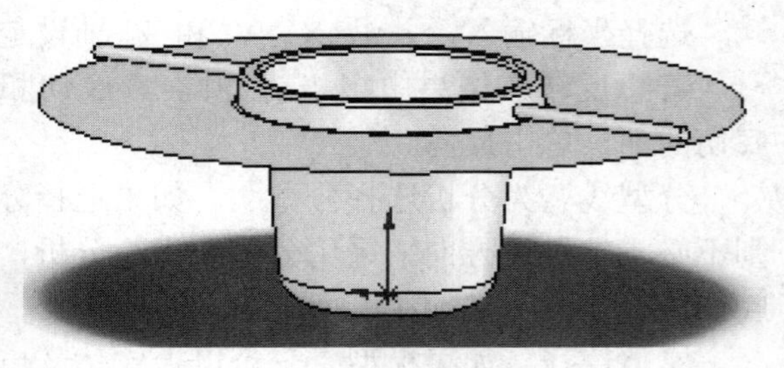

图 9-23　侧滑块分割曲面

(5) 制作出一个立方体，外形比塑料桶大，比缝合曲面小。

(6) 使用“插入”、“特征”、“组合”命令，选择“删减”选项，从立方体中将塑料桶模型删减，形成空腔。

(7) 使用“插入”、“特征”、“分割”命令，利用三个缝合曲面将带有空腔的立方体分割成四个部分，分别命名保存。

(8) 新建立一个装配体文件，将刚分割出的四个零件插入到装配体中，添加配合关系之后，即可形成塑料桶的模具装配文件。如图 9-24。

(9) 对四个零件进行编辑修改，使其能够满足工业生产的要求。

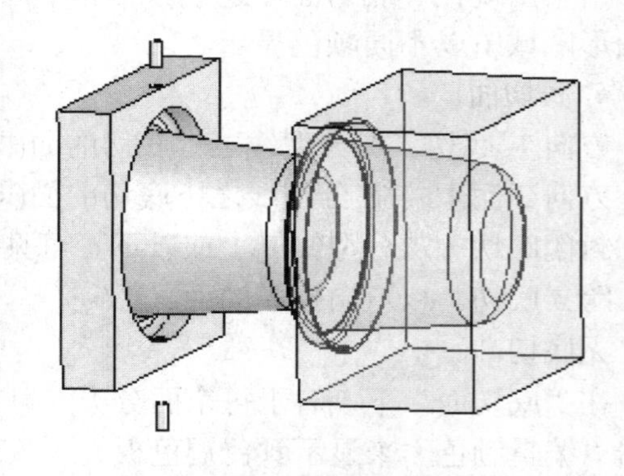

图 9-24　带有侧滑块的装配体文件

练　习　题

1. 制作练习图 9-1 中所示的零件并设计出模具。

2. 自行选择一个零件进行设计并设计出模具：口杯、一般的电话机底座、外壳、教室中的塑料座椅、靠背等。

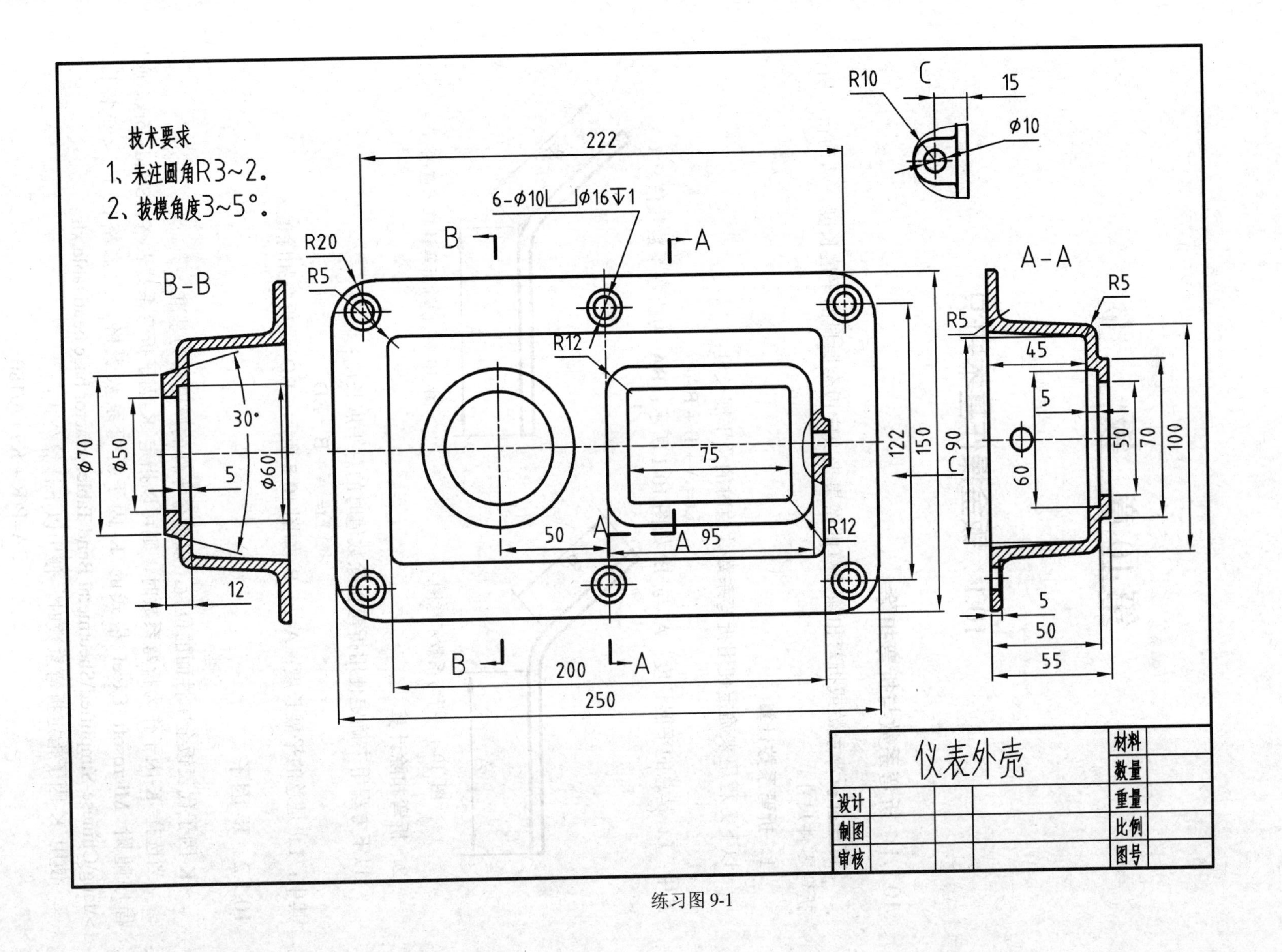
技术要求
1、未注圆角R3~2。
2、拔模角度3~5°。
222
6-ϕ10⌴ϕ16↧1
R20
R5
B-B
B
A
R12
A-A
R5
R5
C
R10
15
ϕ10
45
5
30°
ϕ70
ϕ50
5
ϕ60
12
75
122
150
C 90
60
50
70
100
50
95
R12
5
50
55
200
250
仪表外壳
材料
数量
重量
比例
图号
设计
制图
审核

练习图 9-1

第10章 钣　　金

10.1　钣金操作基本知识

10.1.1　折弯系数与折弯扣除

可选择折弯系数或折弯扣除计算的结果来决定钣金原料的平展长度，从而得出所需的折弯零件尺寸。

1. 折弯系数计算

以下方程用来确定使用折弯系数数值时的总平展长度：

$$Lt= A + B + BA$$

其中：Lt 是总的平展长度；A 与 B 如图 10-1 所示；BA 为折弯系数数值。

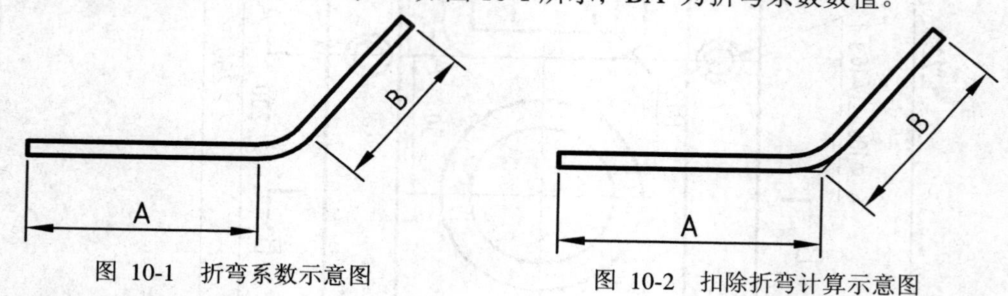

图 10-1　折弯系数示意图

图 10-2　扣除折弯计算示意图

2. 折弯扣除计算

以下方程用来确定使用折弯扣除数值时的总平展长度：

$$Lt= A + B - BD$$

其中：Lt 是总的平展长度；A 与 B 如图 10-2 所示；BD 是折弯扣除值。

10.1.2　K-因子

K-因子代表钣金中性面的位置，以钣金零件的厚度作为基准。

当选择 K-因子作为折弯系数时，则可以指定 K-因子折弯系数表格。SolidWorks 应用程序随附 Microsoft Excel 格式的 K-因子折弯系数表格。此表格位于 <安装目录>\lang\Chinese-Simplified\Sheetmetal Bend Tables\kfactor base bend table.xls。

使用 K-因子指定折弯系数时，使用以下计算公式：

$$BA=P(R + KT) A/180$$

其中：BA 为折弯系数；R 为内侧折弯半径；K 为 K-因子，即 t / T；T 为材料厚度；t 为内表面到中性面的距离；A 为折弯角度(经过折弯材料的角度)。

各符号的含义如图 10-3 所示。

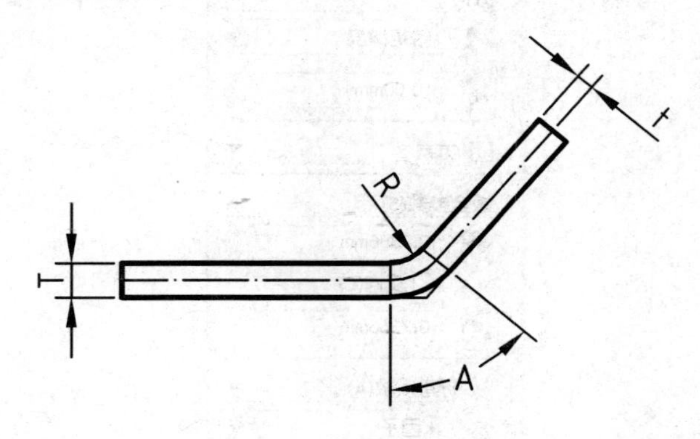

图 10-3　K-因子示意图

10.2　钣金设计工具

10.2.1　基体法兰

基体法兰是开始制作钣金零件的第一个特征。基体法兰被添加到 SolidWorks 零件后，系统就会将该零件标记为钣金零件。折弯添加到适当位置，并且特定的钣金特征被添加到特征管理器设计树中。

使用基体法兰特征的注意事项：

基体法兰特征是从草图生成的，而草图可以是单一开环、单一闭环或多重封闭轮廓；

在一个 SolidWorks 零件中，只能有一个基体法兰特征；

基体法兰特征的厚度和折弯半径将成为其他钣金特征的默认值。

生成基体法兰特征的步骤为：

(1) 生成一个符合标准的草图。此外，可以在生成草图前(但在选择基准面后)选择基体法兰特征命令。当选择基体法兰特征命令时，一草图在基准面上打开直接进入草图绘制状态。SolidWorks 根据草图是否封闭，自动选择不同的基体法兰生成方式：对于非封闭草图，沿垂直于草图平面方向移动草图，给草图边线一定厚度，形成法兰；对于封闭草图，直接给封闭区域一定厚度，形成法兰。

(2) 单击钣金工具栏上的图标或“插入”、“钣金”、“基体法兰”。

基体法兰属性管理器上的控件会根据草图是否封闭显示不同的内容。例如，如果是单一闭环轮廓草图，就不会出现“方向 1”和“方向 2”框。图 10-4 显示为非封闭草图的基体法兰属性管理器。

如有必要，在“方向 1”和“方向 2”下，为终止条件和总深度(图标)设置参数。

(3) 在“钣金参数”下：

为厚度(图标)设定一数值以指定钣金厚度。

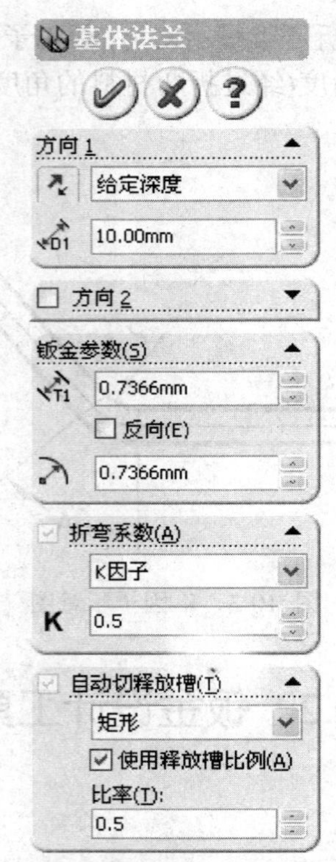

图 10-4　非封闭草图的基体法兰属性管理器

选择反向以反向加厚草图。

为折弯半径(![])设定一数值。

在“折弯系数”下选择一折弯系数类型。

如果选择了 K-因子、折弯系数或折弯扣除，请输入一个数值。

如果选择了折弯系数表，从清单中选择一折弯系数表，或单击“浏览”来浏览折弯系数表文件。

图 10-5 所示为准备制作钣金的草图。

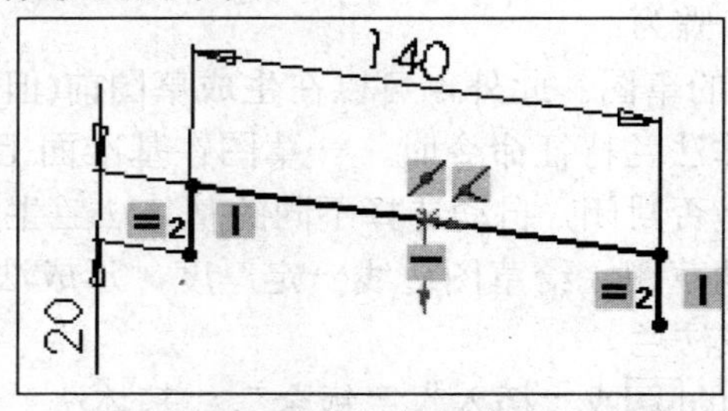

图 10-5　准备制作钣金的草图

(4) 在“自动切释放槽”下，选择一释放槽类型。

如果选择了矩形或矩圆形，选择“使用释放槽比例”然后为“比率”设定一数值；或者消除选择“使用释放槽比例”然后为释放槽宽度(W)和释放槽深度(D)设定一数值。

(5) 单击✓。

利用开放草图制作出的基体法兰如图 10-6。

图 10-6 利用开放草图制作出的基体法兰

10.2.2 特征管理器设计树

在特征管理器设计树中，基体法兰特征生成三个新特征：

钣金 1。包含默认的折弯参数。若要编辑默认折弯半径、折弯系数、折弯扣除或默认释放槽类型，请用右键单击“钣金 1”，然后选择“编辑特征”。

基体法兰 1。代表钣金零件的第一个实体特征。

平板型式 1。展开钣金零件。在默认情况下，当零件处于折弯状态时，平板型式被压缩。将该特征解除压缩以展开钣金零件。

当“平板型式 1”被压缩时，所有新特征均在特征管理器设计树中插入到其上方，解除压缩后，在特征管理器设计树中，新特征插入到平板型式下方，并且不在折叠零件中显示。

10.2.3 边线法兰

使用边线法兰特征可将法兰添加到钣金零件的所选边线上。

使用边线法兰特征的注意事项：

所选边线必须为直线；

系统会自动将厚度链接到钣金零件的厚度；

轮廓的一条草图直线必须位于所选边线上。

生成边线法兰特征的步骤为：

(1) 在打开的钣金零件中，单击钣金工具栏上的或“插入”、“钣金”、“边线法兰”，打开边线法兰属性管理器，如图 10-7。

(2) 在图形区域选择要放置特征的边线。

所选边线出现在边线()框中。

(3) 在边线法兰属性管理器中，执行以下操作。

在“法兰参数”下，单击“编辑法兰轮廓”来编辑轮廓的草图。

若要使用不同的折弯半径(而非默认值)，请单击以清除“使用默认半径”复选框，然后根据需要设

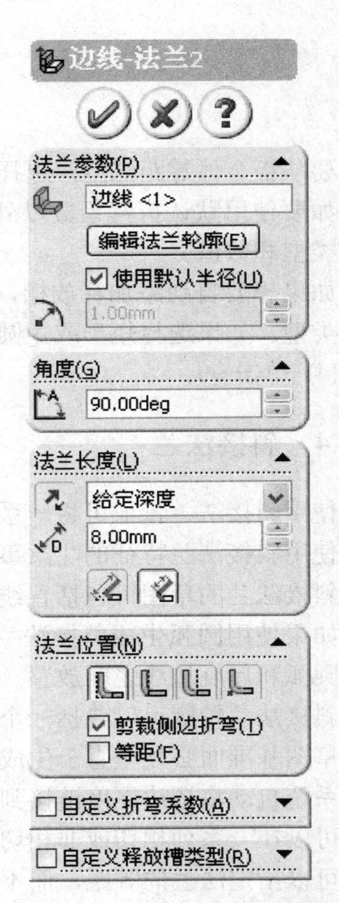

图 10-7 边线法兰属性管理器

置折弯半径()。

在“角度”下，设置法兰角度()。

在“法兰长度”下，设定长度终止条件及其相应参数。

例如，如果选择给定深度，则必须设定长度()和外部虚拟交点()或内部虚拟交点()来决定长度开始测量的位置。也可以单击来更改边线法兰的方向。

在“法兰位置”下，执行以下操作：

将折弯位置设置为材料在内()、材料在外()、折弯向外()或虚拟交点中的折弯()。图 10-8 所示为选择材料在内制作出的法兰外表面与侧面的最外侧对齐。

要移除邻近折弯的多余材料，选择“剪裁侧边折弯”复选框。图 10-8 所示为选择“剪裁侧边折弯”。注意，右侧相邻的折弯被剪裁。这样选择可以在后面顺利将相邻两侧面的角闭合。

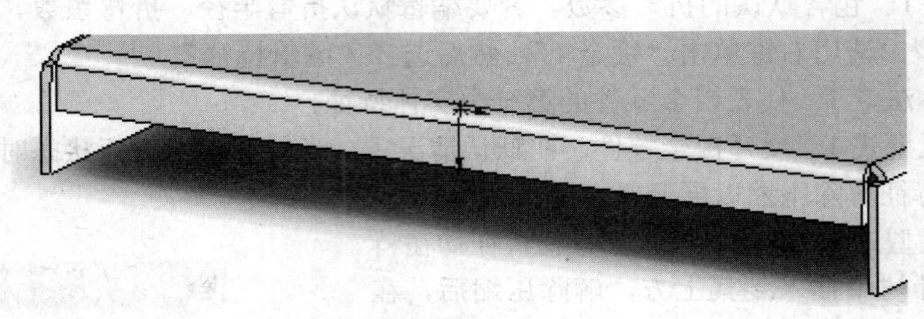

图 10-8　边线法兰

要从钣金体等距法兰，选择“等距”复选框，然后，设定等距终止条件及其相应参数。

如要使用默认折弯系数以外的项目，选择“自定义折弯系数”复选框，然后设定折弯系数类型和数值。

如果想要自动添加释放槽，请选择“自定义释放槽类型”复选框，然后选择释放槽切除的类型。如果选择矩形或矩圆形，必须指定释放槽比例。

(4) 单击。

10.2.4　斜接法兰

使用斜接法兰特征可将一系列法兰添加到钣金零件的一条或多条边线上。

使用斜接法兰特征的注意事项：

斜接法兰的草图可包括直线或圆弧；

如果使用圆弧生成斜接法兰，圆弧不能与厚度边线相切。圆弧可与长边线相切，或通过在圆弧和厚度边线之间放置一小的草图直线；

斜接法兰轮廓可以包括一个以上的连续直线，例如，它可以是 L 形轮廓；

草图基准面必须垂直于生成斜接法兰的第一条边线；

系统自动将褶边厚度链接到钣金零件的厚度上；

可以在一系列相切或非相切边线上生成斜接法兰特征；

可以指定法兰的等距，而不是在钣金零件的整条边线上生成斜接法兰。

生成斜接法兰特征的步骤为：

(1) 生成一个符合以上标准的草图。此外，可以在生成草图前(但在选择基准面后)选择斜接法兰特征。当选择斜接法兰特征时，一草图在基准面上打开。绘制生成斜接法兰需要的草图，如图 10-10 所示。

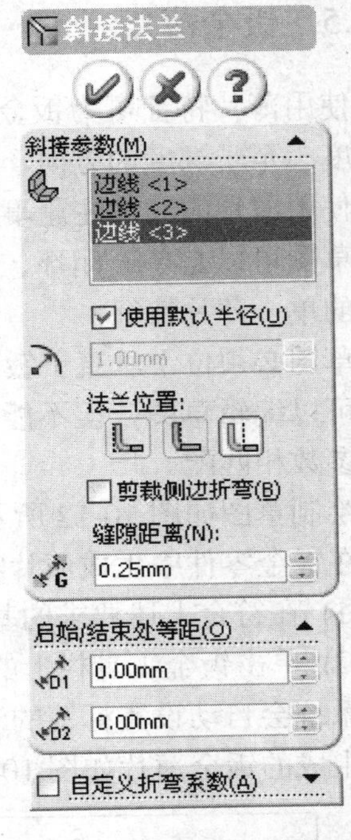

图 10-9　斜接法兰属性管理器

(2) 单击钣金工具栏上的或“插入”、“钣金”、“斜接法兰”，打开斜接法兰属性管理器，如图 10-9。

随即会选定斜接法兰特征的第一条边线，且图形区域中出现斜接法兰的预览。

(3) 在图形区域中为沿边线( )选择要斜接的边线。

若要选择与所选边线相切的所有边线，请单击所选边线中点处出现的延伸( )。

在“斜接参数”下：

如想使用默认折弯半径以外的选择，消除“使用默认半径”然后设定折弯半径。

将法兰位置设置为材料在内( )、材料在外( )或折弯向外( )。

选择“剪裁侧边折弯”来移除邻近折弯的多余材料。

设置间隙距离( )以使用默认间隙以外的间隙。

如有必要，为部分斜接法兰指定等距距离。

在“启始/结束处等距”下为开始等距距离( )和结束等距距离( )设定数值。(如果要使斜接法兰跨越模型的整个边线，将这些数值设置到零。)

选择自定义释放槽类型，然后选择释放槽类型：矩形、撕裂形或矩圆形。如果选择了矩形或矩圆形，选择“使用释放槽比例”然后为比率设定一数值，或者消除选择“使用释放槽比例”然后为释放槽宽度( )和释放槽深度( )设定一数值。

如要使用默认折弯系数以外的其他项目，选择“自定义折弯系数”，然后设定一折弯系数类型和数值。

(4) 单击 ，斜接法兰添加到钣金零件中，如图 10-11 所示。

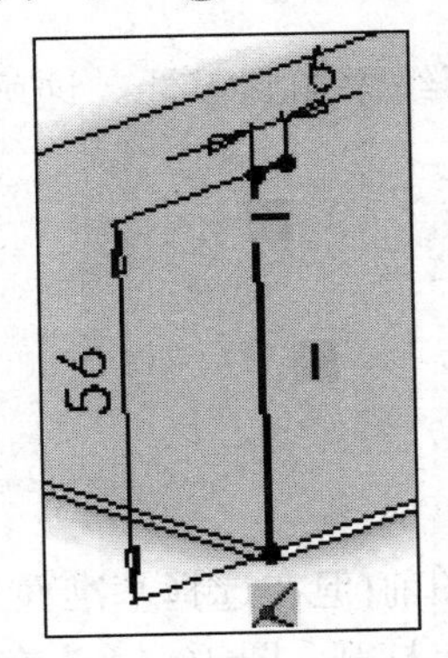

图 10-10　斜接法兰草图

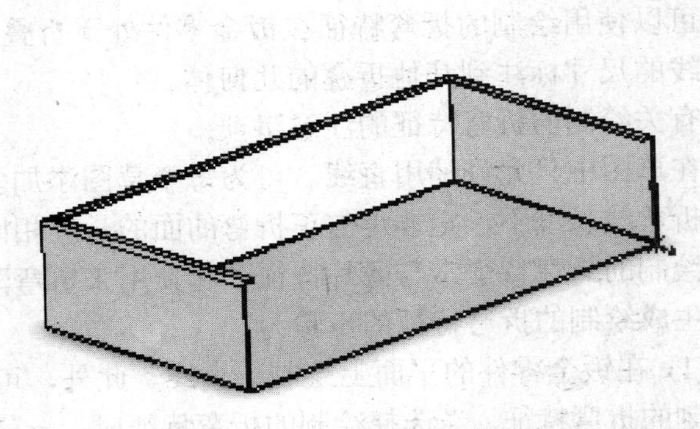

图 10-11　生成的斜接法兰

10.2.5 钣金薄片

使用薄片特征可为钣金零件添加薄片。系统会自动将薄片特征的深度设置为钣金零件的厚度。至于深度的方向，系统会自动将其设置为与钣金零件重合，从而避免实体脱节。

使用薄片的其他注意事项：

草图可以是单一闭环、多重闭环或多重封闭轮廓。此图显示一将两个薄片添加到钣金零件的单一薄片特征；

草图必须位于垂直于钣金零件厚度方向的基准面或平面上；

可以编辑草图，但不能编辑定义。其原因是已将深度、方向及其他参数设置为与钣金零件参数相匹配。

绘制草图如图 10-12 所示。

在钣金零件中生成薄片特征的步骤为：

(1) 在符合上述要求的基准面或平面上生成草图。

(2) 单击钣金工具栏上的图标或“插入”、“钣金”、“标签”。标签随即会添加到钣金零件中。系统会自动设置标签的深度及方向，以使之与基体法兰特征的参数相匹配。

生成的钣金薄片如图 10-13 所示。

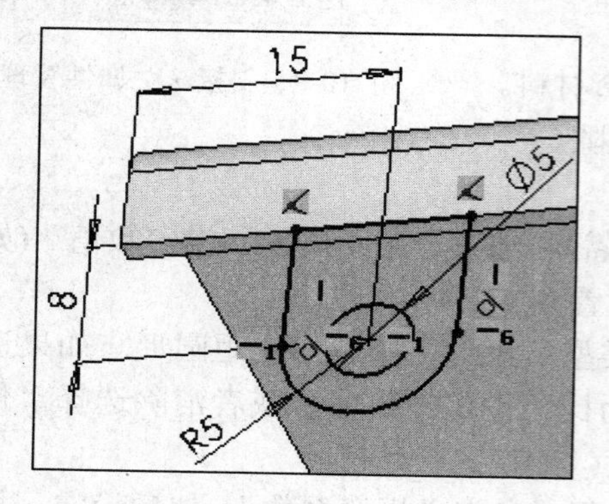

图 10-12 用来制作钣金薄片的草图

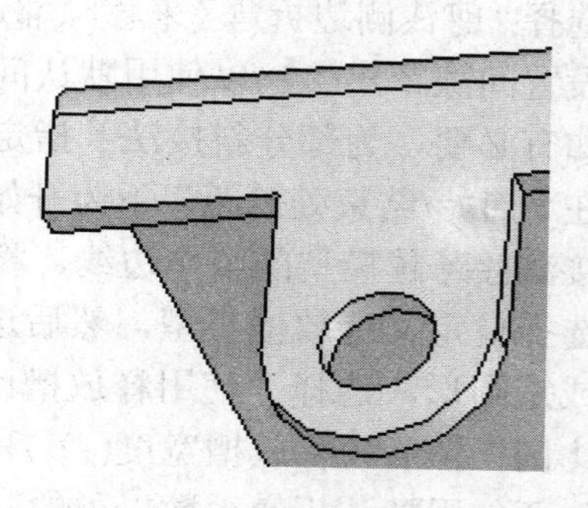

图 10-13 制作出的钣金薄片

10.2.6 绘制的折弯

可以使用绘制的折弯特征在钣金零件处于折叠状态时将折弯线添加到零件。这可以使折弯线的尺寸标注到其他折叠的几何体。

有关绘制的折弯特征的注意事项：

在草图中只允许使用直线。可为每个草图添加多条直线；

折弯线长度不一定非得与正折弯的面的长度相同；

绘制的折弯特征常与薄片特征一起使用来折弯薄片。

生成绘制的折弯特征的步骤为：

(1) 在钣金零件的平面上绘制一直线。此外，可以在生成草图前(但在选择基准面后)选择绘制的折弯特征。当选择绘制的折弯特征时，一草图在基准面上打开。图 10-14 为在要折弯的部位绘制的草图直线。此直线不必与要折弯的部位一样长。

(2) 单击钣金工具栏上的或“插入”、“钣金”、“绘制的折弯”，打开绘制的折弯属性管理器，如图 10-15。

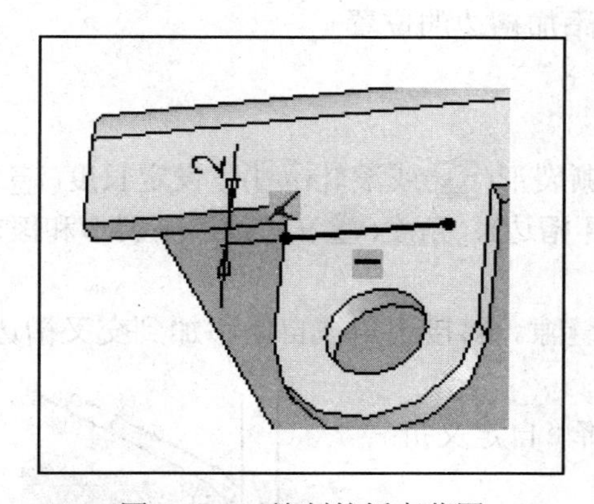

图 10-14　绘制的折弯草图

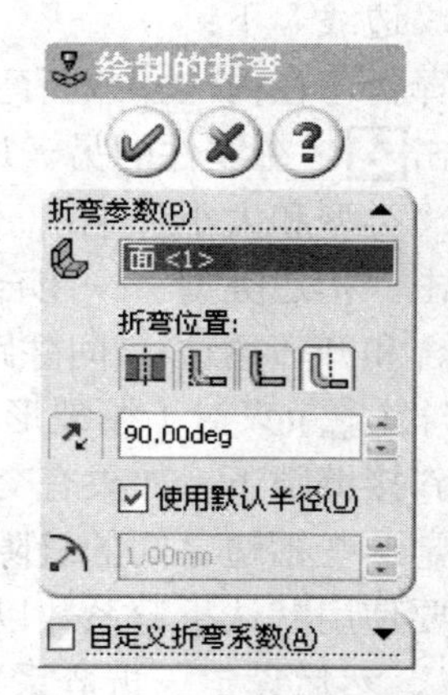

图 10-15　绘制的折弯属性管理器

(3) 在图形区域中为固定面()选择一个不因为特征而移动的面。在图 10-14 中选择直线的上部平面。

(4) 单击折弯中心线()、材料在内()、材料在外()或折弯向外()的折弯位置。

(5) 为折弯角度设定一数值。如有必要，单击。

如想使用“使用默认折弯半径”以外的选择，消除“使用默认半径”然后设定折弯半径()。

如要使用默认折弯系数以外的其他项目，选择“自定义折弯系数”，然后设定一折弯系数类型和数值。

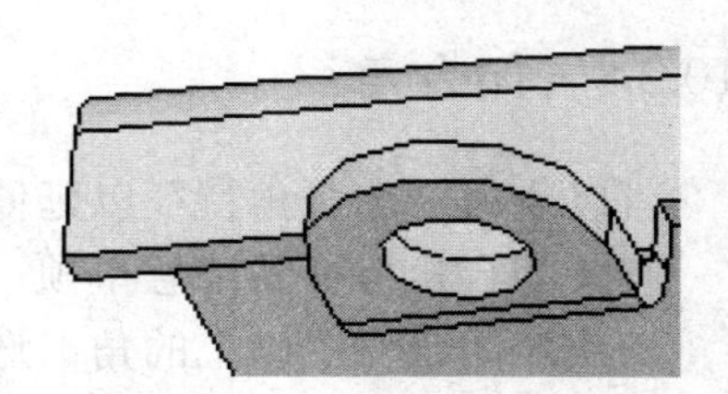

图 10-16　绘制的折弯

(6) 单击，钣金在直线处折弯，如图 10-16。

10.2.7　褶边

使用褶边工具可将褶边添加到钣金零件的所选边线上。

使用褶边工具的注意事项：

所选边线必须为直线；

斜接边角被自动添加到交叉褶边上；

如果选择多个要添加褶边的边线，则这些边线必须在同一个面上。

生成一褶边特征的步骤为：

(1) 在打开的钣金零件中，单击钣金工具栏上的或“插入”、“钣金”、“褶边”，打开褶边属性管理器，如图 10-17。

(2) 在图形区域中，选择需要添加褶边的边线。所选边线出现在边线()中。

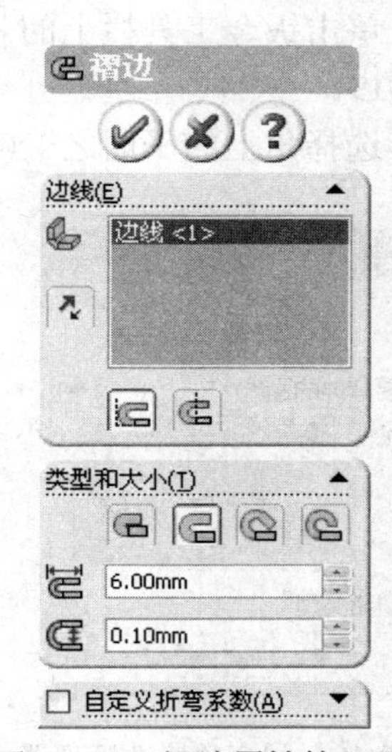

图 10-17　褶边属性管理器

(3) 在属性管理器中进行如下设置。

在“边线”下：

选择折弯在内(▭)或折弯在外(▭)，指定想添加褶边的位置。

单击▭，在零件的另一边生成褶边。

在“类型和大小”下：

单击一褶边类型——闭合(▭)、开环(▭)、撕裂形(▭)或滚轧(▭)，设定长度(▭) (只对于闭合和开环褶边)、间隙距离(▭)(只对于开环褶边)、角度(▭)(只对于撕裂形和滚轧褶边)和半径(▭)(只对于撕裂形和滚轧褶边)。

在斜接缝隙下，如果有交叉褶边，设定切口缝隙。斜接边角被自动添加到交叉褶边上，可以设定这些褶边之间的缝隙。

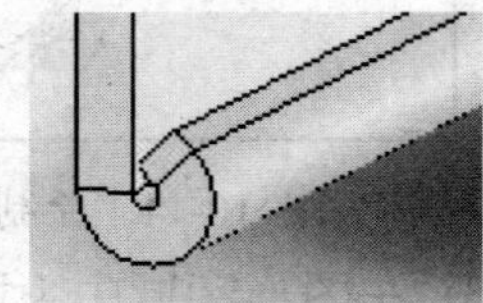

图 10-18 撕裂形褶边

如要使用默认折弯系数以外的其他项目，选择“自定义折弯系数”，然后设定一折弯系数的类型和数值。

(4) 单击▭。

钣金中使用较多的褶边有撕裂形和滚轧。斯裂形褶边的形状如图 10-18 所示。

10.2.8 闭合角

可以生成一闭合角特征以延伸对接切口的一个面，这样面与对接切口的另一个面重叠。

有关闭合角特征的注意事项：

一次能闭合一个以上的角。选择想闭合的所有切口的面；

只能选择平面来闭合。平面必须相互垂直；

闭合角在法兰角度不是 90° 时的某些情形中不能被应用。

闭合一个角的步骤为:

(1) 用基体法兰和斜接法兰生成一钣金零件，这样一个角看起来如同图 10-20 所示。

(2) 单击钣金工具栏上的▭或“插入”、“钣金”、“闭合角”，闭合角属性管理器出现，如图 10-19。

(3) 选择角上的平面之一(其被高亮所示)，作为要延伸的面(▭)。

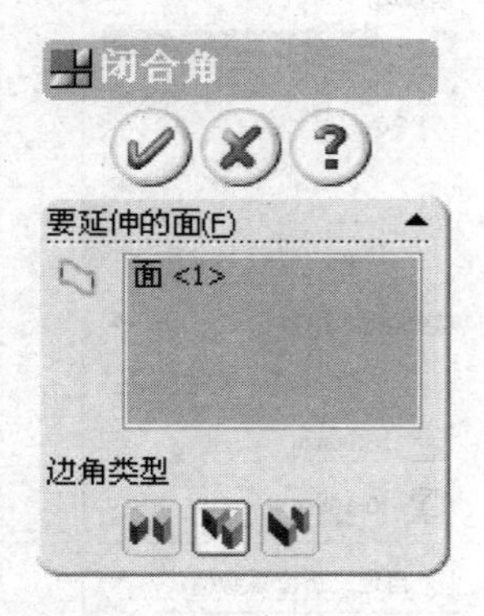

图 10-19 闭合角属性管理器

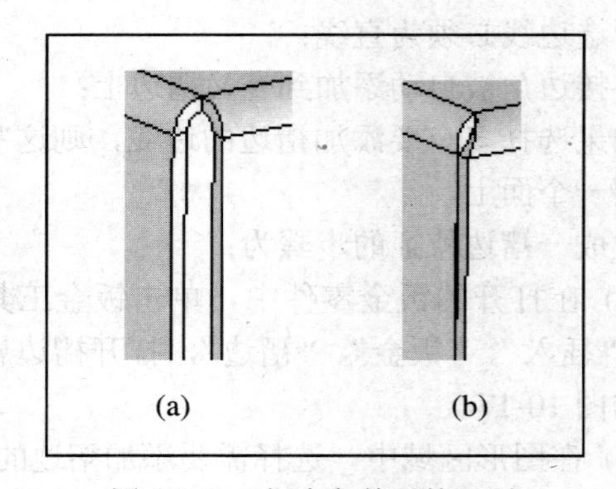

图 10-20 闭合角前后的区别

(4) 选择对接( )、重叠( )或重叠在下( )的一角落类型。

(5) 单击 。

面被延伸以闭合角。图 10-20 中(a)、(b)分别显示了闭合角前后的形状变化。闭合之后，各表面将紧密结合。

10.2.9 钣金折弯展开和折叠

设计钣金零件时，可以根据需要将折弯展开或重新折叠。

可以采用下列方法展开钣金零件中的全部折弯：

要展开整个零件，如果平板型式 1 特征存在，解除压缩平板型式 1 特征，或单击钣金工具栏上的 。

当解除压缩平板型式 1 特征时，折弯线默认为显示。若要隐藏折弯线，请展开平板型式 1，用右键单击折弯线，然后选择“隐藏”。

当以此方法展开整个零件时，将应用边角处理以生成干净、展开的钣金零件。

要展开整个零件，如果加工-折弯 1 特征存在，解除压缩加工-折弯 1，或单击钣金工具栏上的 。

展开的钣金零件如图 10-21 所示。

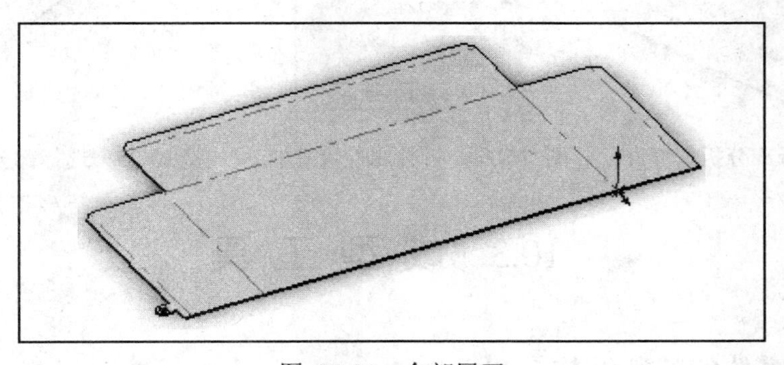

图 10-21　全部展开

再次单击 ，可将钣金零件重新折弯。

要展开一个或多个折弯，可添加一展开 特征。

为使系统性能更快，只展开正在操作项目所需的折弯。例如，要切割某个折弯，只展开此折弯。

展开一个或多个折弯的步骤为：

(1) 单击钣金工具栏上的 或“插入”、“钣金”、“展开”，显示展开属性管理器，如图 10-22。

(2) 为固定面选择一个在本次展开操作中不变动的钣金平面。

(3) 为要展开的折弯选择一个或多个折弯。选择时，在转折处点击即可。

(4) 单击 。

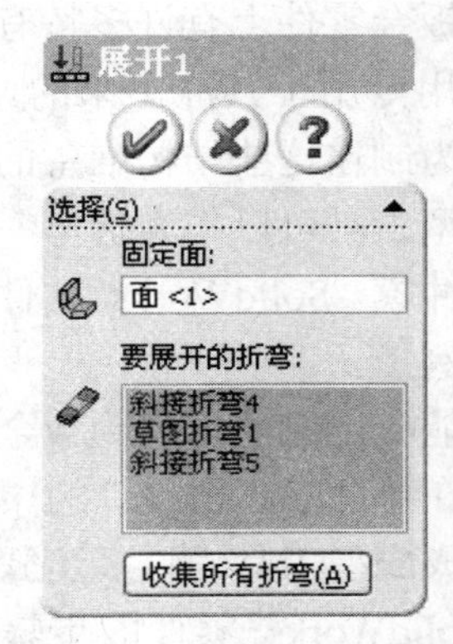

图 10-22　展开属性管理器

图 10-23 为选择钣金零件中个别折弯展开后的情况。

进行此操作之后，特征树管理器中多了一个展开特征。

对部分折弯展开之后，可根据需要再次将其中的部分折弯重新折叠。

折叠一个或多个折弯的步骤为：

(1) 单击钣金工具栏上的或“插入”、“钣金”、“折叠”，显示折叠属性管理器，如图 10-24。

(2) 为固定面选择一个在本次展开操作中不变动的钣金平面。

(3) 为要折叠的折弯选择一个或多个折弯。选择时，在已经展开的转折处点击即可。

(4) 单击。

图 10-25 所示为选择钣金零件中个别展开的折弯重新折叠后的情况。注意其中被展开的折弯中，有个别的没有展开。

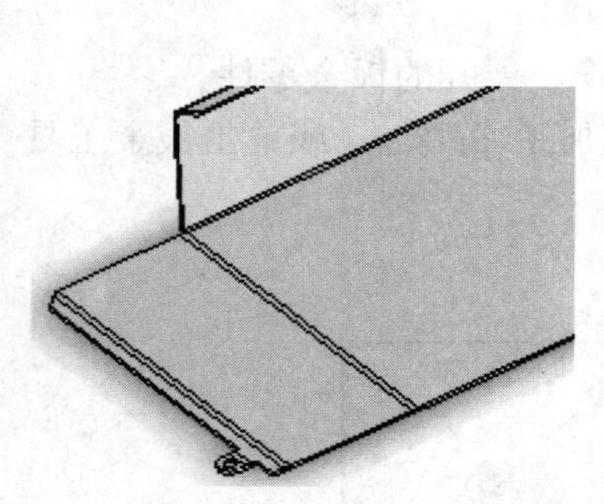

图 10-23 选择部分折弯展开

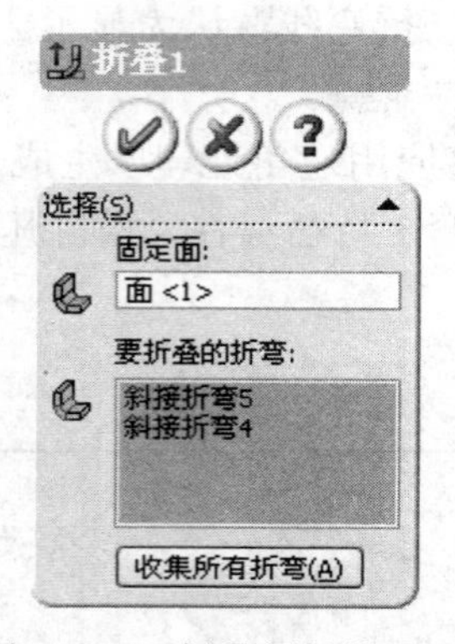

图 10-24 折叠属性管理器

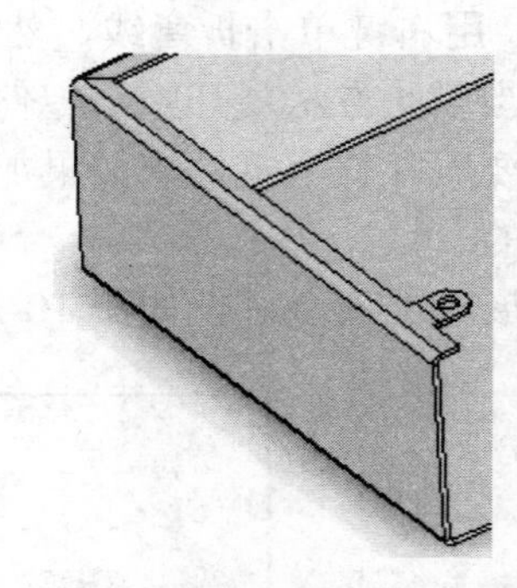

图 10-25 选择部分展开的折弯折叠

10.3 成 型 工 具

10.3.1 钣金零件的特殊结构

在钣金零件上有许多特有的结构，例如图 10-26 所示的各种常见的特殊结构，这些结构都是采用专用工具冲出来的。SolidWorks 中有专为制作这些结构准备的成型工具。这些成型工具可以作为折弯、伸展或成型钣金的冲模。SolidWorks 软件包含一些成型工具例子。

只能应用成型工具到钣金零件上。钣金零件在特征管理器设计树中具有钣金特征。生成成型工具的许多步骤与用以生成任何 SolidWorks 零件的步骤相同。可以对钣金零件应用成型工具从而生成一些成型特征。

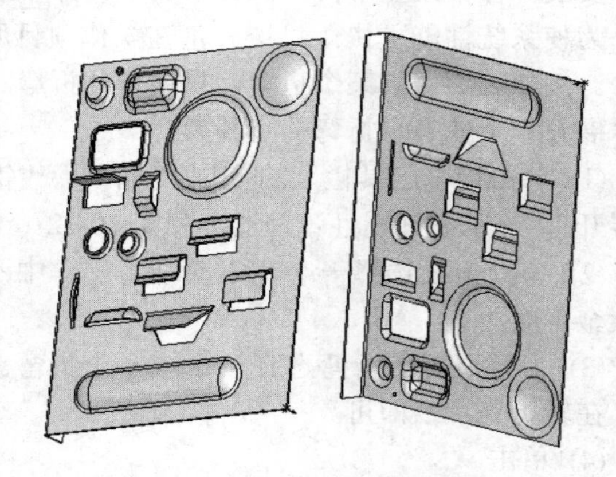

图 10-26 钣金零件上常见的特殊结构

10.3.2 应用成型工具到钣金零件

将成型工具应用到钣金零件上的步骤为：

(1) 在现有钣金零件中，单击屏幕右侧的，显示设计库文件夹内容，然后导览到包含成型工具的文件夹。

(2) 将成型工具从设计库窗口拖动到需要改变形状的面上，但暂时不要按鼠标按键。

(3) 应用成型工具的面与成型工具自身的结束曲面相对应。默认情况下，工具向下行进，即在放置工具的面上将造成凹坑，另一面造成凸起。工具在接触其所丢放的面时，材质的形状将改变。如要切换行进方向并接触另一侧的材质，可按 Tab 键。切换方向时需要观察预览。放置时最好将零件摆放在倾斜位置，这样比较容易观察到成型特征的凸起方向。

(4) 将特征放置在要应用的位置。

一般成型工具包含一个可选的定位草图，将工具放置在面上时会显示该草图。

(5) 通过标注尺寸、添加几何关系或修改草图找出定位草图。应用草图绘制工具中的修改工具可对此草图进行旋转等操作。

当添加尺寸时，定位草图作为单个实体移动。特征中专有的草图仅控制特征的位置，而不控制它的尺寸。

(6) 在放置成型特征对话框中单击“完成”。

成型工具应用到表面上，特征则以成型工具的名称添加到特征管理器设计树中。

【例 10.3.1】 放置散热槽到钣金零件表面。

(1) 绘制草图，绘制一条直线。利用此草图生成钣金基体。

(2) 在屏幕右侧设计库中按如下路径进行选择：Design Library、forming tools、louvers、louver。

(3) 将 louver 拖放到需要放置成型特征的钣金表面上，观察凸起方向，决定是否需要用 Tab 键改变凸起方向。

屏幕上显示放置特征的草图(如图 10-27)并显示放置成型特征提示框(如图 10-28)。

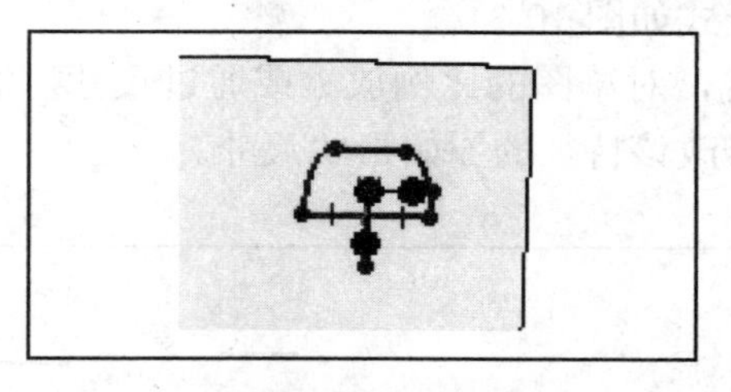

图 10-27 放置成型特征时的草图

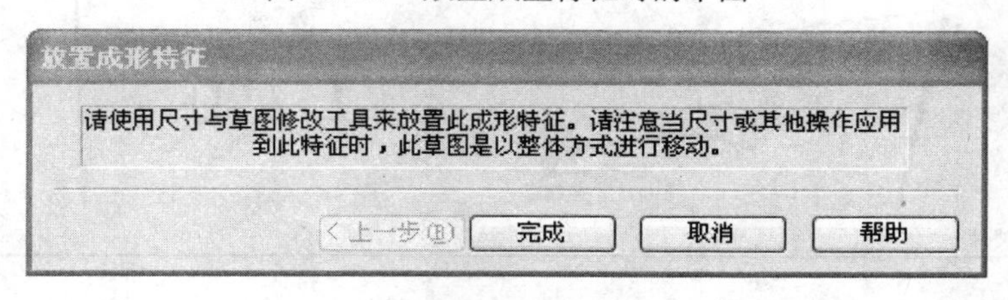

图 10-28 放置成型特征提示框

(4) 选择“工具”、“草图绘制工具”、“修改”，打开修改框(如图 10-29)对草图进行修改。修改时，可直接在提示框中输入移动的距离尺寸或旋转的角度和缩放的比例等，也可以注意光标的变化，利用鼠标左键或右键进行移动和旋转操作。如图 10-30(a)表示按下鼠标左键可移动草图，按下鼠标右键可旋转草图；图 10-30(b)表示按下鼠标左键可移动草图，按下鼠标右键可将草图按竖直轴镜像；图 10-30(c)表示按下鼠标左键可移动草图，按下鼠标右键可将草图按水平轴镜像；图 10-30(d)表示按下鼠标左键可移动草图，按下鼠标右键可将草图按水平轴和竖直轴两次镜像；图 10-30(e)所示光标只有在光标放置在原点时才会出现，此时可移动草图原点，这样下次旋转时的中心点会发生变化。

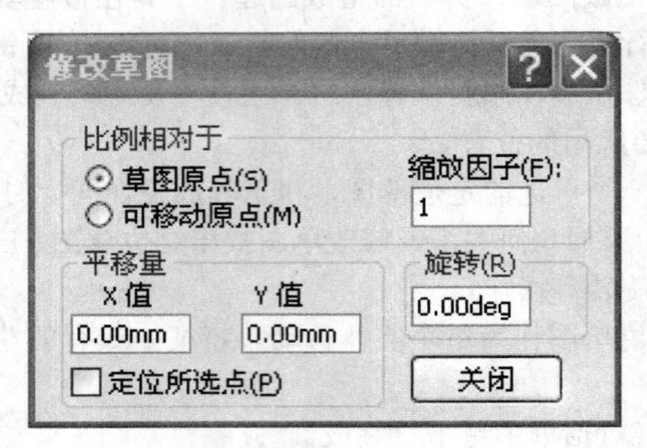

图 10-29 修改草图提示框

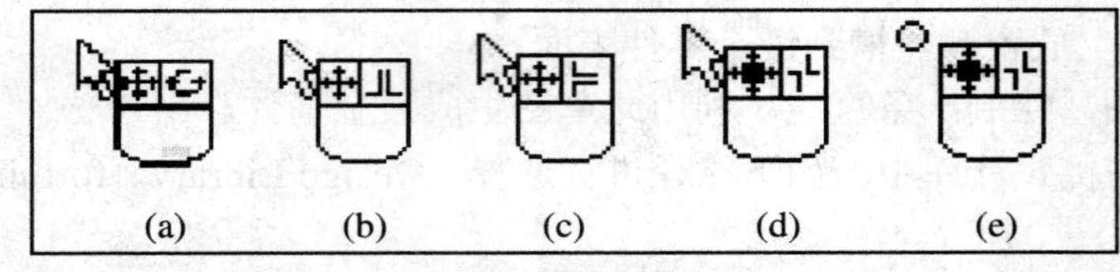

图 10-30 修改操作时的各种光标变化

(5) 利用标注尺寸和添加几何关系的方法准确定位草图。

(6) 单击放置成型特征提示框中的“完成”，确定操作完毕。

添加散热槽特征后的样式如图 10-31。

从操作过程中可以发现，对草图的比例放大或通过尺寸控制草图大小都没有作用。此类特征如要改变尺寸必须修改该特征的原始形状尺寸。

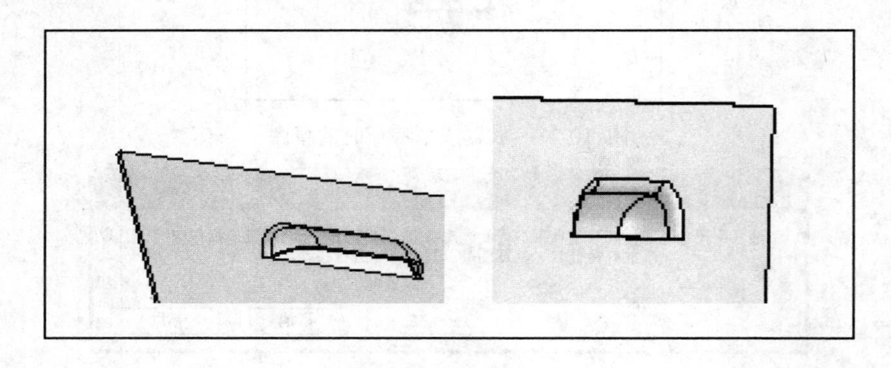

图 10-31 散热槽特征正反面样式

练　习　题

1. 制作练习图 10-1 中的零件。
2. 自行选择一个钣金零件进行制作。

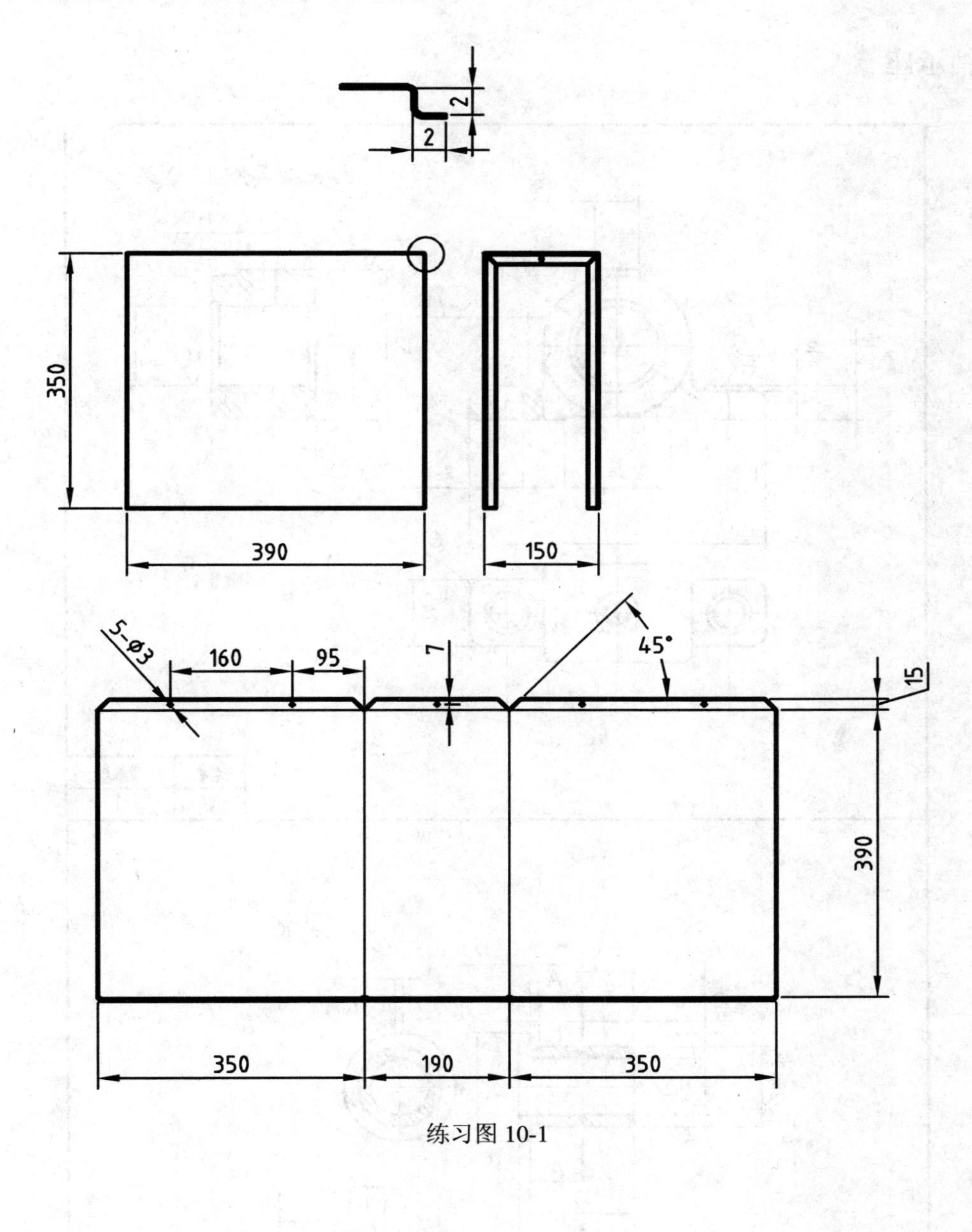

练习图 10-1

附录　三维数字建模师部分考试样题

一、轴承座

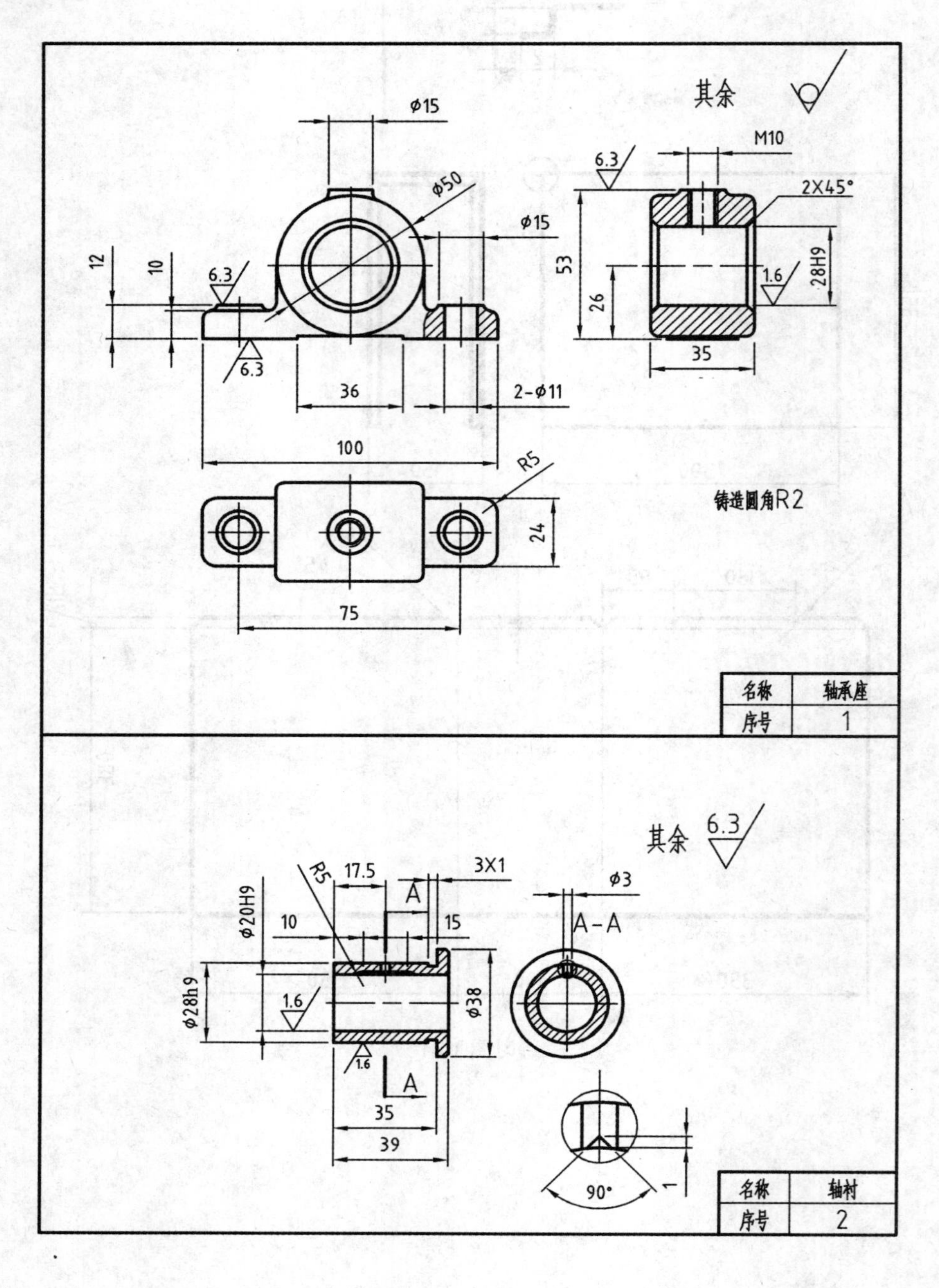

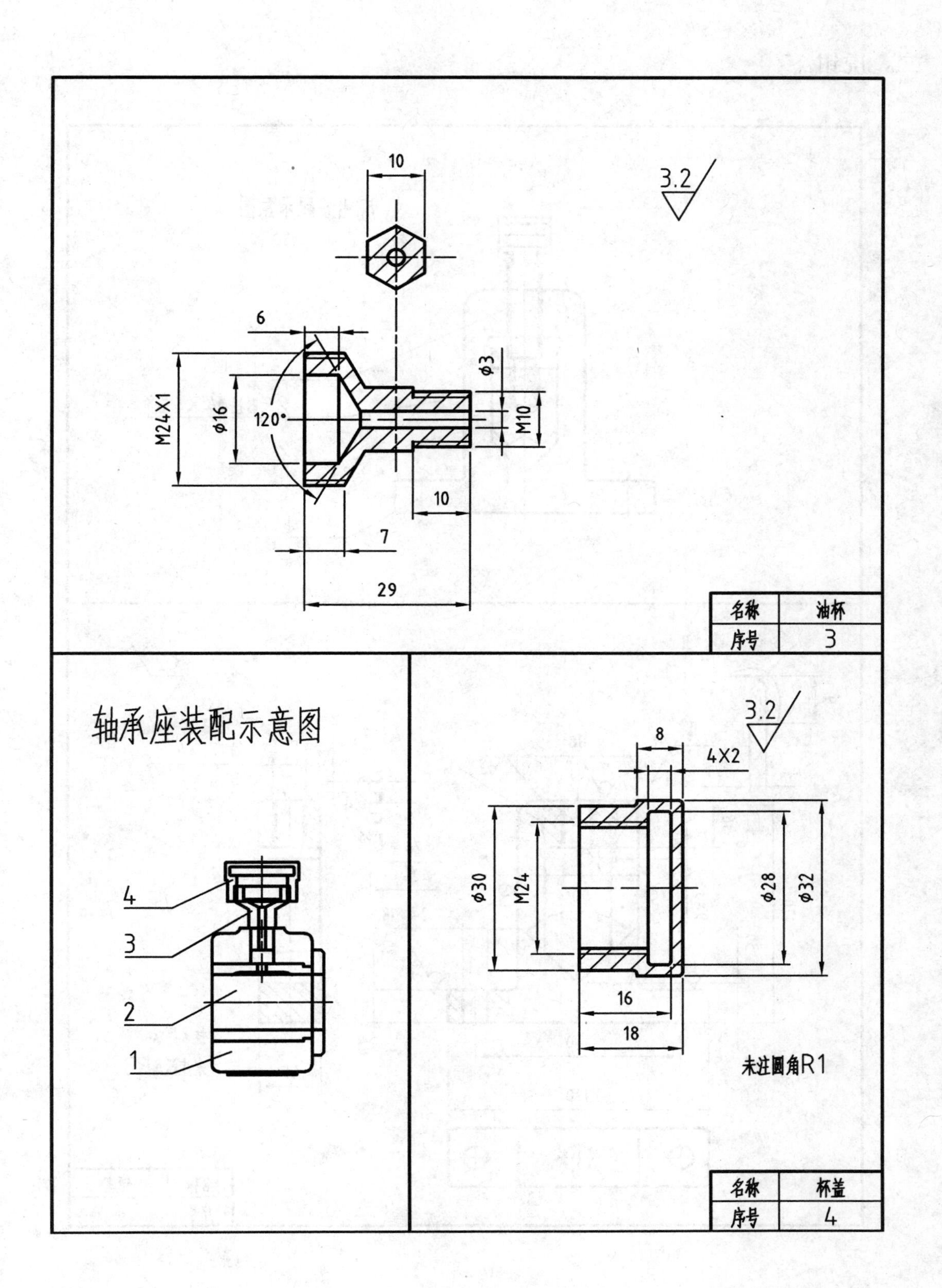
10
3.2
6
M24X1
φ16
120°
φ3
M10
10
7
29
名称
油杯
序号
3
轴承座装配示意图
4
3
2
1
3.2
8
4X2
φ30
M24
φ28
φ32
16
18
未注圆角R1
名称
杯盖
序号
4

二、虎钳

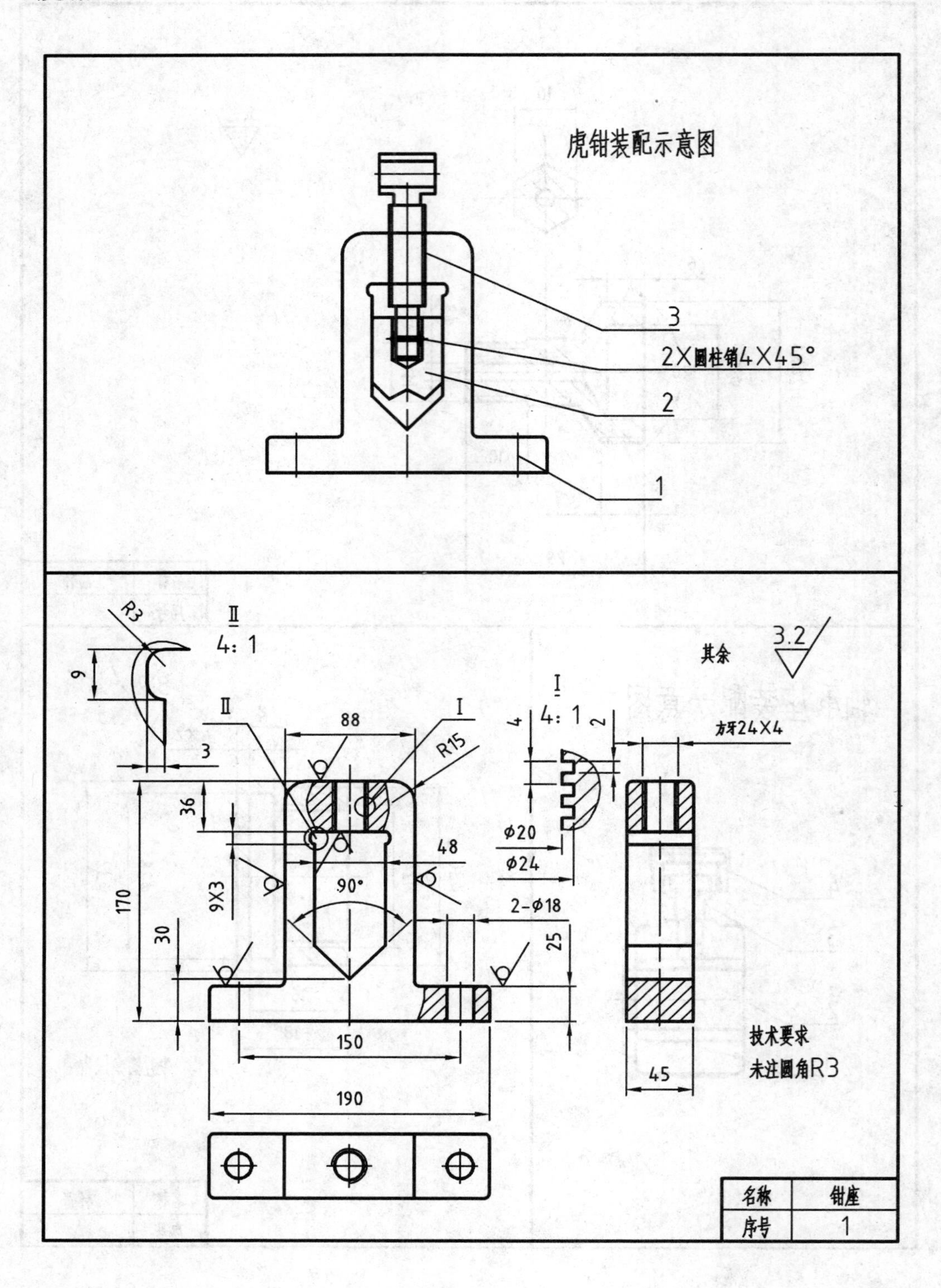

虎钳装配示意图
3
2X圆柱销4X45°
2
1
Ⅱ
4:1
R3
9
3
其余
3.2
Ⅰ
4:1
4
2
方牙24X4
88
Ⅱ
Ⅰ
R15
36
48
170
9X3
90°
2-φ18
30
25
φ20
φ24
150
190
45
技术要求
未注圆角R3
名称
钳座
序号
1

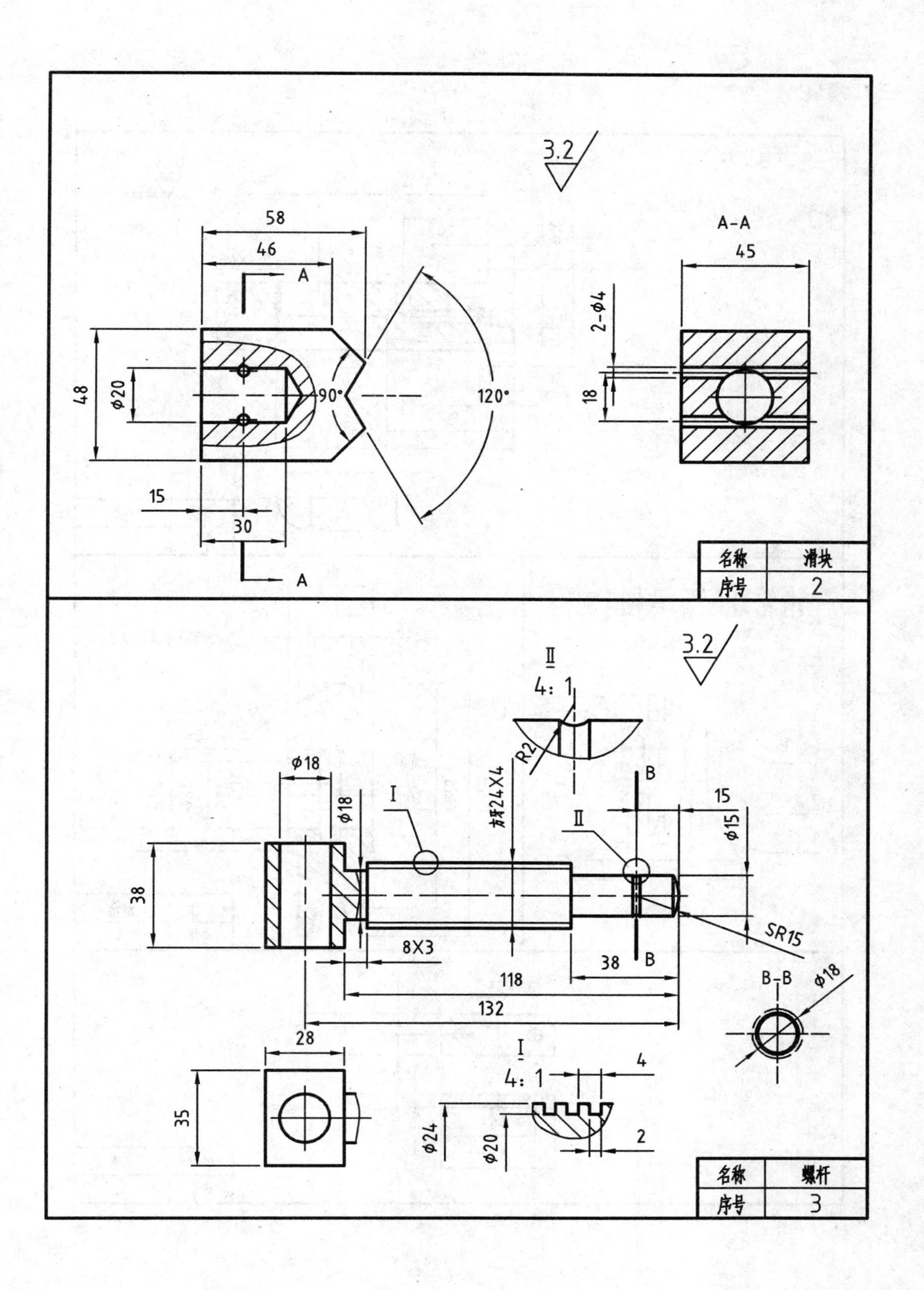

3.2
58
46
A
A-A
45
2-Φ4
48
Φ20
90°
120°
18
15
30
A
名称
滑块
序号
2
3.2
Ⅱ
4：1
R2
方牙24X4
Φ18
Φ18
Ⅰ
Ⅱ
B
15
Φ15
38
8X3
38
B
SR15
118
B-B
Φ18
132
28
Ⅰ
4：1
4
35
Φ24
Φ20
2
名称
螺杆
序号
3

三、滑轮

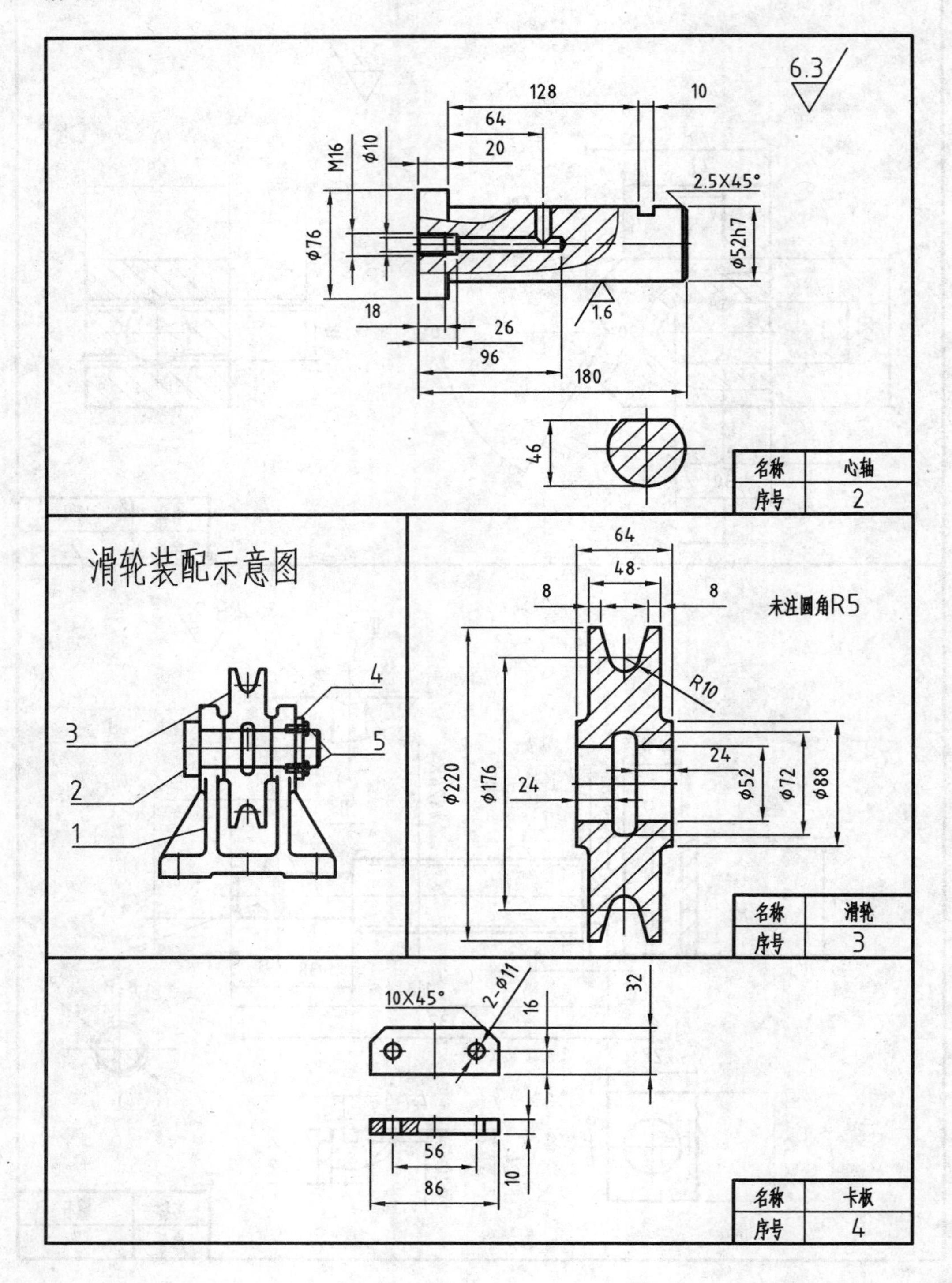

6.3
128
10
64
20
M16
φ10
2.5X45°
φ76
φ52h7
1.6
18
26
96
180
46
名称
心轴
序号
2
滑轮装配示意图
3
4
5
2
1
64
48
8
8
未注圆角R5
R10
φ220
φ176
24
24
φ52
φ72
φ88
名称
滑轮
序号
3
10X45°
2-φ11
16
32
56
86
10
名称
卡板
序号
4

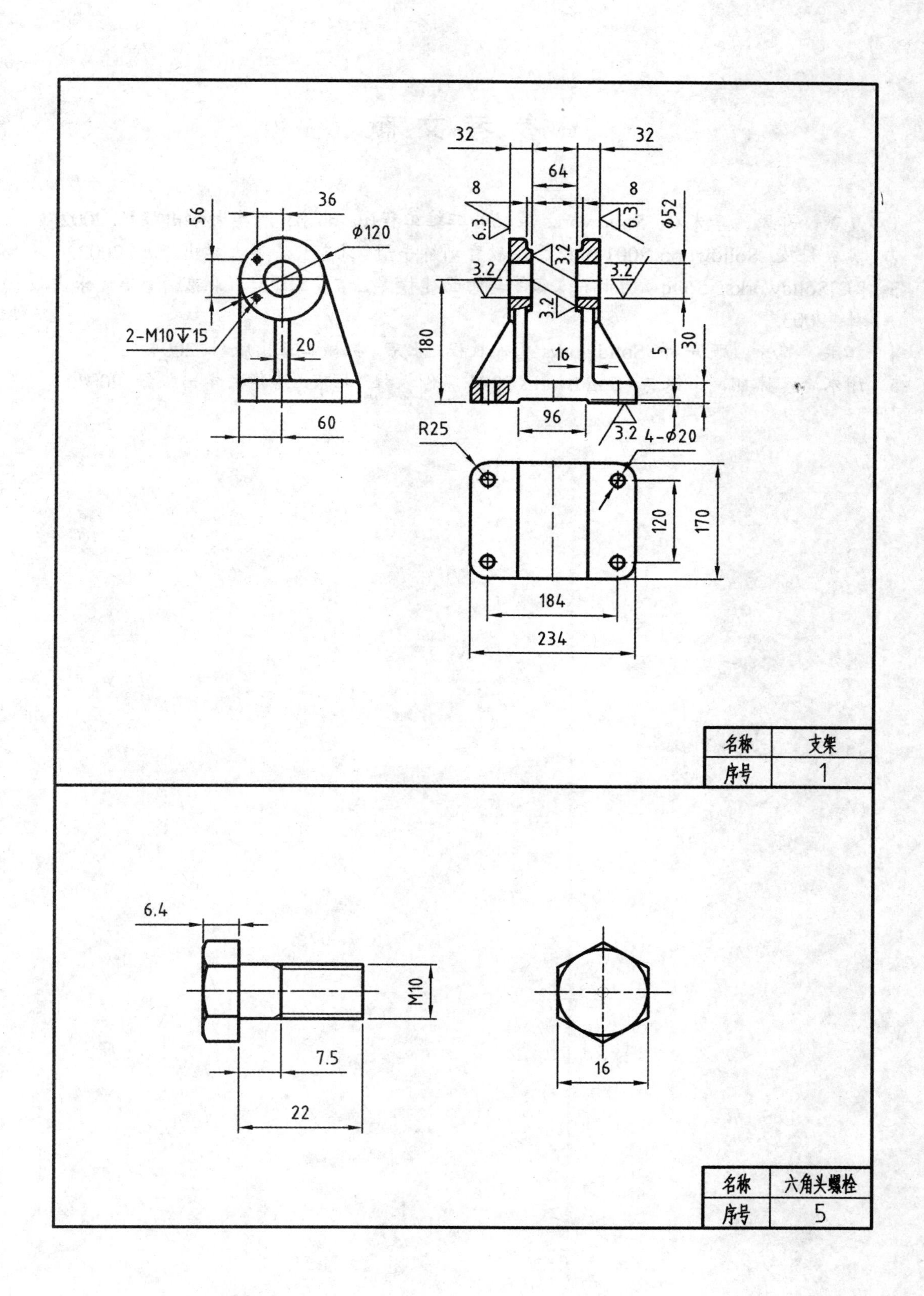
32
32
64
8
8
6.3
6.3
Φ52
56
36
Φ120
3.2
3.2
3.2
3.2
3.2
2-M10↧15
20
180
16
5
30
60
96
3.2
R25
4-Φ20
120
170
184
234
名称
支架
序号
1
6.4
M10
7.5
22
16
名称
六角头螺栓
序号
5

参 考 文 献

1 夏燕，郑风，李光耀. Solidworks 装配和二维工程图. 北京：清华大学出版社, 2002.

2 实威科技. Solidworks 2001 Plus 原厂教育训练手册. 北京：清华大学出版社, 2002.

3 [美]Solidworks. Solidworks 高级零件与曲面建模. 生信实维编译. 北京：清华大学出版社, 2003.

4 江洪，魏峥，顾寄南. Solidworks 基础教程. 北京：机械工业出版社, 2004.

5 谢永奇，林翔，白银杰. Solidworks 2004 实例教程. 北京：清华大学出版社, 2004.

电子测量仪器(高职)(吴生有)	14.00
模式识别原理与应用(李弼程)	25.00
电路与信号分析(周井泉)	32.00
信号与系统(第三版)(陈生潭)	44.00
数字信号处理——理论与实践(郑国强)	22.00
数字信号处理实验(MATLAB版)	26.00
DSP原理与应用实验(姜阳)	18.00
DSP处理器原理与应用(高职)(鲍安平)	24.00
电力系统的MATLAB/SIMULINK仿真及应用	29.00
开关电源基础与应用(辛伊波)	25.00
传感器应用技术(高职)(王煜东)	27.00
传感器原理及应用(郭爱芳)	24.00
传感器与信号调理技术(李希文)	29.00
传感器及实用检测技术(高职)(程军)	23.00
现代能源与发电技术(邢运民)	28.00
神经网络(含光盘)(侯媛彬)	26.00
神经网络控制(喻宗泉)	24.00
可编程控制器应用技术(张世生)(高职)	29.00
电气控制与 PLC 实训(高职 苏家健)	27.00
可编程控制器原理及应用(高职)(杨青峰)	21.00
基于Protel 的电子线路板设计(高职)(孙德刚)	21.00
电磁波与天线技术(高职)(余华)	17.00
电磁场与电磁波(第三版)(王家礼)	28.00
电磁兼容原理与技术(何宏)	22.00
电磁环境基础(刘培国)	21.00
微波电路基础(董宏发)	18.00
微波技术与天线(第二版)(含光盘)(刘学观)	25.00
嵌入式实时操作系统 μC/OS-Ⅱ教程(吴永忠)	28.00
LabVIEW程序设计与虚拟仪器(王福明)	20.00
基于LabVIEW的数据采集与处理技术(白云)	20.00
虚拟仪器应用设计(高职)(陈栋)	19.00

~~~~~~通信理论与技术类~~~~~~

专用集成电路设计基础教程(来新泉)	20.00
现代编码技术(曾凡鑫)	29.00
信息论与编码(平西建)	23.00
现代密码学(杨晓元)(研究生)	25.00
应用密码学(张仕斌)	25.00
通信原理(高职)(朱海凌)	18.00
现代通信原理、技术与仿真(李永忠)	44.00
数字通信原理与技术(第三版)(王兴亮)	35.00
数字通信原理(高职)(江力)	22.00
数字通信(徐文璞)	24.00
通信系统中MATLAB基础与仿真应用(赵谦)	33.00
通信系统与测量(梁俊)	34.00
通信对抗原理(冯小平)	29.00
LTE基础原理与关键技术(曾召华)	32.00
卫星通信(夏克文)	21.00
光电对抗原理与应用(李云霞)	22.00
无线通信基础及应用(魏崇毓)	26.00
频率合成技术(王家礼)	16.00
扩频通信技术及应用(韦惠民)	26.00
光纤通信网(李跃辉)	25.00
现代通信网概论(高职)(强世锦)	23.00
宽带接入网技术(高职)(张喜云)	21.00
接入网技术与应用(柯赓)	25.00
电信网络分析与设计(阳莉)	17.00
路由交换技术与应用(高职)(孙秀英)	25.00
路由交换技术实训教程(高职)(孙秀英)	11.00
现代电子装联质量管理(冯力)	27.00
电视机原理与技术(高职)(宋烨)	29.00
数字电视原理(余兆明)	33.00
有线数字电视技术(高职)(刘大会)	30.00
音响技术(高职)(梁长垠)	25.00
数字视听技术(梁长垠)(高职)	22.00

~~~~~仪器仪表及自动化类~~~~~

计算机测控技术(刘君)	17.00
现代测试技术(何广军)	22.00
光学设计(刘钧)	22.00
工程光学(韩军)	36.00
测试系统技术(郭军)	14.00
电气控制技术(史军刚)	18.00
可编程序控制器应用技术(张发玉)	22.00
图像检测与处理技术(于殿泓)	18.00
自动显示技术与仪表(何金田)	26.00
电气控制基础与可编程控制器应用教程	24.00
DSP 在现代测控技术中的应用(陈晓龙)	28.00
智能仪器工程设计(尚振东)	25.00
面向对象的测控系统软件设计(孟建军)	33.00

软件技术基础(高职)(鲍有文)	23.00
软件技术基础(周大为)	30.00
软件工程与项目管理(高职)(王素芬)	27.00
软件工程实践与项目管理(刘竹林)	20.00
计算机数据恢复技术(高职)(梁宇恩)	15.00
微机原理与嵌入式系统基础(赵全良)	23.00
嵌入式系统原理及应用(刘卫光)	26.00
嵌入式系统设计与开发(章坚武)	24.00
ARM嵌入式系统基础及应用(黄俊)	21.00
数字图像处理(郭文强)	24.00
ERP项目管理与实施(高职)(林逢升)	22.00
电子政务规划与建设(高职)(邱丽绚)	18.00
电子工程师项目式教学与训练(高职)(韩党群)	28.00
电子线路 CAD 实用教程(潘永雄)(第三版)	27.00
中文版 AutoCAD 2008 精编基础教程(高职)	22.00
网络多媒体技术(张晓燕)	23.00
多媒体软件开发(高职)(含盘)(牟奇春)	35.00
多媒体技术及应用(龚尚福)	21.00
图形图像处理案例教程(含光盘) (中职)	23.00
平面设计(高职)(李卓玲)	32.00
CorelDRAW X3项目教程(中职)(糜淑娥)	22.00
计算机操作系统(第二版)(颜彬)(高职)	19.00
计算机操作系统(第三版)(汤小丹)	30.00
计算机操作系统原理——Linux实例分析(肖竞华)	25.00
Linux 操作系统原理与应用(张玲)	28.00
Linux 网络操作系统应用教程(高职) (王和平)	25.00
微机接口技术及其应用(李育贤)	19.00
单片机原理与应用实例教程(高职)(李珍)	15.00
单片机原理与程序设计实验教程(于殿泓)	18.00
单片机应用与实践教程(高职)(姜源)	21.00
计算机组装与维护(高职)(王坤)	20.00
微型机组装与维护实训教程(高职)(杨文诚)	22.00
微机装配调试与维护教程(王忠民)	25.00
微控制器开发与应用(高职)(董少明)	25.00
高级程序设计技术(C语言版)(耿国华)	21.00
C#程序设计及基于工作过程的项目开发(高职)	17.00
Visual Basic程序设计案例教程(高职)(尹毅峰)	21.00
Visual Basic程序设计项目化案例教程(中职)	19.00
Visual Basic.NET程序设计(高职)(马宏锋)	24.00
Visual C#.NET程序设计基础(高职)(曾文权)	39.00
Visual FoxPro数据库程序设计教程(康贤)	24.00
数据库基础与Visual FoxPro9.0程序设计	31.00
Oracle数据库实用技术(高职)(费雅洁)	26.00
Delphi程序设计实训教程(高职)(占跃华)	24.00
SQL Server 2000应用基础与实训教程(高职)	22.00
SQL Server 2005 基础教程及上机指导(中职)	29.00
C++面向对象程序设计(李兰)	33.00
面向对象程序设计与C++语言(第二版)	18.00
Java 程序设计项目化教程(高职)(陈芸)	26.00
JavaWeb 程序设计基础教程(高职)(李绪成)	25.00
Access 数据库应用技术(高职)(王趾成)	21.00
ASP.NET 程序设计案例教程(高职)(李锡辉)	22.00
XML 案例教程(高职)(眭碧霞)	24.00
JSP 程序设计实用案例教程(高职)(翁健红)	22.00
Web 应用开发技术：JSP (含光盘)	33.00

~~~~电子、电气工程及自动化类~~~~

电路分析基础(曹成茂)	20.00
电子技术基础(中职)(蔡宪承)	24.00
模拟电子技术(高职)(郑学峰)	23.00
模拟电子技术基础——仿真、实验与课程设计	26.00
数字电子技术及应用(高职)(张双琦)	21.00
数字系统设计基础(毛永毅)	26.00
数字电路与逻辑设计(白静)	30.00
数字电路与逻辑设计(第二版)(蔡良伟)	22.00
电子线路CAD技术(高职)(宋双杰)	32.00
高频电子线路(第三版)(高职)	22.00
高频电子线路(王康年)	28.00
高频电子技术(高职)(钟苏)	21.00
微电子制造工艺技术(高职)(肖国玲)	18.00
电路与电子技术(高职)(季顺宁)	44.00
电工基础(中职)(薛鉴章)	18.00
电子与电工技术(高职)(罗力渊)	32.00
电工电子技术基础(江蜀华)	29.00
电工与电子技术(高职)(方彦)	24.00
电工基础——电工原理与技能训练(高职)(黎炜)	23.00
维修电工实训(初、中级)(高职)(苏家健)	25.00
电子装备设计技术(高平)	27.00
电子测量技术(秦云)	30.00
~~~~